高等教育质量工程信息技术系列示范教材

新概念
Java程序设计大学教程
（第3版）

张基温 编著

清华大学出版社
北京

内 容 简 介

本书结构新颖、概念清晰、面向应用,体现了作者提出的"程序设计=计算思维+语言艺术+工程方法"的教学思想。全书共分为4篇:第1篇为面向对象启步,用4个例子引导读者逐步建立面向对象的思维方式和培养基本的设计能力,将Java基本语法贯穿其中;第2篇为面向类的程序设计,在介绍了抽象类和接口这两个基本机制后,用一个故事引入了面向对象程序设计原则,接着用设计模式举例加深对面向对象结构优化必要性的认识,为进一步学习设计模式打下基础,最后介绍了反射技术;第3篇为基于API的开发,包括网络编程、JDBC、JavaBean、程序文档化、程序配置和打包与发布;第4篇为Java高级技术,包括泛型编程、多线程技术、数据结构和接口。通过这4篇可以达到夯实基础、面向应用、领略全貌的教学效果,并适应不同层次的教学需求。

本书采用问题体系,具有零起点、快起动、立意新、重内涵的特点,可作为高等学校有关专业的程序设计课程的教材,也适合培训和自学。

本书封面贴有清华大学出版社防伪标签,无标签者不得销售。
版权所有,侵权必究。举报: 010-62782989, beiqinquan@tup.tsinghua.edu.cn。

图书在版编目(CIP)数据

新概念Java程序设计大学教程/张基温编著. —3版. —北京:清华大学出版社,2018(2022.6重印)
(高等教育质量工程信息技术系列示范教材)
ISBN 978-7-302-49057-9

Ⅰ. ①新… Ⅱ. ①张… Ⅲ. ①JAVA语言-程序设计-高等学校-教材 Ⅳ. ①TP312.8

中国版本图书馆CIP数据核字(2017)第296435号

责任编辑:白立军 王冰飞
封面设计:常雪影
责任校对:时翠兰
责任印制:刘海龙

出版发行:清华大学出版社
网　　址:http://www.tup.com.cn, http://www.wqbook.com
地　　址:北京清华大学学研大厦A座　　　邮　编:100084
社 总 机:010-83470000　　　　　　　　　邮　购:010-62786544
投稿与读者服务:010-62776969, c-service@tup.tsinghua.edu.cn
质量反馈:010-62772015, zhiliang@tup.tsinghua.edu.cn
课件下载:http://www.tup.com.cn, 010-62795954

印 装 者:涿州市京南印刷厂
经　　销:全国新华书店
开　　本:185mm×260mm　　印　张:26　　字　数:607千字
版　　次:2013年8月第1版　2018年3月第3版　　印　次:2022年6月第3次印刷
定　　价:59.00元

产品编号:077035-01

第3版前言

（一）

程序设计是一个很古老的概念，它从算筹和算盘开始就存在了。程序设计也是一个不断更新的概念，它随着计算工具、程序设计语言、程序设计方法的不断创新而不断更新。并且随着现代科学技术的进步，其基础性、重要性日益彰显。在各级各类学校中，关于如何教好程序设计课程的问题，也越来越受到广泛的关注。

但是，从各个方面得到的信息说明，大家对于程序设计的教学效果还是没有肯定。

我应邀到过许多学校进行交流，那里的院长、系主任们抱怨最多的是，学生学了好几门程序设计语言课，但还是遇到编程就头疼。

2004年12月，在苏州大学举办的全国计算机教学研讨会上，我根据在许多学校调研的情况，提出了计算机专业的课程中学得最不好的课程就是程序设计，真正的过关率也就30%。2008年，在北京举办的一次院长、系主任论坛上，时任教育部高教司司长的张尧学院士提出，计算机专业中，80%左右的学生程序设计没有过关。这足以说明问题的严重性。

这一局面正是我不断进行程序设计教材探索的动力。

（二）

本书是《新概念Java程序设计大学教程》的第3版。它是我在教学和交流中不断探索的一个新的成果。在写作中，我注意解决了如下几个问题。

1. 先入为主地让学生一开始就进入面向对象的世界

人人都说，由于对象反映的是真实世界的对象，面向对象程序设计比较直接，容易理解。但是，实际情况是，学生学习了面向对象程序设计后，写出来的程序却是面向过程的。原因就在于我们许多教材是从面向过程开始介绍面向对象的。这种先入为主的面向过程，是不能很好地培养面向对象的思维和方法的。只有先入为主地从面向对象开始，才能让学习者根深蒂固地掌握面向对象的思维和方法。

2. 把程序测试的基本方法融入程序设计

在计算机专业的教学中，程序测试是软件工程中的内容。而在此之前就开设了程序设计课程。这样，就把程序设计与程序测试割裂开来。在学习程序设计时，一般都是以"试通"方式进行。这种"劣习"到了学习软件工程时，已经积重难返。而且，在软件工程学习时，也没有更多时间和机会进行程序测试训练了。因此，在学习程序设计的同时，让学生掌握一些基本的程序测试方法非常重要。

3. 设计模式与面向对象程序设计准则

在面向对象程序设计的实践中，人们发掘出了一些模式。这些模式对于设计者具有标杆性的启示作用。但是，就23种模式来说，也不是一门程序设计课程所能容纳的。所幸，人们又从这些模式中总结出了开闭原则、面向抽象、接口分离、单一职责、迪米特等法则。这些法则精炼，指导意义更大。但是，它们又非常抽象。经过反复琢磨，本书采取了故事引导的方法来介绍这些原则，而把几个常用的典型模式作为实例的方法。

4. 程序文档化

本书还注意了程序文档化的训练，介绍了标注（annotation）和 Javadoc 等。

（三）

本书没有沿袭 Java 教材从数据类型到控制结构的思路，而是在第 1 篇直接用 6 个实例按照"定义类—定义引用—创建对象—操作对象"的过程进行面向对象思维的训练，形成面向对象的思维主线，把数据类型、控制结构等语法嵌于其中。同时介绍基于组件的测试方法。

不了解设计模式，就没有掌握面向对象的真谛。本书第 2 篇以面向抽象为题，首先介绍抽象类和接口，然后引出面向对象的几个基本原则，接着通过 3 个例子引出 GoF 设计模式，最后介绍反射、配置文件和程序打包发布。这一篇不仅让学生了解了面向对象的真正意义，也更贴近了应用实际。

第 3 篇通过多线程、图形用户界面、网络编程、JavaBean 和持久化，加深对于 API 意义和应用的理解，为开发应用程序奠定基础。

第 4 篇介绍 Java Web 开发和软件架构。

这 4 篇有详有略。详者为夯实 Java 开发的坚实基础，并学到实用的本领；略者为读者了解 Java 技术的全貌，以便将来确定在何处突破。这 4 篇也形成了 4 个学习层次，便于相关教学单位根据教学对象和目的进行取舍。

（四）

我国著名教育家陶行知说道："行动是老子，知识是儿子，创造是孙子"，并倡导"知行合一"。世界上第一所完全为发展现代设计教育而建立的学院的创始人——包豪斯（Bauhaus）的名言"干中学（learning from doing）"已经成为现代教育的重要思想。所有这些都表明了实践在学习中的重要性。程序设计更是这样，仅仅学习了一些程序设计语言的语法，仅仅了解了一些程序设计的方法，仅仅有了"知"，而不一定"会"。要想会，就要实践。

由 J. Piaget、O. Kernberg、R. J. Sternberg、D. Katz、Vogotsgy 等人创建的建构主义（constructivism）学习理论认为，知识不是通过教师传授得到，而是学习者在一定的情境即社会文化背景下借助其他人（包括教师和学习伙伴）的帮助，利用必要的学习资料，通过意义建构的方式而获得的。在信息时代，人们获得知识的途径发生了根本性的变化，教师不再是单一的"传道、授业、解惑"者，帮助学习者构建一个良好的学习环境也成为其一项重要职责。

当然，这也是现代教材的责任。本书充分考虑了这些问题。

在这本书中，在每章后面都安排了概念辨析、代码分析、开发实践和探索深究4种自测和训练实践环节，为学习者搭建起一个立体化的实践环境。

1. 概念辨析

概念辨析主要提供选择和判断两类自测题目，帮助学习者理解本章中学习过的有关概念，把当前学习内容所反映的事物尽量和自己已经知道的事物相联系，并认真思考这种联系，通过"自我协商"与"相互协商"，形成新知识的同化与顺应。对于这种类型的习题，读者应当按照如下顺序完成：

（1）先给出自己的判断。

（2）设计一个小的程序，验证自己的判断。

（3）结合自己的判断对验证结果进行分析，说明原因。

2. 代码分析

代码阅读是程序设计者的基本能力之一。代码分析部分的主要题型有4种：

（1）要求给出执行结果。

（2）要求找出错误。

（3）选择一个答案。

（4）填写一个空白。

3. 开发实践

提高程序开发能力是本书的主要目标。本书在每章后面都给出了相应的作业题目。但是，完成这些题目并非就是简单地写出代码，而且要将它看作是一个思维＋语法＋方法的工程训练。因此，要求在上机之前先写出准备文档。准备文档包括以下内容：

（1）问题分析与建模。

（2）源代码设计。

（3）测试用例设计。

这些文档内容的准备应当作为是否可以上机作业的条件。没有做这些准备的学生，上机就是盲目行为，收获不会太大。在学校中，学生进入机房之前，教师应当先检查学生是否已经准备了这些内容，并将准备情况作为该次上机作业成绩的一部分或不允许上机。

经过上机作业，学生还应当提交作业报告。作业报告包括如下内容：

（1）上机作业时发现的问题。

（2）对于发现的问题采取的调试方法。

（3）对自己准备文档中给出的测试用例的评价。

（4）程序运行结果分析。

（5）编程心得。

4. 探索思考

建构主义提倡,学习者要用探索法和发现法去建构知识的意义,学习者要在意义建构的过程中主动地搜集和分析有关的信息资料,对碰到的问题提出各种假设并努力加以验证。按照这一理论,本书还提供了一个探索思考栏目,以培养学习者获取知识的能力和不断探索的兴趣,同时可以从更深层次上探究Java语法。

（五）

写书难,写教材更难。一本专著,仅用于表达自己的见地;而一本好的教材,不仅是科学技术知识和方法的精华,还应当是先进教育理念的结晶。离这些,我还差得很远。好在有20余年教学的经历和不断进行教学改革探索的积累,以及许多热心者的支持和帮助。

这一版终于要问世了。在此,我要衷心感谢在这本书的出版过程中付出了劳动的下列人员:姚威、古辉、陶利民、赵忠孝、张展为、张秋菊、史林娟、张友明、李磊、张展赫、戴璐、文明瑶、陈觉、吴灼伟(插图)。

本书的出版仅仅是我程序设计教学改革中的一个新台阶,前面的路还要继续走下去。为此,衷心希望能得到有关专家和读者的批评和建议,也希望结交一些志同道合者,把这项改革推向更新的境界。

张基温

2018年1月

第2版前言

本书是《新概念 Java 程序设计大学教程》的第 2 版。这一版修订有如下考虑:

(1) 第 1 版把 JSP 作为 Java 技术的一部分介绍,这样可以形成一个完整的 Java 技术体系,在教学中一气呵成,可以提高教学效率。但是目前多数学校将 Java 基础与 Java Web 分开,作为两门课程进行讲授。第 2 版就是为了满足这种需求而进行的修订——将 Java Web 程序开发有关的部分删除,另行成册。

现在,Java 有两个应用方面:桌面系统应用和 Web 系统应用。做这两个题目时,把 GUI 加进来,就是一个完整的桌面系统开发实践。再加上 Servlet 和 JSP 的学习,完成一个 Web 系统的开发,就可以全面领略 Java 技术了。

(2) 在开发实践和教学中,越来越体会到设计模式的重要性。但其内容相当抽象,并且设计模式也不仅仅限于 GoF 的 23 种模式,它是一个宽泛又不断发展的概念。为此,在这次修订中,除了继续按照第 1 版的方法,用一个故事趣味性地引出面向对象程序设计原则、列举了几种设计模式,并介绍了 JavaBean 之外,还在 JDBC 最后引出了 DAO 模式,并根据 DAO 模式的需要对前面的设计模式举例进行了改写,形成一个贯穿全书的设计模式思想。

(3) 现代程序设计强调代码的可读性和安全性,因此,第 2 版增加了关于 Annotation 和 Javadoc 的介绍。

(4) 程序设计语言在不断发展,在教学中还应当适时介绍一些在基本内容上扩展的 Java 机制,如:

- 正则表达式。
- JVM 运行时数据区。
- 泛型编程、Java 数据接口,将它们与多线程一起作为 Java 高级技术介绍。

这样,就形成了第 2 版的 4 篇内容:

第 1 篇为面向对象启步,用 5 个例子引导读者逐步建立面向对象的思维方式和培养基本的设计能力,将 Java 基本语法贯穿其中;第 2 篇为面向抽象的编程,主要介绍抽象类、接口、面向对象程序设计原则、设计模式举例和反射技术;第 3 篇为基于 API 的开发,包括图形用户界面、网络编程、JDBC、JavaBean、程序文档化、程序配置和打包与发布;第 4 篇为 Java 高级技术,包括泛型编程、多线程技术、数据结构和接口。

在本书的前面一些单元中,除了基本内容外,还开辟了"知识链接"栏目,作为基本内容的扩展和延伸。这些内容可以作为选学或自学内容。

程序设计是一门实践性极强的课程。其实践包含两个方面的训练:思维能力训练和语言运用能力训练。本书为此提供了丰富的习题。此外,在学时安排上还建议增加相应课程设计。经过多年的教学实践,本人推荐 3 种课程设计题目:

- 多人聊天。
- 一个信息系统的 DAO。

- 关于数据结构的应用。

在做这些题目时可以分别提出如下要求：
- 使用图形用户界面。
- 使用 JavaBean。
- 使用反射。
- 使用有关模式以及 MVC。
- 使用多线程。
- 使用 Javadoc 和 Annotation。
- ……

在第 2 版即将出版之际，要特别感谢传智播客的高美云先生仔细审读了本书的有关章节，提出了非常中肯的修改意见；也要感谢参加过一些编写和校阅工作的赵忠孝、陶利民、姚威、古辉、张展为、李磊、董兆军、张秋菊、史林娟、张友明、张展赫、陈觉、吴灼伟（插图）等人。

本书没有采用传统的语法体系，而是采用了自己倡导的"问题 ＋ 计算思维"体系编写。这个体系已经经过了十几年的摸索，在新一版即将面世之际，衷心地希望读过、用过本书的有关专家和学习者能不吝批评指正，提出宝贵意见，把程序设计教学改革向前再推进一步。

张基温

2016 年 6 月

第1版前言

这是我第 3 次写 Java 教材了。第 1 次是 2001 年,应清华大学出版社之约,写了《Java 程序开发教程》,并配有一本习题解答。第 2 次是 2010 年,应中国电力出版社之约,写了《新概念 Java 教程》。这一次又应清华大学出版社之约,写了《新概念 Java 程序开发大学教程》。

近几年,我所写的程序设计教材都冠以"新概念"。所谓"新概念",并非我能在一种程序设计语言中添加什么概念,而是企图建立一种新的程序设计教学的模式来改变程序设计课程教学效率不高,甚至不成功的现状。

(一)

在多年的程序设计课程教学实践以及广泛地与国内同行的交流中,自己感到或听到的,都是认为程序设计课程不太成功的说法。

有的学校的系主任(院长)抱怨,学生学习了几门程序设计课程,可是到了课程设计、毕业设计,遇到问题还是下不了手。

多数程序设计课程老师都认为,教了 C++、Java,可是学生遇到的问题,写出来的代码还是面向过程的。

许多学生告诉我,不知道如何测试程序,甚至学习了软件工程以后,设计了程序也还是简单地试通一下,根本没有规范化测试的习惯。

企业界的朋友告诉我,企业界已经在关注设计模式和软件架构,而新入职的软件专业的大学生对此还完全没有概念……

所有这些问题都落实到一点上:程序设计课程应当教什么?应当如何教?

(二)

教材是教学的剧本。程序设计课程的改革首先应当从教材改革开始。创新是发展的动力,教材的改革要求教材有所创新。

计算机程序设计教材的创新,首先要改变程序设计教材基于语法体系的结构。说到底,语法体系的程序设计教材都是程序设计语言手册的翻版。这种语法体系造就了重语法教学、轻思维训练的教学模式,是学习了程序设计课程却不会编写程序的祸根。

新概念系列力图在这个方面创出一条新路。本书没有沿袭 Java 教材从数据类型、控制结构开始的思路,而是在第 1 篇直接用 6 个实例按照"定义类—定义引用—创建对象—操作对象"的过程进行面向对象思维的训练,形成面向对象的思维主线,把数据类型、控制结构等语法嵌于其中。同时介绍基于组件的测试方法。

不了解设计模式,就没有掌握面向对象的真谛。本书第 2 篇以面向抽象为题,首先介绍抽象类和接口,然后引出面向对象的几个基本原则,接着通过 3 个例子引出 GoF 设计模式,最后介绍反射、配置文件和程序的打包与发布。这一篇不仅让学生了解了面向对象的真正意义，也更贴近了应用实际。

第3篇通过多线程、图形用户界面、网络编程、JavaBean和持久化加深对于API意义和应用的理解，为开发应用程序奠定基础。

第4篇介绍Java Web开发和软件架构。

这4篇有详有略。详者为夯实Java开发的坚实基础，并学到实用的本领；略者为读者了解Java技术的全貌，以便将来确定在何处突破。这4篇也形成4个学习层次，便于有关教学单位根据教学对象和目的进行取舍。

（三）

我国著名教育家陶行知说过，"行动是老子，知识是儿子，创造是孙子"，并倡导"知行合一"。世界上第一所完全为发展现代设计教育而建立的学院——包豪斯（Bauhaus）的名言"干中学(learning from doing)"已经成为现代教育的重要思想。所有这些都表明了实践在学习中的重要性。程序设计更是这样，仅仅学习了一些程序设计语言的语法，仅仅了解了一些程序设计的方法，仅仅有了"知"，而不一定"会"。要想会，就要实践。

由 J. Piaget、O. Kernberg、R. J. Sternberg、D. Katz、Vogotsgy 等创建的建构主义（constructivism）学习理论认为，知识不是通过教师传授得到的，而是学习者在一定的情境（即社会文化背景）下借助其他人（包括教师和学习伙伴）的帮助，利用必要的学习资料，通过意义建构的方式而获得的。在信息时代，人们获得知识的途径发生了根本性的变化，教师不再是单一的"传道、授业、解惑"者，帮助学习者构建一个良好的学习环境也成为其一项重要职责。当然，这也是现代教材的责任。本书充分考虑了这些问题。

本书的每一单元后面都安排了概念辨析、代码分析、开发实践和思考探索4种自测和训练实践环节，为学习者搭建起一个立体化的实践环境。

1. 概念辨析

概念辨析主要提供选择和判断两类自测题目，帮助学习者理解本节学习过的有关概念，把当前学习内容所反映的事物尽量和自己已经知道的事物相联系，并认真思考这种联系，通过"自我协商"与"相互协商"形成新知识的同化与顺应。对于这种类型的习题，读者应当按照如下顺序完成：

（1）先给出自己的判断。

（2）设计一个小的程序，验证自己的判断。

（3）结合自己的判断对验证结果进行分析，说明原因。

2. 代码分析

代码阅读是程序设计者的基本能力之一。代码分析部分的主要题型有4种：

（1）要求给出执行结果。

（2）要求找出错误。

（3）选择一个答案。

(4) 填写一个空白。

3. 开发实践

提高程序开发能力是本书的主要目标。本书在绝大多数单元后面都给出了相应的作业题目。但是，完成这些题目并非就是简单地写出其代码，而要将它看作是一个思维＋语法＋方法的工程训练。因此，要求在上机之前先写出准备文档。准备文档的内容包括：

(1) 问题分析与建模。
(2) 源代码设计。
(3) 测试用例设计。

这些文档内容的准备应当作为是否可以上机作业的条件。没有这些准备，上机就比较盲目，收获不会太大。在学校中，学生进入机房之前，教师应当先检查学生是否已经准备了这些内容，并将准备情况作为该次上机作业成绩的一部分或不允许上机。

经过上机作业，学生还应当提交作业报告。作业报告包括如下内容：

(1) 上机作业时发现的问题。
(2) 对于发现的问题采取的调试方法。
(3) 对自己所准备文档中给出的测试用例的评价。
(4) 程序运行结果分析。
(5) 编程心得。

4. 思考探索

建构主义提倡，学习者要用探索法和发现法去建构知识的意义，学习者要在意义建构的过程中主动地搜集和分析有关的信息资料，对碰到的问题提出各种假设并努力加以验证。按照这一理论，本书还提供了一个探索思考栏目，以培养学习者获取知识的能力和不断探索的兴趣，同时可以从更深层次上探究Java语法。

（四）

写书难，写教材更难。一本专著，仅用于表达自己的见地；而一本好的教材，不仅是科学技术知识和方法的精华，还应当是先进教育理念的结晶。离这些，我还差得很远，好在有二十余年教学的经历和不断进行教学改革探索的积累，以及许多热心者的支持和帮助。

在此，我要衷心感谢在这本书的编写中参加了一定工作的下列人员：姚威、陶利民、张展为、郎贵义、李磊、董兆军、张秋菊、史林娟、文明瑶、黄姝敏、陈觉、张友明、宋文炳、许剑生、贺竞峰等。此外，还要感谢清华大学出版社为本书出版所做的大量平凡而细致的工作。

本书就要出版了。它的出版是我在这项教学改革工作中跨上的一个新的台阶。我衷心希望能得到有关专家和读者的批评和建议，也希望结交一些志同道合者，把这项改革推向更新的境界。

张基温
2013年5月

目 录

第1篇 面向对象程序设计启步

第1单元 职员类 ………………………………………………………… 3
1.1 从现实世界中的对象到类模型 ……………………………………… 3
    1.1.1 程序＝模型＋表现 ………………………………………………… 3
    1.1.2 现实世界中的对象分析 …………………………………………… 4
    1.1.3 职员类的 UML 描述 ……………………………………………… 5
    1.1.4 职员类的 Java 语言描述 ………………………………………… 5
    1.1.5 职员类的 Java 代码说明 ………………………………………… 6
1.2 类的应用与测试 …………………………………………………… 8
    1.2.1 对象引用及其创建 ………………………………………………… 8
    1.2.2 构造器与 this() …………………………………………………… 9
    1.2.3 对象成员的访问与 this …………………………………………… 11
    1.2.4 主方法与主类 ……………………………………………………… 12
    1.2.5 类文件与包 ………………………………………………………… 14
1.3 Java 程序开发 ……………………………………………………… 16
    1.3.1 Java 编译器与 Java 虚拟机 ……………………………………… 16
    1.3.2 JDK …………………………………………………………………… 16
    1.3.3 Eclipse 开发环境 ………………………………………………… 18
1.4 知识链接 …………………………………………………………… 24
    1.4.1 Java 语言及其特点 ……………………………………………… 24
    1.4.2 Java 数据类型 …………………………………………………… 26
    1.4.3 字面值 ……………………………………………………………… 27
    1.4.4 基本类型的转换 …………………………………………………… 29
    1.4.5 Java 关键词与标识符 …………………………………………… 32
    1.4.6 流与标准 I/O 流对象 …………………………………………… 33
    1.4.7 Java 注释 ………………………………………………………… 34

习题 1 ……………………………………………………………………… 35

第2单元 计算器类 ……………………………………………………… 38
2.1 计算器类的定义 …………………………………………………… 38
    2.1.1 计算器建模 ………………………………………………………… 38
    2.1.2 Calculator 类的 Java 描述 ……………………………………… 39

2.2 Calculator 类的测试 ·································· 39
2.2.1 测试数据设计 ·································· 39
2.2.2 规避整除风险——Calculator 类改进之一 ·································· 40
2.3 异常处理——Calculator 类改进之二 ·································· 42
2.3.1 Java 异常处理概述 ·································· 42
2.3.2 Java 异常处理的基本形式 ·································· 42
2.3.3 用 throws 向上层抛出异常 ·································· 44
2.3.4 用 throw 直接抛出异常 ·································· 45
2.3.5 Java 提供的主要异常类 ·································· 47
2.4 用选择结构确定计算类型——Calculator 类改进之三 ·································· 47
2.4.1 用 if…else 实现 calculate()方法 ·································· 47
2.4.2 关系操作符 ·································· 49
2.4.3 用 switch 结构实现 calculate()方法 ·································· 50
2.5 用静态成员变量存储中间结果——Calculator 类改进之四 ·································· 52
2.5.1 静态成员变量的性质 ·································· 52
2.5.2 带有静态成员变量的 Calculator 类定义 ·································· 52
2.6 知识链接 ·································· 54
2.6.1 Java 表达式 ·································· 54
2.6.2 静态方法——类方法 ·································· 55
2.6.3 初始化块与静态初始化块 ·································· 57
2.6.4 String 类 ·································· 60
2.6.5 正则表达式 ·································· 61
2.6.6 Scanner 类 ·································· 64
习题 2 ·································· 64

第 3 单元 素数序列产生器 ·································· 72
3.1 问题描述与对象建模 ·································· 72
3.1.1 素数序列产生器建模 ·································· 72
3.1.2 getPrimeSequence()方法的基本思路 ·································· 72
3.2 使用 isPrime()判定素数的 PrimeGenerator 类的实现 ·································· 73
3.2.1 采用 while 结构的 getPrimeSequence()方法 ·································· 73
3.2.2 采用 do…while 结构的 getPrimeSequence()方法 ·································· 75
3.2.3 采用 for 结构的 getPrimeSequence()方法 ·································· 75
3.2.4 重复结构中的 continue 语句 ·································· 76
3.2.5 采用 for 结构的 isPrime()方法 ·································· 76
3.2.6 将 isPrime()定义为静态方法 ·································· 77
3.2.7 不用 isPrime()判定素数的 PrimeGenerator 类的实现 ·································· 78
3.3 知识链接 ·································· 79

  3.3.1　变量的访问属性 79
  3.3.2　变量的作用域 79
  3.3.3　Java 数据实体的生命期 80
  3.3.4　基本类型的包装 81
习题 3 83

第 4 单元　扑克游戏 90
 4.1　数组与扑克牌的表示和存储 90
  4.1.1　数组的概念 90
  4.1.2　数组的声明与内存分配 90
  4.1.3　数组的初始化 92
  4.1.4　匿名数组 93
 4.2　数组元素的访问 93
  4.2.1　用普通循环结构访问数组元素 94
  4.2.2　用增强 for 遍历数组元素 94
 4.3　洗牌 95
  4.3.1　随机数与 Random 类 95
  4.3.2　洗牌方法设计 96
  4.3.3　含有洗牌方法的扑克游戏类设计 98
 4.4　扑克的发牌与二维数组 99
  4.4.1　基本的发牌算法 99
  4.4.2　用二维数组表示玩家手中的牌 100
  4.4.3　使用二维数组的发牌方法 102
  4.4.4　含有洗牌、发牌方法的扑克游戏类设计 102
 4.5　知识链接 104
  4.5.1　数组实用类 Arrays 104
  4.5.2　java.util.Vector 类 105
  4.5.3　命令行参数 107
  4.5.4　Math 类 108
习题 4 109

第 2 篇　面向类的程序设计

第 5 单元　类的继承 115
 5.1　学生类-研究生类层次结构 115
  5.1.1　由 Student 类派生 GradStudent 类 115
  5.1.2　super 关键字 117
  5.1.3　final 关键字 119
 5.2　Java 的访问权限控制 119

    5.2.1 类成员的访问权限控制 ····· 119
    5.2.2 类的访问权限控制 ····· 120
    5.2.3 private 构造器 ····· 120
  5.3 类层次中的类型转换 ····· 121
    5.3.1 类层次中的赋值兼容规则 ····· 121
    5.3.2 里氏代换原则 ····· 122
    5.3.3 类型转换与类型测试 ····· 122
  5.4 方法覆盖与隐藏 ····· 123
    5.4.1 派生类实例方法覆盖基类中签名相同的实例方法 ····· 123
    5.4.2 用@Override 标注覆盖 ····· 124
    5.4.3 派生类静态方法隐藏基类中签名相同的静态方法 ····· 126
    5.4.4 JVM 的绑定机制 ····· 127
  5.5 知识链接 ····· 128
    5.5.1 Object 类 ····· 128
    5.5.2 @Deprecated 与@SuppressWarnings ····· 131
    5.5.3 Java 异常类和错误类体系 ····· 135
  习题 5 ····· 137

第 6 单元 抽象类与接口 ····· 145
  6.1 圆、三角形和矩形 ····· 145
    6.1.1 3 个独立的类：Circle、Rectangle 和 Triangle ····· 145
    6.1.2 枚举 ····· 147
  6.2 抽象类 ····· 148
    6.2.1 由具体类抽象出抽象类 ····· 148
    6.2.2 由抽象类派生出实例类 ····· 150
    6.2.3 抽象类小结 ····· 153
  6.3 接口 ····· 153
    6.3.1 接口及其特点 ····· 153
    6.3.2 接口的实现类 ····· 154
    6.3.3 关于接口的进一步讨论 ····· 156
  6.4 知识链接 ····· 157
    6.4.1 Java 构件修饰符小结 ····· 157
    6.4.2 对象克隆 ····· 158
  习题 6 ····· 160

第 7 单元 面向对象程序架构优化原则 ····· 164
  7.0 引言 ····· 164
  7.1 从可重用说起：合成/聚合优先原则 ····· 165

	7.1.1	继承重用的特点	166
	7.1.2	合成/聚合重用及其特点	166
	7.1.3	合成/聚合优先原则	167
7.2	从可维护性说起：开-闭原则		168
	7.2.1	软件的可维护性和可扩展性	168
	7.2.2	开-闭原则	169
7.3	面向抽象的原则		170
	7.3.1	具体与抽象	170
	7.3.2	依赖倒转原则	170
	7.3.3	面向接口原则	170
	7.3.4	面向接口编程举例	171
7.4	单一职责原则		175
	7.4.1	对象的职责	175
	7.4.2	单一职责原则的概念	176
	7.4.3	接口分离原则	176
7.5	不要和陌生人说话		181
	7.5.1	狭义迪米特法则	181
	7.5.2	广义迪米特法则	182
习题 7			183

第 8 单元　设计模式 ········ 186

8.1	设计模式概述		186
8.2	设计模式举例——诉讼代理问题		186
	8.2.1	无律师的涉讼程序设计	186
	8.2.2	请律师代理的涉讼程序设计	187
	8.2.3	关于代理模式	189
8.3	设计模式举例——商场营销问题		190
	8.3.1	不用策略模式的商场营销解决方案	190
	8.3.2	策略模式的定义	192
	8.3.3	采用策略模式的商场营销解决方案	193
8.4	设计模式举例——图形对象的创建问题		197
	8.4.1	简单工厂模式	197
	8.4.2	工厂方法模式	202
	8.4.3	策略模式与简单工厂模式结合	207
8.5	知识链接		209
	8.5.1	类文件与类加载	209
	8.5.2	Class 对象	209
	8.5.3	反射 API	213

　　　　8.5.4　使用反射的工厂模式 ··· 215
　　　　8.5.5　使用反射＋配置文件的工厂模式 ··································· 216
　习题 8 ··· 218

第 3 篇　基于 API 的应用开发

第 9 单元　Java 网络程序设计 ··· 223
　9.1　IP 地址与 InetAddress 类 ··· 223
　　　9.1.1　IP 协议与 IP 地址 ·· 223
　　　9.1.2　InetAddress 类 ·· 223
　9.2　Java Socket 概述 ·· 225
　　　9.2.1　Socket 的概念 ··· 225
　　　9.2.2　客户端/服务器工作模式 ····································· 225
　9.3　面向 TCP 的 Java Socket 程序设计 ································· 226
　　　9.3.1　Socket 类和 ServerSocket 类 ································ 226
　　　9.3.2　TCP Socket 通信过程 ·· 227
　　　9.3.3　TCP Socket 程序设计 ·· 229
　9.4　面向 UDP 的 Java 程序设计 ··· 232
　　　9.4.1　DatagramPacket 类 ··· 233
　　　9.4.2　DatagramSocket 类 ·· 233
　　　9.4.3　UDP Socket 程序设计 ·· 235
　9.5　网络资源访问 ·· 238
　　　9.5.1　URI、URL 和 URN ··· 238
　　　9.5.2　URL 类 ·· 239
　　　9.5.3　URLConnection 类 ·· 240
　9.6　知识链接 ·· 240
　　　9.6.1　字节流与字符流 ··· 240
　　　9.6.2　缓冲流与转换流 ··· 245
　　　9.6.3　PrintWriter 类 ·· 247
　习题 9 ··· 248

第 10 单元　JDBC ··· 250
　10.1　JDBC 概述 ·· 250
　　　10.1.1　JDBC 的组成与工作过程 ····································· 250
　　　10.1.2　JDBC API 及其对 JDBC 过程的支持 ····························· 250
　10.2　加载 JDBC 驱动 ··· 252
　　　10.2.1　JDBC 数据库驱动程序的类型 ································· 252
　　　10.2.2　JDBC 驱动类名与 JDBC 驱动程序的下载 ······················· 254
　　　10.2.3　DriverManager 类 ·· 254

· 16 ·

    10.2.4 注册 Driver ………………………………………………… 256
  10.3 连接数据源 ………………………………………………………… 258
    10.3.1 数据源描述规则——JDBC URL ………………………… 258
    10.3.2 获取 Connection 对象 …………………………………… 259
    10.3.3 连接过程中的异常处理 …………………………………… 262
    10.3.4 Connection 接口的常用方法 …………………………… 262
  10.4 创建 SQL 工作空间进行数据库操作 …………………………………… 263
    10.4.1 SQL ………………………………………………………… 263
    10.4.2 创建 SQL 工作空间 ……………………………………… 265
    10.4.3 用 Statement 实例封装 SQL 语句 ……………………… 265
  10.5 处理结果集 ………………………………………………………… 267
    10.5.1 结果集游标的管理 ………………………………………… 267
    10.5.2 getXxx()方法 ……………………………………………… 267
    10.5.3 updateXxx()方法 ………………………………………… 268
    10.5.4 关闭数据库连接 …………………………………………… 268
    10.5.5 JDBC 数据库查询实例 …………………………………… 268
  10.6 PreparedStatement 接口 …………………………………………… 271
    10.6.1 用 PreparedStatement 实例封装 SQL 语句的特点 …… 271
    10.6.2 PreparedStatement 接口的主要方法 …………………… 271
    10.6.3 PreparedStatement 对象操作 SQL 语句的步骤 ……… 272
    10.6.4 Java 日期数据 …………………………………………… 275
  10.7 事务处理 …………………………………………………………… 276
    10.7.1 事务的概念 ………………………………………………… 276
    10.7.2 Connection 类中有关事务处理的方法 ………………… 276
    10.7.3 JDBC 事务处理程序的基本结构 ………………………… 277
  10.8 DAO 模式 …………………………………………………………… 279
    10.8.1 DAO 概述 ………………………………………………… 279
    10.8.2 DAO 模式的基本结构 …………………………………… 281
    10.8.3 DAO 程序举例 …………………………………………… 284
 习题 10 ………………………………………………………………………… 290

第 11 单元 JavaBean …………………………………………………………… 292
  11.1 JavaBean 概述 ……………………………………………………… 292
    11.1.1 软件组件与 JavaBean …………………………………… 292
    11.1.2 JavaBean 结构 …………………………………………… 293
    11.1.3 JavaBean 规范 …………………………………………… 295
  11.2 开发 JavaBean ……………………………………………………… 295
    11.2.1 JavaBean API …………………………………………… 295

| 11.2.2 JavaBean 开发工具 ································· 296
习题 11 ··· 298

第 12 单元 程序文档化、程序配置与程序发布 ··············· 300
12.1 Javadoc ·· 300
   12.1.1 Javadoc 及其结构 ··· 300
   12.1.2 Javadoc 标签 ··· 300
   12.1.3 Javadoc 应用规范 ··· 302
   12.1.4 Javadoc 命令 ··· 304
12.2 自定义 Annotation ··· 305
   12.2.1 Annotation 的基本定义格式 ································· 305
   12.2.2 向 Annotation 注入数据 ······································· 306
   12.2.3 通过反射提取 Annotation 中的数据 ······················ 307
   12.2.4 用 Annotation＋反射设计 DAO 基类 ···················· 308
12.3 Java 程序配置 ·· 314
   12.3.1 程序配置与程序配置文件 ···································· 314
   12.3.2 .properties 文件 ··· 315
   12.3.3 XML 配置文件 ··· 317
   12.3.4 基于 InputStream 输入流的配置文件的读取 ··········· 318
   12.3.5 基于资源绑定的配置文件的读取 ··························· 325
12.4 Java 程序的打包与发布 ·· 326
   12.4.1 Java 程序的打包与 JAR 文件包 ···························· 326
   12.4.2 manifest 文件 ··· 326
   12.4.3 JAR 命令 ··· 329
   12.4.4 在 Eclipse 环境中创建可执行 JAR 包 ···················· 331
   12.4.5 在 MyEclipse 环境中创建可执行 JAR 包 ··············· 333
习题 12 ··· 333

第 4 篇 Java 高级技术

第 13 单元 Java 泛型编程 ·· 337
13.1 泛型基础 ·· 337
   13.1.1 问题的提出 ·· 337
   13.1.2 泛型方法 ·· 339
   13.1.3 多泛型类 ·· 340
13.2 泛型语法扩展 ··· 341
   13.2.1 泛型通配符 ·· 341
   13.2.2 泛型设限 ·· 342
   13.2.3 泛型嵌套 ·· 342

| 13.3 | 实例——利用泛型和反射机制抽象 DAO | 343 |

习题 13 ··· 345

第 14 单元　Java 多线程 ·· 347

14.1　Java 多线程概述 ··· 347
- 14.1.1　进程与线程 ··· 347
- 14.1.2　Java 线程的生命周期 ·· 348
- 14.1.3　Java 多线程程序实例：室友叫醒 ······················· 352
- 14.1.4　线程调度与线程优先级 ·································· 356
- 14.1.5　知识链接：JVM 运行时数据区 ······························· 356

14.2　java.lang.Thread 类 ·· 358
- 14.2.1　Thread 类的构造器 ··· 358
- 14.2.2　Thread 类中的优先级别静态常量 ······················· 359
- 14.2.3　Thread 类中影响线程状态的方法 ······················· 359
- 14.2.4　Thread 类中的一般方法 ··································· 360
- 14.2.5　Thread 类从 Object 继承的方法 ························· 360

14.3　多线程管理 ·· 360
- 14.3.1　多线程同步共享资源 ······································ 360
- 14.3.2　线程死锁问题 ··· 362
- 14.3.3　线程组 ··· 362

习题 14 ··· 363

第 15 单元　Java 数据结构和接口 ·· 369

15.1　数据的逻辑结构与物理结构 ································· 369
- 15.1.1　数据的逻辑结构 ··· 369
- 15.1.2　数据的物理结构 ··· 370
- 15.1.3　Java 数据结构 API ·· 372

15.2　接口及其应用 ··· 373
- 15.2.1　Collection 接口及其方法 ································· 373
- 15.2.2　List 接口及其实现 ·· 374
- 15.2.3　Set 接口及其实现 ··· 376

15.3　聚集的标准输出 ·· 378
- 15.3.1　Iterator 接口 ··· 378
- 15.3.2　foreach ··· 379

15.4　Map 接口类及其应用 ·· 380
- 15.4.1　Map 接口的定义与方法 ··································· 380
- 15.4.2　Map.Entry 接口 ··· 380

15.4.3　HashMap 类和 TreeMap 类 …………………………………… 381
习题 15 ……………………………………………………………………………… 383

附录 A　符号 ……………………………………………………………………… 385
　　A.1　Java 主要操作符的优先级和结合性 …………………………………… 385
　　A.2　Javadoc 标签 …………………………………………………………… 385

附录 B　Java 运行时异常类和错误类 …………………………………………… 387
　　B.1　RuntimeException 类 …………………………………………………… 387
　　B.2　Error 类 ………………………………………………………………… 388

附录 C　Java 常用的工具包 …………………………………………………… 390

参考文献 ………………………………………………………………………… 391

第1篇 面向对象程序设计启步

计算机程序是问题求解模型的计算机可直接或间接执行的描述。面向对象程序是基于对象的问题求解模型的计算机可直接或间接执行的描述。对象模型用问题域中的对象及其相互作用所形成的状态来描述客观问题。问题求解就是获得其目标状态。Java面向对象程序设计的基本步骤如下：

(1) 分析现实世界问题域中的对象,把具有共同行为并可以用一组共同属性对它们进行描述的都划分为一个类(class)。

(2) 用计算机语言描述类。

(3) 按照问题的要求,用具体的属性值,由类创建需要的对象(object)。

(4) 按照问题所描述的对象之间的关系以及初始条件和目标状态之间的联系,运行程序使各对象从初始状态变化为目标状态,求得问题的解。

这4步看起来非常简单,但遇到具体问题时能不能找出问题中的对象以及对象间的联系,关键在于能不能按照面向对象的逻辑思维考虑问题,此外还需要掌握Java语言的语法知识。这一篇用几个简单的例子从逻辑思维和语法知识两个方面帮助初学者进入面向对象程序设计领域。

第1单元 职 员 类

1.1 从现实世界中的对象到类模型

这一单元以职员类为例,介绍用 Java 语言定义类、生成对象以及进行类测试时所需要的基本知识。

1.1.1 程序＝模型＋表现

研究复杂问题的有效方法是抽象。抽象的基本方法是抓住影响问题的最本质的因素,忽略一些次要的、影响不大的细节,形成自己知识和能力范围之内的问题简化形式——模型。对于性质不同的问题,基于不同的目的,采用不同的理论和方法可以得到不同的模型。当前,用计算机进行问题求解主要借助两种模型,即面向过程的模型和面向对象的模型。建立了模型,再用计算机程序设计语言表现出来就是程序。

面向过程的模型用一组数据描述客观问题的属性、状态以及它们之间的联系,并用操作描述它们从初始值变化为目标值的过程。面向对象的模型把应用领域中一切有意义的、与所要解决的问题有关系的事务都称作对象(object)。对象既可以是具体物理实体的抽象,也可以是人为的概念,或者是其他有明确边界和意义的东西,即一切皆对象。求解问题的过程就是描述问题领域内的有关对象从初始状态如何变化为目标状态。不过,面向对象的模型不是基于一个一个的对象,这样会使问题很复杂,它着眼于对象的类型建立模型,并把类型简称为类(class)。

类模型是基于分类的问题抽象,是对象的类型化。在面向对象的程序设计中,类模型包含了两大类元素:一是该类对象具有的共同行为(包括它们提供的服务和功能,也包括对它们的操作和处理);二是这类对象共同具有的相同的属性(property)项。例如在图1.1中有许多人,按照他们的社会行为(behavior)可以分为4个群:学生、运动员、工人和职员。学生的主要行为是学习而不取得报酬;运动员的主要行为是训练和比赛;工人的主要行为是通过劳动获取报酬而不占有生产资料;职员的主要行为是管理某种事务并获取报酬。

属性项具有两层意义:一层意义表明这类对象的属性项特点,如运动员需要用项目、名次描述;学生需要用年级、专业、成绩描述;职员需要用岗位、薪酬描述;工人需要用工种、级别描述等。不同的类之间具有一定的差别。另一层意义在于用这些属性的值对一个类中的个体进行区分。例如,职员张三与李四,有名字、性别、年龄、岗位和薪酬的不同。

面向对象的程序设计采用从具体(问题领域中的对象)到抽象(计算机世界中的类——class),再从抽象到个体(计算机世界中的对象——object)的方法。即首先对问题领域的对象进行分析,从行为和描述形式两个方面建立类模型,然后按照这个模型研究问题环境中的个体的活动和状态变化,以达到问题求解的目的。

类模型及其如何生成对象以及对象的活动都要用某一种计算机程序设计语言表现才能

图 1.1　4 类人群

称为计算机程序。Java 就是目前应用最广泛的一种计算机程序设计语言。它所描述的问题求解方法可以由计算机间接(经过编译)执行。

1.1.2　现实世界中的对象分析

本题比较简单,只讨论职员类。这样就无须考虑如何分类,只需考虑职员类如何描述的问题,即它有哪些行为,有哪些属性。

表 1.1 给出了 5 个职员实例的属性数据。

表 1.1　职员对象实例及其属性

姓　名	职工号	部　门	所学专业	公司龄	基本工资	年龄	性别
张伞	01012005	技术研发部	计算机科学与技术	8	3388.88	52	男
李思	04023008	品质管理部	经济学	5	4477.77	29	女
王武	06012003	人力资源部	人事管理	3	5599.99	26	男
陈留	07003005	项目一部	通信技术	2	6677.88	43	女
郭起	03005005	项目二部	自动控制	6	7788.99	31	男

这里仅选取了其中有代表性的 4 种数据。为了向计算机描述转化,表 1.2 对它们进行了进一步描述。

表 1.2　职员类的 4 个属性及其表示方法

属性项	职员姓名	职员年龄	职员性别	基本工资
属性名	empName	empAge	empSex	empBaseSalary
取值范围	字符串	整数	一个字符	6 位数字(整数 4 位,小数两位)
数据类型	String	int	char	float

行为常常与属性值的获取与使用有关,表 1.3 给出了这个类的 5 个方法。

表1.3 职员类的5个方法

名称	构造器	getName()	getAge()	getSex()	getBaseSalary()
功能	对象初始化	获取对象的姓名	获取对象的年龄	获取对象的性别	获取基本工资

在该表中,构造器用于问题域中对象属性值的初始化,其他4个方法用于获取对象的有关属性值。

1.1.3 职员类的UML描述

UML用类图(class diagram)描述类。类图是一种UML静态视图,它用来说明类的结构,可以帮助人们直观地了解一个系统的体系结构——这个系统中包含了哪些类、每个类包括了哪些成员以及这些类之间有什么样的联系。图1.2(a)为职员类的类图,它由3个部分组成,即类名、属性和方法。属性和方法也称为类的元素或成员。类的元素有两种基本的访问属性,即公开(public)和私密(private)。公开成员可以由外部的方法直接访问,其前标以+号;私密成员不可以由外部(如其他类的方法)直接访问,其前标以-号。图1.2(b)是两种简化的类图。

> **UML**
> UML(unified modeling language,统一建模语言)是Rational公司提出的一种适合计算机程序等离散系统的通用建模语言,它用一组模型图来支持面向对象软件开发的各个阶段(包括需求确认、系统分析、系统设计、系统编码、系统测试等)的工作,使对系统感兴趣的各种角色(如用户、系统分析员、编码员、测试员等)都能比较好地理解系统中有关自己的部分。

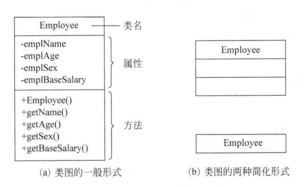

(a) 类图的一般形式　　(b) 类图的两种简化形式

图1.2 UML的类图

用类图描述类模型比用文字和表格描述要简单得多。

1.1.4 职员类的Java语言描述

【代码1-1】 用Java语言描述的职员类。

```java
// 职员类
class Employee {
    private String emplName;        // 职员名
    private int emplAge;            // 职员年龄
    private char emplSex;           // 职员性别
    private double emplBaseSalary;  // 基本工资
```

```java
    public Employee() {                                           // 无参构造器
    }

    public Employee(String name, int age, char sex, double baseSalary) {   // 有参构造器
        emplName = name;
        emplAge = age;
        emplSex = sex;
        emplBaseSalary = baseSalary;
    }

    public void setName(String name) {                            // 构建职员姓名
        emplName = name;
    }

    public void setAge(int age) {                                 // 构建职员年龄
        emplAge = age;
    }

    public void setSex(char sex) {                                // 构建职员性别
        emplSex = sex;
    }

    public void setBaseSalary(double baseSalary) {                // 构建基本工资
        emplBaseSalary = baseSalary;
    }

    public String getName() {                                     // 获得职员姓名
        return emplName;
    }

    public int getAge() {                                         // 获得职员年龄
        return emplAge;
    }

    public char getSex() {                                        // 获得职员性别
        return emplSex;
    }

    public double getBaseSalary() {                               // 获得基本工资
        return emplBaseSalary;
    }
}
```

1.1.5 职员类的 Java 代码说明

（1）一个类的代码由类头和类体两个部分组成，格式如下：

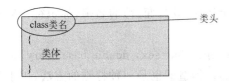

在类头中,最重要的是类的定义关键词 class 和一个类名。类体是括在一对花括号中的 Java 代码——由一些属性和方法的说明组成。

(2) 在代码 1-1 中,emplName、emplAge、emplSex 和 emplBaseSalary 是 Employee 类的 4 个属性,用于描述这个类中每个对象的状态和特征,也常称为类的成员变量(member variable)或字段(field),它们会因具体对象而有不同的值。例如,某个职员为 emplName="张伞"、emplAge=52、emplSex='男'、emplBaseSalary=3388.88,而另一位职员为 emplName="李思"、emplAge=29、emplSex='女'、emplBaseSalary=4477.77。

(3) String、int、char 和 double 是 Java 的 4 种数据类型。数据类型决定了一种数据的存储方式、空间大小、操作方式等。在 Java 程序中,每一个数据都属于一个类型,在使用一个数据前必须声明它是什么类型。

(4) private 和 public 是 Java 语言提供的两个访问权限控制关键词,用 private 修饰的成员称为私密成员,私密成员只能被本类的其他成员直接访问;用 public 修饰的成员定义称为公开成员,公开成员允许被他类成员直接访问。

(5) setName()、setAge()、setSex()、setBaseSalary()、getName()、getAge()、getSex() 和 getBaseSalary() 称为类 Employee 的 8 个成员方法(member method),用于描述类或对象的行为,并且一个类的对象都有这样相同的行为。其中,setXxx() 形式的方法称为构建器(setter),用于构建类对象中某个成员变量的值;getXxx() 形式的方法称为获取器(getter),用于获取类对象中某个成员变量的值。在多数情况下,将属性设置成 private 的,以减少对象与外界的联系,使外部不可访问这些数据,需要时可以借构造器和获取器开辟外部访问这些数据的两种渠道。

(6) 方法用于描述计算机操作行为的实现过程。在实施这一过程时,需要调用者提供的数据称为参数。方法用一对圆括号中的参数列表表示在执行时需要的数据。在参数列表中,每个参数都由参数类型与参数名两个部分组成。如构建器 setName(String name) 的参数 String name,表示调用者要向这个方法传递一个 String 类型的数据,被该方法的参数 name 接收。若参数列表为空,表示调用者无须向该方法传递数据。

方法执行后可能会得到一个数据,也可能只进行一些操作而得不到数据。将得到的数据交调用者,称为方法的返回。每个方法最多返回一个数据,每个方法前面的类型就是该方法返回的数据的类型,如获取器 getAge() 前面的关键字 int,表示该方法将向调用者返回一个 int 类型的数据。若方法只执行某种操作,不需要向调用者返回任何数据,则返回类型写为 void。

(7) 在类 Employee 的声明中,代码

```
private String emplName;
private int emplAge;
private char emplSex;
private double emplBaseSalary;
```

称为 4 个声明,它们分别声明了类 Employee 的 4 个属性(成员变量)的名字(标识符)、数据类型和访问权限。

(8) Employee()和 Employee(String name,**int** age,**char** sex,**double** baseSalary)是类 Employee 的两个特殊成员——构造器(constructor)。构造器也是一种特殊的方法,用于类创建对象时的属性初始化:有参构造器用具体数据对类对象的属性进行初始化,无参构造器用默认值对类对象的属性初始化。关于其用法见第 1.2.2 节。

(9) 程序中的双斜杠//及其当前行中后面的文字称为注释。注释是程序编写者向程序阅读者做的说明,以便于阅读者理解。

1.2 类的应用与测试

仅仅定义类并不是程序设计的最终目的,面向对象程序设计的最终目的是要用对象的运动和状态来模拟问题及其题解空间。简单地说,实际问题的求解是通过具体对象(也称类的实例——instance)的活动表现的。此外,类的设计是否正确也要通过对象的活动和状态是否正确来判断。

1.2.1 对象引用及其创建

图 1.3 为创建一个对象的过程与建设一个工厂的过程的对比。

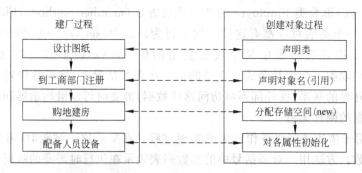

图 1.3 创建对象与建设工厂的过程对照

1. 声明一个对象引用

声明一个对象引用(reference,也称参照)就是向编译器注册一个类对象的名字。如生成类 Employee 的引用 li4,应当使用声明

```
Employee li4 = null;
```

说明:这样就向系统注册了一个对象的引用名字 li4,说明它是 Employee 类型,并用=null 表明该引用暂时还没有指向任何具体的存储位置。虽然,从 JDK1.5 起不再要求声明一个引用时必须使用赋值号以及后面的 null,但用 null 显式地说明其尚未初始化可以避免出现一些不必要的错误,这是初学者应当养成的良好习惯。

2. 为对象分配存储空间并初始化

为对象分配存储空间并初始化分别用 new 操作和调用构造器进行,这两步通常合并在一个语句中执行。例如将已经定义的引用名 li4 实例化可以用下面的语句进行:

```
li4 = new Employee("Lis", 29, 'f', 4477.77);
```

图 1.4 表明了从声明对象到创建对象的过程。

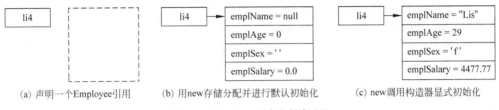

图 1.4 Employee 对象的创建过程

上述两个语句常常合并为一个语句:

```
Employee li4 = new Employee ("Lis", 29,'f', 4477.77);
```

Java 执行这个语句的过程如下:
① 声明一个引用(如图 1.4(a)所示)。
② 操作符 new 为各成员变量分配存储空间,并自动初始化为变量类型的默认值(如图 1.4(b)所示)。
③ 调用构造器显式进行有关成员变量的初始化(如图 1.4(c)所示)。
④ 返回一个对象给引用。

1.2.2 构造器与 this()

1. 构造器及其重载

如前所述,构造器是类的一个特殊方法,用于创建对象时初始化其有关成员变量。构造器的特殊主要表现为如下几点:
(1) 构造器与类同名。
(2) 构造器无须声明返回类型。
(3) 一个类可以定义多个构造器,这些构造器具有相同的名字,但参数必须不同。例如本例中可以定义如下一些构造器:

```
Employee(){};
Employee(String name){…};
Employee(String name, int age, char sex) {…};
Employee(double baseSalary) {…};
Employee(String name, int age, char sex, double baseSalary) {…};
```

这种形式称为构造器重载。实际上，任何方法都可以重载，即可以使用同一个名字定义不同参数的方法。对于重载的方法，编译器将会根据参数的数量和类型找到相应的方法实体进行调用，这个过程称为联编。例如，对于声明

```
Employee li4 = null;
```

如果使用

```
li4 = new Employee(4477.77);
```

则将调用 Employee (double baseSalary)。

若使用

```
li4 = new Employee ();
```

则将调用 Employee()。

在上述构造器中有一个构造器没有参数，这个构造器称为无参构造器。

（4）任何类都至少要有一个构造器。如果程序员没有给类显式地定义一个构造器，则 Java 编译器会自动为其生成一个默认的无参构造器。但是，若程序员定义了任何一个构造器，则编译器不再生成默认构造器。例如，在本例中定义了构造器

```
Employee(String name, int age, char sex, double baseSalary);
```

若没有定义 Employee()，却使用下面的调用，将会出现错误。

```
li4 = new Employee();
```

（5）在用 new 创建对象时，编译器首先计算需要的存储空间，然后对构造器要调用的实际参数（自变量）进行计算。若已经没有足够的内存空间提供给将要创建的对象，则不会调用构造器，不会计算构造器调用的实际参数。

（6）在用 new 新建对象时，首先会对该对象的实例变量赋予默认初值，之后才调用构造器。

2. 用 this() 代表本类构造器

【代码 1-2】 用 this() 代表本类构造器。

```
class Employee {
    private String emplName;              // 职员名
    private int emplAge;                  // 职员年龄
    private char emplSex;                 // 职员性别
    private double emplBaseSalary;        // 基本工资

    public Employee() {                   // 无参构造器
    }

    public Employee(String name) {        // 重载构造器
        emplName = name;
```

```
    }
    public Employee(String name, int age) {            // 重载构造器
        this(name);                                     // 相当于调用 Employee(name)
        emplAge = age;
    };

    public Employee(String name, int age) {            // 重载构造器
        this(name, age);                                // 相当于调用 Employee(name,age)
        emplSex = sex;
    }

    public Employee(String name, int age, char sex) {  // 重载构造器
        this(name, age, sex);                           // 相当于调用 Employee(name,age,sex)
        emplBaseSalary = baseSalary;
    }
}
```

注意：在一个构造器中使用 this() 时必须把它放在第一行。

1.2.3 对象成员的访问与 this

1. 对象成员的访问

使用对象引用可以访问对象的成员——成员变量和成员方法，格式如下：

> 引用名.成员变量名

> 引用名.成员方法名（实参表）

这里的圆点称为域操作符或成员操作符，即指明一个成员属于哪个对象。例如可以用表达式 li4.setAge(18) 将对象 li4 的年龄设置为 18，也可以用表达式 li4.getAge() 获取 li4 的年龄。

2. this

this 是一个特殊的引用，代表当前对象。

【代码 1-3】 使用 this 改写的 Employee 类构造器。

```
public Employee(String emplName, int emplAge, char emplSex, double emplBaseSalary) {
    this.emplName = emplName;
    this.emplAge = emplAge;
    this.emplSex = emplSex;
    this.emplBaseSalary = emplBaseSalary;
}
```

这样修改后，在每个初始化表达式中赋值号前后用了同样的名字，但带有 this 前缀的

一定是属性,不带 this 前缀的一定是参数,这样就不会因给参数起名字而费心思了。

1.2.4 主方法与主类

1. 主方法及其设计要求

一个 Java 类的测试与应用必须通过方法进行。一个程序可以有很多方法,但是程序若要在命令方式下运行,必须有一个特殊的方法——主方法。主方法的特殊性表现在以下几点:

(1) 它是命令方式下运行的 Java 程序的一个入口,相当于一个程序运行时的总指挥。

(2) 它的名字是固定的——main。

(3) 它的首部必须是 public static void。public 表明它是外部可以访问的。static 表明该方法是静态的——它只是类的方法,可以用类名调用而无须使用一个对象引用调用。只有这样,main() 才可以作为程序的起点由系统直接调用。void 表明它没有返回值。

(4) main() 方法用于命令方式,可以接收命令行中的一个或多个字符串作为其参数传入到程序中来。表示几个字符串的形式是 String[] args,这就是 main() 的形式参数。其细节在第 4.5.3 节中讨论。

2. 测试 Employee 的主方法

【代码 1-4】 测试 Employee 的主方法代码。

```java
public static void main(String[] args) {                        // 主方法
    Employee zh1 = new Employee("zhangsan", 55, 'm', 1234.56);  // 创建对象

    // 输出对象属性值
    System.out.println("职员姓名:" + zh1.getName());
    System.out.println("职员年龄:" + zh1.getAge());
    System.out.println("职员性别:" + zh1.getSex());
    System.out.println("职员基本工资:" + zh1.getBaseSalary());

    // 修改一个属性值再输出
    zh1.setBaseSalary(2234.56);
    System.out.println("修改过后的职员基本工资:" + zh1.getBaseSalary());
}
```

说明:

(1) println() 是对象 out 的一个方法,而这个 out 是 System 类的一个 static 成员,static 类成员可以用类名直接调用。所以当要用 println() 向显示器输出时要写成 System.out.println()。前一个圆点表明 out 是类 System 的一个成员,后一个圆点表明 println() 是 out 的一个成员。

(2) println() 方法的功能是输出一串字符。在这个方法的参数中有一串字符,Java 还可以隐式地将其后面用 + 连接的任何数据转换为字符串连接在前面的字符串后面。

3. 主方法必须作为一个类的成员

Java 的一切皆对象,并且一切来自类。主方法不可以独立存在,必须作为一个类的成

员才能被调用。习惯上把包含了使用 public static void 修饰的 main() 方法的 public 类称为主类。主类可以单独定义,也可以用已经定义的类兼任。

【代码 1-5】 单独设计一个主类。

```java
class Employee {
    // …
}

public class EmployeeDemo0105 {                                              // 主类
    public static void main(String[] args) {                                 // 主方法
        Employee zh1 = new Employee("zhangsan", 55, 'm', 1234.56);           // 创建对象

        // 输出对象属性值
        System.out.println("职员姓名:" + zh1.getName());
        System.out.println("职员年龄:" + zh1.getAge());
        System.out.println("职员性别:" + zh1.getSex());
        System.out.println("职员基本工资:" + zh1.getBaseSalary());

        // 修改一个属性值再输出
        zh1.setBaseSalary(2234.56);
        System.out.println("修改过后的职员基本工资:" + zh1.getBaseSalary());
    }
}
```

【代码 1-6】 用已经定义的类作为主类。

```java
public class Employee {                                                      // 已有类作为主类
    private String emplName;
    private int emplAge;
    private char emplSex;
    private double emplBaseSalary;

    public Employee() {
    }

    public Employee(String emplName, int emplAge, char emplSex, double emplBaseSalary) {
        this.setName(emplName);
        this.setAge(emplAge);
        this.setSex(emplSex);
        this.setBaseSalary(emplBaseSalary);
    }

    // …其他代码

    public static void main(String[] args) {                                 // 主方法
        Employee zh1 = new Employee("zhangsan", 55, 'm', 1234.56);           // 创建对象

        // 输出对象属性值
        System.out.println("职员姓名:" + zh1.getName());
        System.out.println("职员年龄:" + zh1.getAge());
```

```
        System.out.println("职员性别: " + zh1.getSex());
        System.out.println("职员基本工资: " + zh1.getBaseSalary());

        // 修改一个属性值再输出
        zh1.setBaseSalary(2234.56);
        System.out.println("修改过后的职员基本工资: " + zh1.getBaseSalary());
    }
}
```

注意：

（1）其他成员方法（包括构造器）可以不是 public 的，但主方法必须是 public 的。

（2）一个 Java 程序可以定义多个类，每个类都可以有一个 main() 方法，但在某一个时刻只能使用一个 main() 方法。

1.2.5　类文件与包

1. 类文件

Java 以类作为编译单元。在编译时要为每个类生成一个 .class 文件。这种 .class 文件是"与平台无关的"字节码文件，并且只在程序执行它的时候才被调入。其好处是便于实现 Java 承诺的"一次编译，到处运行"。

2. 包

包（package）是 Java 提供的类文件组织与管理机制。包可以有子包，子包还可以再设子包，形成包的层次结构。

使用包进行类文件管理可以带来如下好处：

（1）用包可以对类进行分类管理。特别是 Java 将一些常见的事务定义为一些类，并将它们按照相关性组成一些包（package），形成一个内容丰富的 API（Application Programming Interface，应用编程接口）供开发者直接选择使用，例如用 java.io 组织 I/O 类、用 java.util 组织一些实用类、用 java.net 组织支持网络的类等，大大简化了开发过程。另外，用户也可以组织自己的包。

（2）一个包相当于一个类的大家庭。Java 为处于一个大家庭的类放松了互相访问的权限约束（详见第 5.2 节）。

（3）确保了一个包中的名字与其他包不冲突，即使名字相同，但可以用类全名的形式（即"包名.类名"的形式）予以区分，所以包也是在程序开发中当要使用多个类或接口时为避免名字重复而提供的一种机制。在同一个包中类文件名必须唯一。

3. 包的声明

Java 要求类文件都属于某个特定的包。声明一个类属于某个包的方法是在该类的源代码的第一行写一条 package 语句，例如：

```
        package 包名;
```

说明：

(1) 一个源文件只能有一条 package 语句，并且要位于该文件的最前面（注释除外）。

(2) 如果要把多个源文件中的类装入同一个包，则每个源文件的最前面都要写同样的 package 语句（包名也相同）。

(3) 如果在一个程序源文件的第一行用 package 语句声明了一个包，则该源文件中的每个类都属于这个包。

(4) 在默认情况下，如果一个源程序文件没有声明包，系统就会为源文件创建一个未命名包，将该源文件中定义的类都组织在这个未定义包中。但是，由于未命名包没有名字，所以不能被其他包引用。为了被其他包引用，应该为源文件声明一个包名。

(5) 一般来说，Java 程序员都可以编写属于自己的 Java 包。Java 编程规范要求程序员在自己定义的包名之前加上唯一的前缀。

(6) 包名应当包括从顶级包名到最底层的子包名，并遵循一定的规则。许多公司有自己的包名命名规则，一般来说可以用下列名称作为自己包名的前缀：

com.公司名.开发组名.项目名.程序模块名.…

由于互联网上的域名称不会重复，所以有些程序员采用自己在互联网上的域名称作为自己程序包的唯一前缀，还有程序员喜欢用自己的公司、自己的项目组合作为包名前缀，例如：

```
zhang.javabook.unit1
```

(7) Java 包名不区分大小写，一般采用全小写。

4. 包和类的导入

在一个程序中要使用一个位于某个包中的类，可以用 import 导入，在导入类时要使用类全名（即其所有的包路径要完整）。为了访问类库中的类，可以采用如下几种方法：

(1) 使用域操作符(.)指明类的所属。例如，表达式 java.lang.System 指明类 System 属于包 java.lang。

(2) 使用 import 关键字将类导入程序。例如对类 System 可以使用下面的导入语句：

```
import java.lang.System;
```

这样，在后面就可以直接使用类 System 了，而无须其前面的一长串域修饰。

(3) 使用 import 关键字将包导入程序。例如对包 java.lang 可以使用下面的导入语句：

```
import java.lang.*;
```

这样，在后面 java.lang 包中的类都可以直接使用了。

注意：

(1) 导入(import)仅仅向 Java 编译器提供包的信息，以便加载时使用，而不是包含(include)。

(2) 在 Java 提供的类库中，java.lang 包中的类不需导入系统就会自动加载，而其他包中的类必须导入。

1.3 Java 程序开发

Java 程序的开发与运行必须分别在一定的开发环境中编辑、编译和运行。

1.3.1 Java 编译器与 Java 虚拟机

20 世纪 50 年代,计算机间的联机开始出现。经过 30 多年的发展,到了 20 世纪 80 年代后期,计算机网络进入了高速发展和广泛应用的年代。为适应这种形势所需,Sun(升阳,太阳微电子,Sun Microsystems)公司的詹姆斯·高斯林(James Gosling)等人于 20 世纪 90 年代初着手开发一种基于网络的程序开发语言——Java 语言。在网络连接的计算机中如何开发一种能在不同的计算机上运行的程序是这个语言开发中需要解决的一个重要问题。经过反复讨论,终于找到一个途径,即"一次编译,到处运行"。其实现方法就是把程序的编译分为图 1.5 所示的两个阶段。

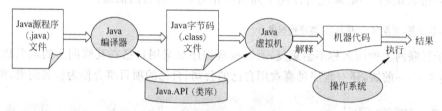

图 1.5 一个 Java 源程序文件的编译和解释运行的过程

(1) 用 Java 编译器将 Java 源程序(.java)编译成字节代码,形成 Java 类文件(.class)。类文件按照字节组织,并且与计算机无关,这样才能适应网络环境运行在任何一台计算机上。

(2) 要在一台机器上运行 Java 程序,只需在其上安装一个 Java 虚拟机(Java virtual machine,JVM)。所谓虚拟机,即它不是一台物理的机器,而是一个字节码文件与具体机器语言的接口,其核心部件是一个解释器,用于检查字节代码、将字节代码解释为具体的计算机代码并执行。

1.3.2 JDK

1. JDK 概述

J2SDK(Java 2 software development kits,Java 2 集成开发工具集)通常称为 JDK(Java development kits),它提供了 Java 程序员开发时所需要的一系列工具,包含了如下 8 种工具。

(1) javac:编译器,将 Java 源代码编译成字节码。

(2) java:字节码解释器,直接从类文件执行 Java 应用程序字节代码。

(3) javadoc:根据 Java 源代码和说明语句生成 HTML 或 XML 格式文档。

(4) appletviewer:小应用程序浏览器,执行嵌入到 HTML 文档中的 Java 小程序。

(5) jar:Java archiver 文件归档工具。

(6) jdb:调试器,如逐行执行、设置断点和检查变量。

(7) javah:产生可调用 Java 过程的 C 过程或建立能被 Java 调用的 C 过程的头文件。

(8) javap：Java 反汇编器，显示编译类文件中的可访问方法和数据并显示字节代码的含义。

此外，JDK 还提供了 Java 基础类库(JFC)，它包括如下内容。

- Java 基本语言包：java.lang。
- Java 标准输入输出包：java.io。
- Java 低级实用工具：java.util。
- Java 图形工具包：java.awt。
- Java 小应用程序包：java.applet。
- Java 网络处理包：java.net。
- Java 数据库处理包：java.sql。
- 其他。

2. JDK 的下载与安装

JDK 由 Sun 公司免费提供，用户可以直接从"http://java.sun.com/javase/downloads/"网站下载，并选择与自己的操作平台相应的组件。下载的安装包中包含了 JDK 和 JRE(Java runtime Environment，Java 运行环境)的安装程序。

JDK 安装后的目录结构如下。

- bin：存放各种工具。
- demo：存放演示程序。
- include：存放与 C 相关的头文件。
- jre：存放 Java 运行时环境文件。
- lib：存放库文件。
- src.zip：含有类库的源程序。

安装过程由安装向导引领，包括是否接受许可证协议、选择可选功能、选择安装目录、解压等。默认的 JDK 安装目录为"C:\Program Files\Java"，默认的 JRE 安装目录为"C:\Program Files\Java\jreX"。为了方便，用户可以将其更改为自己指定的目录。

3. 设置 JDK 操作环境

设置 JDK 操作环境变量主要是设置下列环境变量。

(1) 设置系统环境变量 JAVA_HOME，就是指明 JDK 的安装路径，在此路径下有 lib、bin、jre 等文件夹，设置的目的是以便让其他相关软件(如 Tomcat)可以读该变量查找到 JDK 的安装路径。

(2) 设置类库环境变量 CLASSPATH，为 JDK 目录下的 lib 或 class 路径，设置的目的是让链接器在任何路径下都可直接找到所需要类的存放位置，以便在程序运行中进行类的装载。

(3) 设置可执行文件环境变量 PATH，为 JDK 目录下的 bin 路径，因为 bin 目录下放置了各种编译执行命令，设置该变量后不管源文件在任何路径上，都可以通过它直接找到相应的命令对源文件进行编译、执行。

在 Windows 平台上进行环境变量设置的步骤如下：

① 右击"我的电脑"图标，在弹出的快捷菜单(见图 1.6)中选

图 1.6 快捷菜单

择"属性"命令,在弹出的"系统属性"对话框中选择"高级"选项卡(见图 1.7)。
② 在"高级"选项卡中单击"环境变量"按钮,弹出"环境变量"对话框(见图 1.8)。

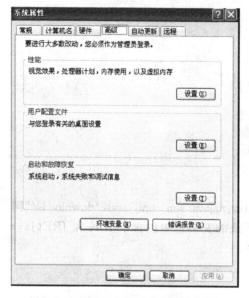

图 1.7 "系统属性"对话框的"高级"选项卡

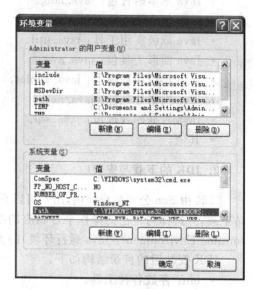

图 1.8 "环境变量"对话框

③ 在"环境变量"对话框中设置环境变量。设置的方法是先从"系统变量"列表框中找,看有没有这个环境变量,若有,例如有变量名"path",则将其选中并单击,进入"编辑系统变量"对话框(见图 1.9)进行编辑;若"系统变量"列表框中没有环境变量名,则单击"新建"按钮,在弹出的"新建用户变量"对话框(见图 1.10)中加入需要的值,加入的值与原来的值用分号分隔。

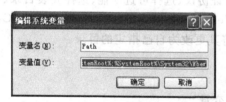

图 1.9 "编辑系统变量"对话框

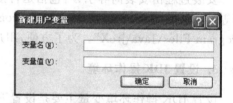

图 1.10 "新建用户变量"对话框

1.3.3 Eclipse 开发环境

Eclipse(日蚀)是由 IBM、Borland 等多家软件开发公司参与研究和推广的通用集成开发环境(IDE),它采用插件技术,可以将开发功能扩展到任何语言,甚至成为图片绘制工具。目前,它包括对 Java、C/C++、XML、JSP、UML 和 Ajax 等的支持。

Eclipse 也是一个开放源代码项目,采用了开放的许可协议,允许用户把其组件嵌入、修改、配置到自己的应用程序中,而且是免费的。用户可以在 Eclipse 的官方网站"http://www.eclipse.org/downloads"上下载到最新的版本。

使用 Eclipse 必须首先安装 JDK 才能开发 Java 程序。在其平台上开发一个 Java 程序的过程如下。

1. 启动 Eclipse

① 双击桌面上的 Eclipse 图标，会弹出如图 1.11 所示的"工作空间启动程序"(Workspace Launcher)，要求在文本框中输入工作空间。默认的工作区间是"F:\workspace"，但建议定义一个工作区间(这里定义为"F:\myEclipse")。

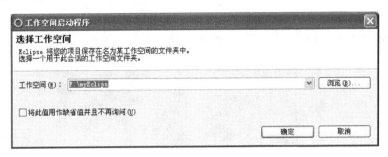

图 1.11　初始界面

② 单击"确定"按钮，Eclipse 开始装入工作台过程(见图 1.12)，约经过一分钟，弹出 Eclipse 主界面——工作台窗口。

图 1.12　装入工作台时的界面

如图 1.13 所示，Eclipse 工作台窗口主要由菜单栏、工具栏、快捷工具条、项目资源浏览窗口、大纲窗口、编辑窗口、任务与控制视图等组成。

2. 创建新项目

项目(project,也称工程)是组织程序模块的一种手段，以利于多个程序代码的编写、编译、测试、发布、维护和程序执行中用相对路径互相访问。在一个 Java 程序中可能含有多个类，类是 Java 程序中可以独立存在的模块，而且这些类/对象之间需要相互引用，通常把组成一个程序的类放在一起组成一个项目。所以，开发一个源程序代码的第一步是创建一个项目。创建项目的过程如下：

① 如图 1.14 所示，在菜单栏中选择"文件|新建|项目"，进入如图 1.15 所示的"新建 Java 项目"对话框。

② 在"新建 Java 项目"的"项目名"文本框中输入自己的项目名，项目名一般小写，例如 unit1。这时，若不需要改变该项目的路径等，可以单击"完成"按钮，即将该项目创建于当前工作空间中，并回到初始界面。

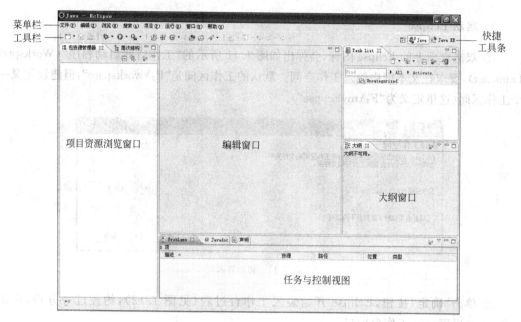

图 1.13　Eclipse 工作台窗口及其组成

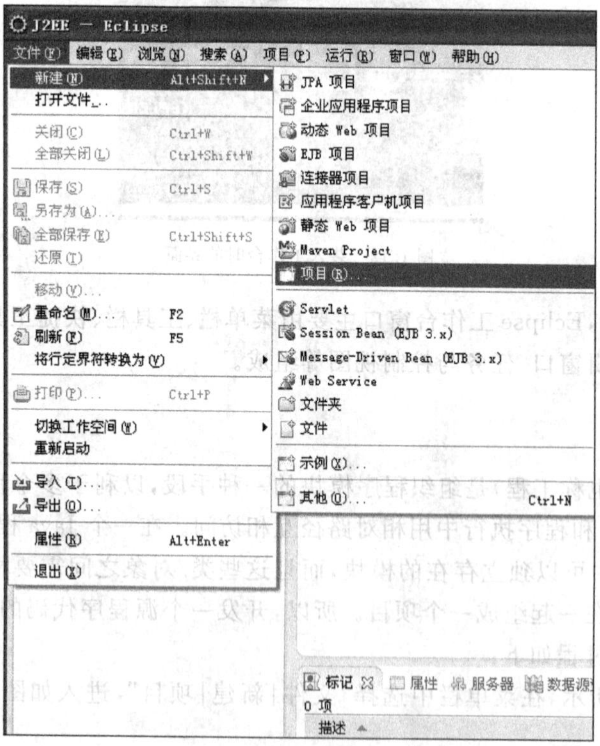

图 1.14　选择"项目"命令

3. 在项目中添加类

如图 1.16 所示，Java 项目建立完成后会在项目资源浏览窗口的该项目目录下出现如下两个文件夹。

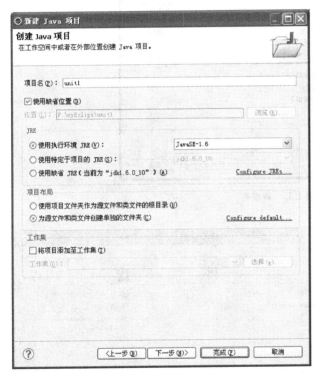

图 1.15 "新建 Java 项目"对话框

图 1.16 项目创建后的资源浏览窗口

- src：保存该项目的所有源程序文件（＊.java），并按照包保存。
- bin：保存所生成的字节码文件（＊.class），并按照包保存。

这就具备了在项目中添加类的条件。添加类的步骤如下：

① 在所建项目目录中的 src 文件夹上右击（或在菜单栏中选择"文件|新建|类"），弹出图 1.17 所示的"新建 Java 类"对话框。

② 在"包"文本框中输入包名，在"名称"文本框中输入类名。若是主类，则选择"公用(p)"以及"public static void main (String[] args)"，单击"完成"按钮。这时，在工作台右边的窗体中将显示新建类的框架（见图 1.18）。

③ 在类框架中输入对应的代码，单击"完成"按钮。若不是主类，则只输入类名，不选择"公用(p)"以及"public static void main (String[] args)"，输入对应的代码，单击"完成"按钮。

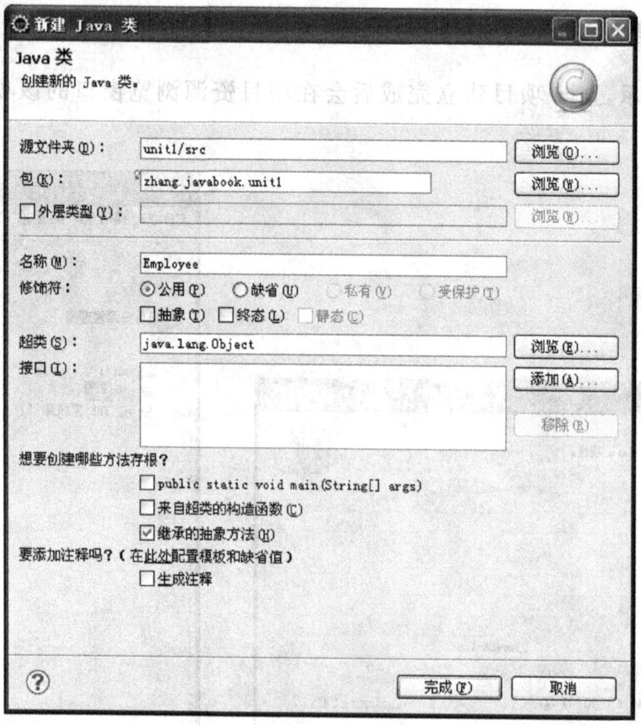

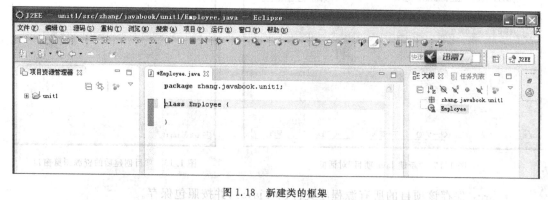

图 1.17　新建类

图 1.18　新建类的框架

④ 对于不在一个项目中的类,则需要通过导入(import)方式组织它们。
当有多个类时重复执行上述过程,直到该项目中所有的类都创建了。

4. 编辑程序

Eclipse 是一个良好的开发平台。在程序员输入代码的过程中,平台不仅能智能地提供一些必要的框架,减少输入代码的工作量,还会对代码进行检查,发现语法错误,并给出标记和错误原因,供程序设计者修改时参考。图 1.19 为在 Employee 类框架中输入"Private int a;"时平台给出的出错标记和如何修改的参考信息。

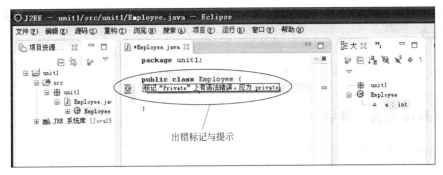

图 1.19　在 Eclipse 平台上进行程序编辑

5. 运行程序

程序代码经过修改不再有语法错误时选择 Run|Run 命令,程序开始运行,参见图 1.20。对于本例,若运行正常,可以得到如下结果:

职员姓名:zhangsan
职员年龄:55
职员性别:m
职员基本工资:1234.56
修改过后的职员基本工资:2234.56

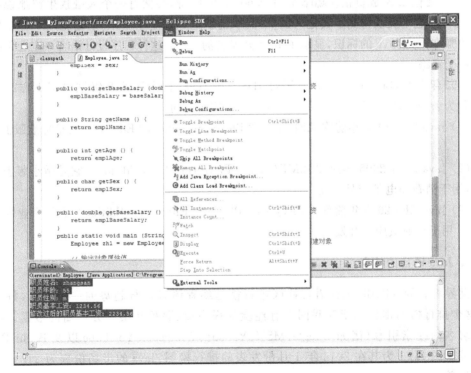

图 1.20　Run 菜单

若程序运行达不到预期结果,说明程序有逻辑错误,需要反复阅读代码和结构进行逻辑结构的修改。

1.4 知 识 链 接

1.4.1 Java 语言及其特点

1. Java 语言概述

1991年4月8日,从工作站起家的 Sun 公司为了把市场扩大到消费电子产品领域,成立了一个代号为 Green 项目的专门工作小组,着手开发一种独立于平台的网络软件技术,让人们可以通过 E-mail 对电冰箱、电视机等家用电器进行控制。

开发这个项目首先需要一种语言系统,最先进入开发者眼帘的是当时正在升起的程序设计语言"明星"——C++,但是 C++ 太复杂,安全性也差。于是他们决定在 C++ 的基础上开发一种新的语言,并用主设计师 James Gosling 透过窗户看到的一棵树命名为 Oak(橡树)。不料,这时 Sun 充满希望的交互式电视项目却一败涂地,Oak 受牵连也几陷困境。恰巧这时,Mark Ardreesen 的 Mosaic(最早出现的 Web 浏览器)和 Netscape 取得了巨大成功,这给 Oak 项目组成员带来了新的希望。于是他们重整旗鼓,对 Oak 进行了一次新的整合,并决定给 Oak 重新起一个名字,因为这个名字已经被人注册。

一天,几位 Oak 成员正在咖啡馆喝 Java(爪哇)咖啡,突然有一个人触景生情地说:"叫 Java,怎样?"这个提议得到了其他人的赞同,事情就这么确定了下来,于是就用一杯正冒着热气的咖啡作为 Java 的标识,显示了 Java 开发者的信心:这种程序设计语言一定会像咖啡一样广受青睐。

1995年5月,Java 推出了开发平台 JDK1.0,1998年对 JDK 升级推出 JDK1.2,并将 Java 称为 Java 2,Java 在发展中还形成如下3个应用方向。

(1) Java SE:2005年前称 J2SE(Java 2 Platform Standard Edition),它是标准版 Java 2 平台。

(2) Java ME:2005年前称 J2ME(Java 2 Platform Micro Edition),它是微小版 Java 2 平台,用于消费类电子产品开发。

(3) Java EE:2005年前称 J2EE(Java 2 Platform Enterprise Edition),它是企业版 Java 2 平台,用于企业级应用开发。

2. Java 语言的特点

世界著名的 TIOBE 编程语言社区排行榜是编程语言流行趋势的一个指标,每月更新,这个排行榜的排名基于互联网上有经验的程序员、课程和第三方厂商的数量。排名使用著名的搜索引擎(诸如 Google、MSN、Yahoo!、Wikipedia、YouTube 以及 Baidu 等)进行计算。图1.21为其在2016年1月份发表的排行榜图,Java 的市场份额为21.485%,居于榜首。

Java 语言之所以广受青睐,基于其如下特点:

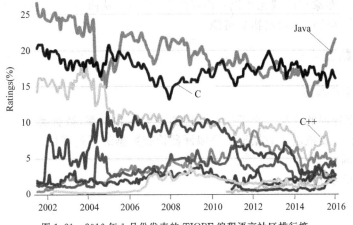

图 1.21　2016 年 1 月份发表的 TIOBE 编程语言社区排行榜

1) 直接支持网络开发

Java 是面向对象的网络编程语言,它支持 TCP/IP 协议,它的 Applet、Servlet 和 JSP 直接支持动态网页开发,使得用户可以通过浏览器访问到 Internet 上的各种动态对象,这在网络时代是一个非常重要的竞争优势。

2) 一次编译,到处运行

Java 语言经编译后生成与计算机硬件结构无关的字节代码(byte code),这些字节代码被定义为不依赖任何硬件平台和操作系统,具有很强的可移植性,特别适合在网络环境下应用。

3) 完全的面向对象

Java 语言面向对象的特点可以概括为"一切皆对象,一切来自类"。Java 程序代码充分体现了类机制,它以类的形式组织,用类来定义对象的各种行为,并且提供了接口机制,使面向对象的优越性得以充分体现。此外,其丰富的类库为基于 API 的开发提供了极大支持,比面向过程更适合组织大型程序。

4) 简单、高效

Java 语言只提供了基本的方法,去掉了头文件、指针变量、结构、运算符重载、多重继承等复杂特性,这样减少了编程的复杂性,提高了编程的效率。

5) 多线程机制

Java 语言支持多线程机制,多线程机制使得 Java 程序能够并行处理多项任务。例如让一个线程负责数据的检索、查询,让另一个线程与用户进行交互,这样两个线程得以并行执行。多线程机制可以很容易地实现网络上的交互式操作。

6) 较好的安全性

Java 语言在安全性方面引入了实时内存分配及布局来防止程序员直接修改物理内存布局;通过字节代码验证器对字节代码进行检验,以防止网络病毒及其他非法代码侵入。此外,Java 语言还采用了面向对象的异常处理机制,负责对一些异常事件进行处理,如内存空间不够、程序异常中止等的处理。这些机制都极大地提高了程序的安全性。

7) 动态内存管理机制

在 Java 系统中包括了一个自动垃圾回收程序,它可以自动、安全地回收不再使用的内存块,这样程序员在编程时就无须担心内存的管理问题,从而使Java程序的编写变得简单,同时也减少了内存管理方面出错的可能。

1.4.2 Java 数据类型

1. 数据类型的意义

数据是程序处理的对象。为了提高处理的安全性和效率,数据类型已经成为现代高级程序设计语言的重要机制。数据类型供编译器检查数据的下列属性:
- 取值范围。
- 字面值的字面形式。
- 存储方式。
- 操作集合。
- 数据类型之间的转换规则。

2. Java 基本数据类型与引用类型

计算机程序设计语言按照对数据类型检查的严格程度分为无类型、弱类型和强类型。Java语言是一种强类型语言,在Java语言中数据类型分为基本类型(primitive type)和引用类型(reference type)两大类。引用类型与基本类型的区别如下:

1) 取值特征不同

基本数据类型实体具有标量性,即一个名字只与一个数据实体相关联,并且该实体只有一个单一的值,例如一个数值、一个字符或一个布尔值。因此,一个基本类型变量的名字、内存地址和值之间是一一对应的。使用变量名可以直接引用该变量的值。

引用数据类型也称复合数据类型。它与两个数据实体相关联,一个是数据实体本身,另一个是引用,并且该数据实体往往含有多个值,例如一个对象可以有多个属性,一个数组可以有多个元素。

2) 存储特征不同

由于一个基本类型的变量只与一个数据实体相关联,所以只需在JVM栈区中分配一个存储空间。

一个引用类型的变量与两个数据实体相关联,所以要被分配两个存储区间——引用分配在栈区(如图1.4中的li4),而它所指向的实体被分配在堆区(如图1.4中li4指向的对象)。

应当注意区分引用与它所指向的对象本身是两个不同的概念。引用的值一般用来指示与其关联的对象的位置。

3) 声明形式不同

分配在栈区的变量只需用类型声明即可分配相应的存储空间,而分配在堆区的对象的存储空间需要用new操作分配。所以,一个基本类型变量的创建只要一步,而一个引用与其关联实体的创建要两个过程——声明引用和创建对象实体。特别需要说明的是,这两个过程可以分离,即只声明引用或只创建一个实体,也可以用一个指令完成。

3. Java 基本数据类型

表1.4列出了Java中基本数据类型所占用的存储空间大小和取值范围。

表 1.4 Java 中的基本数据类型

	类型名	大小/B	数值范围	默认值	说明
整数	byte	1	−128～127	(byte)0	有符号数,二进制补码
	short	2	−32 768～32 767	(short)0	
	int	4	−2 147 483 648～2 147 483 647	0	
	long	8	−9 223 372 036 854 775 808～9 223 372 036 854 775 807	0L	
浮点数	float	4	0 和±(3.402 823 5E+38f ～ 1.402 398 46E−45f)	0.0f	IEEE 754 规范
	double	8	0 和±(1.797 693 134 862 315 70E+308～ 4.940 656 458 412 465 44E−324)	0.0	
其他	char	2	'\u0000'～'\uffff'	'\u0000'	Unicode 码
	boolean	1	true 或 false	false	布尔型

说明:

(1) 在 Java 中,所有的数值类型均是独立于机器的,并且所有的数值类型都是有符号的,Java 为它们分配了固定长度的位数,从而保证了数据表示的平台无关性。

(2) 整数类型:整数类型指的是没有小数部分的数值,Java 提供了 4 种整数类型——byte、short、int 和 long,它们分别固定有 8b(1B)、16b(2B)、32b(4B)及 64b(8B)的宽度。图 1.22 表示的是十进制数值 4 在计算机中的不同存储形式。

00000100	byte型								
00000000	00000100	short型							
00000000	00000000	00000000	00000100	int型					
00000000	00000000	00000000	00000000	00000000	00000000	00000000	00000100	long型	

图 1.22 采用不同的整数类型表达十进制数 4 时的不同存储形式

在整型类型中,int 型最常用;byte 和 short 型主要应用于一些特殊的情况,如低级文件控制或对存储空间要求极大的数组。

(3) 浮点类型:浮点类型指含有小数部分的数值类型,Java 提供了两种浮点类型——float 型和 double 型。float 代表的是单精度的浮点数(6～7 个有效的十进制位),而 double 代表的是双精度的浮点数(15 个有效的十进制位)。

(4) 字符类型:表示一个字符。字符常量通常用单撇号括起来,以区别于程序中的名字、关键词和字符串。一般情况下,Java 使用 Unicode 字符码体系,一个字符占用 2B (16b)。

(5) boolean 类型:用于表示一个命题(用关系表达式或布尔表达式描述)是否成立。它只有两个值——true(真)和 false(假)。

1.4.3 字面值

1. 整型字面值

整型数据可以用十进制、八进制和十六进制表示。

- 十进制使用符号：0、1、2、3、4、5、6、7、8、9。
- 八进制使用符号：0、1、2、3、4、5、6、7，并使用前缀"0"(数字)。
- 十六进制使用符号：0、1、2、3、4、5、6、7、8、9、a(A)、b(B)、c(C)、d(D)、e(E)、f(F)，并使用前缀"0x"。

系统默认一个字面整数为 int 类型，可以用后缀 L 表明一个字面整数是 long 类型。

2. 浮点类型字面值

浮点类型数据采用十进制表示，在格式上分为小数和科学计数两种形式。科学计数法又称 E 格式，即在一个数据中放入一个字母 E(e)，E(e) 前的部分为尾数，E(e) 后的部分为阶码(指数)。例如 3.14159E+2 表示 3.14159×10^2，2.345E−2 表示 2.345×10^{-2}。

Java 默认的浮点类型常数是 double 类型。为了特指为 float 类型，可以使用后缀 F(f)。对于 double 类型，可以加 D(d) 后缀，也可以不加。

3. 字符型字面值

Java 的字符类型表示 Unicode 编码方案中的单个字符。每个 Unicode 字符占用两个字节(16 位)的存储空间，通常用十六进制编码表示，范围为\u0000～\uFFFF。\u 前缀标志着这是一个 Unicode 值，而 4 个十六进制数位代表实际的 Unicode 字符编码。例如，\u0061 代表字符 a。

Unicode

Unicode(统一码、万国码、单一码)也称为 UCS(Unicode Character Set)，是国际组织制定的可以容纳世界上所有文字和符号的字符编码方案。它用数字 0 ~ 0x10FFFF 来映射这些字符，最多可以容纳 1 114 112 个码位。表 1.5 列出了典型的 Unicode 码位，用它们可以检验浏览器显示各种 Unicode 代码的能力。

表 1.5 典型的 Unicode 码位

码 位	字元标准名称	浏览器显示
&#65;	大写拉丁字母"A"	A
&#223;	小写拉丁字母"Sharp S"	β
&#254;	小写拉丁字母"Thorn"	þ
&#916;	大写希腊字母"Delta"	Δ
&#1049;	大写斯拉夫字母"Short I"	Й
&#1511;	希伯来字母"Qof"	ק
&#1605;	阿拉伯字母 "Meem"	م
&#3671;	泰文数字 7	๗
&#688;	衣索比亚音节文字"Qha"	ʰ
&#12354;	日语平假名 "A"	あ
&#12450;	日语片假名 "A"	ア
&#21494;	简体汉字"叶"	叶
&#33865;	繁体汉字"葉"	葉
&#50685;	韩国音节文字 "Yeob"	엽

有一种特殊的字符类型数据称为转义字符，即以反斜杠引出的字符。表 1.6 列出了一些常用的转义字符。

可以看出，转义字符一般使用在两种场合：

(1) 在字符集中定义了的字符，但是没有文字代号，只能用转义字符表示，如 BS、FF 等。

表1.6 Java定义的常用转义字符

转义字符	Unicode值	字符	功　　能	转义字符	Unicode值	字符	功　　能
\b	\u0008	BS	退格(back space)	\\	\u005c	\	反斜杠("\")
\f	\u000c	FF	换页(form feed)	\'	\u0027	'	单撇号("'")
\t	\u0009	HT	水平制表(horizontal table)	\"	\u0022	"	双撇号(""")
\n	\u000a	LF	换行(line feed)	\ddd			3位八进制
\r	\u000d	CR	回车(carriage return)	\dddd			4位十六进制

(2) 在字符集中定义的字符被离开原来的定义使用时,如表示十进制的数字用于八进制或十六进制时。

1.4.4 基本类型的转换

1. 基本类型转换发生的场合

数据的基本类型转换就是将一种基本数据类型转换为另一个基本数据类型。例如,将一个整型数据转换为浮点类型。数据类型转换发生在以下情况下:

(1) 一个表达式中出现不同类型的数据,需要进行类型转换后才能进行运算,例如两个不同类型的数据进行算术运算、赋值运算等。

(2) 为了满足特殊需要要将一个数据转换为其他类型,例如为了避免整数相除造成的结果错误,要将相除的两个整数中的一个转换为浮点数。

2. 拓宽转换与窄化转换

在一个类层次结构中,层次越高,其类型兼容性就越宽,即父类的类型兼容性要比子类宽。一个子类对象转换为父类型,称为拓宽(widening)转换。反之,一个父类对象转换为子类,称为窄化(narrowing)转换。

在基本数据类型的数字类型中,数据边界大的数据类型的兼容性宽。一个数据边界小的变量向边界大的类型转换,称为拓宽转换,反之称为窄化转换。如整型向浮点类型转换。

3. 保持大小与保持精度

对于数字类型的数据来说,最理想的转换是保持大小(magnitude)并且保持精度的转换。但是在某些情况下可能会丢失边界或丢失精度。

1) 既保持大小又保持精度的转换

进行整型类型的拓宽转换或进行浮点类型的拓宽转换,以及int类型向double类型转换,既可以保持大小,又可以保持精度。

2) 仅丢失精度的类转换

可分为两种情形考虑。

(1) 在拓宽转换中,如long类型(64b)或int类型(32b)的数据向float类型(32b)转换时,有可能发生精度丢失。因为float类型虽然数据边界比long和int类型大,但用来表示尾数的位数要比 long 和 int 类型少。如图 1.23 所示，按照 IEEE 754 格式存储的 float 类型数据的存储总宽为 32b，其中符号位占 1 位（31），表示 float 的正负（0 为正，1 为负）；幂指数占 8 位（23～30），表示二进制权的幂次；尾数占 23 位（0～22），表示有效数字。

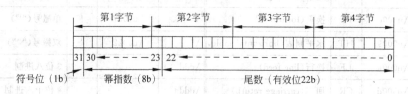

图 1.23　IEEE 754 的 float 类型数据存储格式

（2）在窄化转换中，当把一个 float 数据转换为 int 类型时会让小数部分向零舍入而丢失。

3）可能既丢失值又丢失精度的转换

在进行整型类型的窄化转换或进行浮点类型的窄化转换时有可能既丢失值又丢失精度。下面分两种情况考虑。

（1）double 类型的尾数宽度为 52b，幂指数宽度为 11b，所以将 double 类型的数据窄化转换为 float 类型的数据时，如果数据值没有超出 float 的表示范围（绝对值），仅会丢失精度；但若数据值超出 float 的界限，就可能得零（无法表示的极小数）或取无限大值。

（2）在进行整型类型的窄化转换时是通过截断（truncation）丢弃高位，留下与小类型一样的位数。这样，若数值没有超出小类型的表示范围，就正常；若超出小类型的界限，就会取得丢失边界（变为另外一个数，还可能改变符号），同时丢失精度。

4. 隐式类型转换与强制类型转换

在 Java 程序中，数据类型转换有两种形式：隐式类型转换和强制类型转换。

1）隐式类型转换

隐式类型转换也称自动类型转换，就是不需要特别声明而自动进行的数据类型转换。隐式类型转换在下面的条件成立时自动进行。

- 转换前的数据类型与转换后的数据类型兼容。
- 转换是拓宽转换。
- 只要类型比 int 小（如 byte、short），则在进行算术运算之前这些值会自动地转换成 int 类型。例如：

```
byte b1 = 12, b2 = 13;
byte b3 = b1 + b2;          // 编译错误,赋值符右面已经隐式转换为 int 类型
```

2）强制类型转换（type casting）

强制类型转换也称显式类型转换，是用类型运算显式地进行数据的类型转换，其基本格式为：

```
(目标类型)数据
```

例如：

```
double d = 2.345;
long l = (long)d;
```

强制类型转换为执行窄化转换时具有一定风险，要么会有值的损失，要么会有精度损失，或二者皆有之。

5．基本类型间的赋值兼容规则

兼容(compatibility)含有一致、适合的意思。类型兼容性主要是指一种类型的数据出现在一个表达式中是否合适，是否与表达式的要求一致，也指在进行一个数据的类型转换时是否合适。表 1.7 为常用数据类型之间进行赋值的规则。

表 1.7　常用基本数据类型之间的赋值规则(o：不需转换，√：隐式转换，cast：强制转换，×：不可直接赋值)

目标类型	源类型							
	byte	short	char	int	long	float	double	boolean
byte	o	cast	cast	部分 cast	cast	cast	cast	×
short	√	o	cast	部分 cast	cast	cast	cast	×
int	√	√	√	o	cast	cast	cast	×
long	√	√	√	√	o	cast	cast	×
float	√	√	√	√	√	o	cast	×
double	√	√	√	√	√	√	o	×
boolean	×	×	×	×	×	×	×	o

说明：

(1) boolean 类型不可与数值类型之间相互转换。

(2) 拓宽转换可以自动隐式进行，而窄化转换需要强制进行。

(3) int 类型向 byte 或 short 转换时分两种情况：

- 若数值比较小，不超过目标类型的取值范围，可以由系统自动转换。
- 若数值比较大，超过了目标类型的取值范围，必须强制转换，但将造成精度损失。

(4) char 向其他数据类型转换有两种情况：

- 一般是取其 Unicode 编码值作为整数。这时，除向 byte 或 short 转换应强制转换外，其他可以由系统自动进行隐式转换。
- 对数字字符要可以取其字面数字值时，需要使用 Character 类（见下节）的 getNumericValue(char ch)方法。

(5) 在一个表达式中出现直接数，则按照隐含规则确定其类型。

(6) Java 是强类型(strongly type)语言，几乎在所有的编译过程中都要进行赋值兼容性(assignment compatibility)检查。

1.4.5 Java 关键词与标识符

1. Java 关键词(保留字)

关键词(keyword)对 Java 编译器有特殊的意义。Java 语言一共使用了 48 个关键词,它们可以分为如下几类。

(1) 数据类型关键词:boolean(布尔型)、byte(字节型)、char(字符型)、double(双精度型)、float(单精度型)、int(整型)、long(长整型)、short(短整型)、enum(枚举)。

(2) 程序流程控制关键词:break(从 switch 或循环中跳出)、continue(当前循环短路)、return(方法返回)、do(do…while 循环开始)、while(while 循环开始或 do…while 循环的判断)、if(条件真子句入口)、else(条件假子句入口)、for(计数循环控制)、switch(switch 结构开始)、case(switch 结构的情形)、default(switch 结构的默认情形)。

(3) 异常处理关键词:catch(处理异常)、finally(最后清理)、throw(抛掷异常)、throws(声明可抛掷的异常)、try(尝试捕获)。

(4) 访问控制关键词:private(私密/私有)、protected(保护)、public(公开/共享)。

(5) 类、接口和包的定义与引入关键词:class(类)、extends(扩展、延伸、派生)、implements(实现)、interface(接口)、import(引入)、package(包)。

(6) 修饰关键词:abstract(抽象的)、final(最终的)、native(本地性)、static(静态异常)、strictfp(精确浮点)、synchronized(线程同步)、transient(短暂)、volatile(易失保护,原子性保护,防止被意外修改)。

(7) 实例创建与引用关键词:instanceof(实例相同测试)、new(创建)、super(引用来自父类成员)、this(本实例/本对象引用)。

(8) 其他关键词:void(方法无返回值)、assert(断言)。

(9) 除了上述 48 个关键词以外,还有两个是 C 语言使用过的关键词,即 goto 和 const,由于副作用太多,Java 将之停用,但也作为保留字,不能被程序员用作标识符。

(10) 还有 3 个好像是关键词的单词:null(空)、true(真)、false(假)。实际上,它们并不是关键词,但也不能被程序员用作标识符。

2. Java 标识符及其命名规则

程序员对程序中的各个元素(如变量、方法、类或标号等)加以命名时使用的命名记号称为标识符(identifier)。在 Java 语言中,标识符是一个字符序列,在语法上有如下使用限制:

(1) 必须要以字母、下画线_或美元符$开头,后面可以跟字母、下画线、美元符或数字。

(2) Java 是区分字母大小写的,如 name 和 Name 就代表两个不同的标识符。

(3) 不可以将关键词(或保留字)单独作为标识符。

合法标识符实例:userName、User_Name、_sys_val、$change、class8。

非法标识符实例:2mail、#room、class。

(4) 在一个作用域(一对花括号)中必须是唯一的,即在一对花括号中不允许有相同名字的标识符。

1.4.6 流与标准 I/O 流对象

1. 流的概念

大多数程序运行时需要从外部输入一些数据,能提供数据的地方称为数据源(source)。而程序的运行结果又要被送到数据宿(destination),数据宿指接收数据的地方。通常,数据源可以是磁盘文件、键盘或网络插口等,数据宿可以是磁盘文件、显示器、网络插口或者打印机等。

为解决数据源和数据宿的多样性而带来的输入/输出操作的复杂性与程序员所希望的输入/输出操作相对统一、简化之间的关系,Java 引入了"数据流"(data stream),简称流。如图 1.24 所示,流可以被理解为一条"管子"。这条管子的一端与程序相连,另一端与数据源(当输入数据时)或数据宿(当输出数据时)相连。

图 1.24 流的示意图

流具有如下特点:
(1) 单向性,即流只能从数据源流向程序,或从程序流向数据宿。
(2) 顺序性,即在流中间的数据只能依次流动,不可插队。
(3) 流也是对象,它们也是由类生成的。基于不同的应用可以设计不同的流类,这样在 Java 语言中就不需要设计专门的输入输出操作,一切都由相关的流类处理。

流可以按照方向(输入流、输出流)、内容(字节流、字符流)、源或宿的性质(文件还是设备)定义为不同的流类,形成一个较大的流体系。下面仅介绍初学者最先要使用的输入/输出方法。

2. System 类与标准 I/O 流对象

System 类是 java.lang 包中的一个类,很多系统级属性和方法放在这个类中,其中有 3 个使用频繁的公共数据流。
(1) System.in:标准输入,从键盘输入数据,在控制台按了回车键后开始执行。
(2) System.out:标准输出,向显示器输出数据。
(3) System.err:标准错误输出,向显示器输出错误信息。
标准输出 out 与标准错误 err 的区别如下:
- 标准输出用于正常输出,是程序员期望的输出,其输出往往是带缓冲的。
- 标准错误用于非正常输出,是程序员不期望的输出,其输出往往是不带缓冲的。

3. 使用 PrintStream 类的 println()和 print()方法输出

System.out 和 System.err 实际上是以 java.io 包中 PrintStream 类的对象来做 System 类的成员。PrintStream 类有两个重要的成员方法,即 print()和 println()方法,可以方便地

进行各种数据类型的输出,形成如下两种数据输出形式:

```
System.out.println(欲输出数据)
```

```
System.out.print(欲输出数据)
```

这是普遍使用的两种输出方式。二者的区别在于 println()最后添加一个换行,而 print()不在最后添加换行。另外,它们都由一组重载成员方法实现,以输出不同类型的数据。

1.4.7 Java 注释

代码注释(comment)是程序设计者与程序阅读者之间通信的重要手段,目前流行的敏捷开发思想已经提出了将注释转为代码的概念。好的注释规范可以改善软件的可读性,让开发人员尽快且彻底地理解新的代码,最大限度地提高团队开发的合作效率,尽可能地减少软件的维护成本。

1. Java 注释格式

在 Java 代码中可以使用如下 3 种形式的注释。

1) //型注释

//型注释也称单行(single-line)注释,这是 C++ 风格的注释,只能用在一行中,其后不可以有有效代码。在调试时可以用在一个有效代码行的开头,使该行代码无效。

按照//在一行中的位置可以把单行注释分为如下两种。

(1) 行尾注释:位于一行中的有效代码之后,对此行代码进行说明。例如:

```
int stuAge;            // 学生年龄
```

(2) 行头注释:位于一行的开头,独占一行,通常用于使一行代码无效。例如:

```
//stuAge = 19;
```

在写单行注释时应注意如下几点:
- 行尾注释,一般在代码行后空 8(至少 4)个格,所有注释必须对齐。
- 行头注释,最好有一个空行,并与其后的代码具有一样的缩进层级。

2) /* … */ 型注释

这是一种 C 风格的注释,可以用在一行中,也可以形成一个注释块(block),常称块注释。例如:

```
/* 单行注释 */
```

和

```
/* 注释文字
   注释文字
   注释文字 */
```

这类注释通常用于提供文件、方法、数据结构等的意义与用途的说明,或者算法的描述,一般位于一个文件或者一个方法的前面,起到引导的作用,也可以放在其他合适的位置。

3) /＊＊……＊/型注释

这种注释也称 Javadoc(Java 文档化)注释,由写在注释定界符/＊和＊/之中的若干注释行组成,每个注释行都用＊引出。

2. 注释的原则

(1) 特殊必加注释。例如:
- 典型算法必须有注释。
- 在代码不明晰处必须有注释。
- 在代码修改处加上修改标识的注释。
- 在循环和逻辑分支组成的代码中加注释。
- 为他人提供的接口必须加详细注释。

(2) 注释形式统一,使用一致的标点和结构的样式来构造注释。

(3) 注释简洁,内容要简单、明了、含义准确,防止注释的多义性。

(4) 代码与注释同步,在写代码之前加注释或者边写代码边写注释。

3. Java 注释的一般技巧

(1) 空行和空白字符也是一种特殊注释,应注意利用。

(2) 当代码比较长,特别是有多重嵌套时,要层次清晰,注意在一些段落结束处加注释(如写"for 结束"等)。

(3) 将注释与注释分隔符用一个空格分开,使注释很明显且容易被找到。

(4) 不要给块注释的周围加上外框,这样虽可增加美观,但是难以维护。

(5) 注释不能写很长,每行注释连同代码不要超过 120 个字,最好不要超过 80 个字。

(6) 对于多行代码的注释,尽量不采用/＊……＊/,而采用多行//注释。

习 题 1

概念辨析

1. 从备选答案中选择下列各题的答案,如有可能,设计一个程序验证自己的判断。

(1) 4 种整型类型 long、int、short、byte,它们在内存分别占用(　　)。

　　A. 1B、2B、4B、8B　　B. 8B、4B、2B、1B　　C. 4B、2B、1B、1B　　D. 1B、2B、2B、4B

(2) 变量名(　　)。

　　A. 越长越好　　　　　　　　　　　　B. 越短越好

　　C. 在表达清晰的前提下尽量简单、通俗　　D. 应避免模棱两可、容易混淆、晦涩

(3) 在下列选项中,不合法的 Java 标识符有(　　)。

　　A. ＄persons　　B. TwoUsers　　C. ＊point　　D. _endline

　　E. 1s　　　　　　F. ＄int　　　　G. ＄1　　　　H. BigMeaninglessName

(4) 在下列关于构造器的描述中,正确的有（　　）。
    A. 构造器是类的一种特殊方法,其名字与类名相同
    B. 构造器的返回类型只能是 void 类型
    C. 在一个类中只能显式定义一个构造器
    D. 构造器的主要作用是初始化类的实例
(5) 方法重载是指（　　）。
    A. 两个或两个以上的方法取相同的方法名,但形参的个数或类型不同
    B. 两个以上的方法取相同的名字和具有相同的参数个数,但形参的类型可以不同
    C. 两个以上的方法名字不同,但形参的个数或类型相同
    D. 两个以上的方法取相同的方法名,但返回类型不相同
(6) 对于任意一个类,用户所能定义的构造器个数最多为（　　）。
    A. 0　　　　　　B. 1　　　　　　C. 2　　　　　　D. 任意个
(7) Java 源程序经编译生成的字节码文件的扩展名为（　　）。
    A. .class　　　　B. .java　　　　C. .exe　　　　D. .html
(8) 在下面的 main()方法中可以作为程序入口方法的是（　　）。
    A. public void main(String argv[])
    B. public static void main()
    C. public static void main(String args)
    D. public static void main(String[] args)
    E. private static void main(String argv[])
    F. static void main(String args)
    G. public static void main(String[] string)
(9) 若定义了一个类 public class MyClass,则其源文件名应该为（　　）。
    A. MyClass.src　　B. MyClass.j　　C. MyClass.java　　D. 任何名字都可以
(10) JVM 用于运行（　　）。
    A. 源代码文件　　B. 字节码文件　　C. 注释文件　　D. 可执行文件
(11) Java 程序的基本编程单元是（　　）。
    A. 方法　　　　B. 数据　　　　C. 类　　　　D. 对象

2. 判断下列叙述是否正确,并简要地说明理由。
(1) 只有私密成员方法才能访问私密数据成员,只有公开成员方法才能访问公开数据成员。（　　）
(2) 在每个类中必须定义一个构造器。（　　）
(3) 构造器没有返回类型,但可以含有参数。（　　）
(4) 在类中定义了一个有参构造器后,如果有需要,系统还会自动生成默认构造器。（　　）
(5) 在有的类定义中可以不定义构造器,所以构造器对于类不是必需的。（　　）
(6) 一个 Java 语句必须用句号结束。（　　）
(7) 类（class）前面永远不能使用 private 描述符,private class 这个写法永远不会出现。（　　）
(8) MyClass.java 是一个 Java 源文件,里面允许没有 MyClass 这个 class。（　　）
(9) 用 Javac 编译 Java 源文件后得到的代码叫字节码。（　　）

代码分析

1. 下面成员变量声明中语法错误的是（　　）。
    A. public boolean isEven;
    B. private boolean isEven;
    C. private boolean is Odd;
    D. public boolean Boolean;
    E. string S;
    F. private boolean even=0;

G. private boolean even=false；   H. private String s=Hello；

2. 下面成员方法头中语法错误(如果有)的是( )。
   A. public myMethod()   B. private void myMethod()
   C. private void String()   D. public String Boolean()
   E. public void main(String argv[])   F. public static void main()
   G. private static void Main(String argv[])

3. 在下面的代码段中属于正确 Java 源程序的是( )。

   A.
   ```
   package testPackage;
   public class Test {/* do something… */}
   ```

   B.
   ```
   import java.io.*
   public class Test {/* do something… */}
   ```

   C.
   ```
   import java.io.*
   package testPackage;
   public class Test {/* do something… */}
   ```

   D.
   ```
   import java.io.*
   import java.util.*
   public class Test {/* do something… */}
   ```

4. 下面代码片段执行后的输出是( )。

   ```
   static void func(int a, String b, String c) {
       a = a + 1;
       b.trim();
       c = b;
   }
   public static void main(String[] args) {
       int a = 0;
       String b = "Hello World";
       String c = "OK";
       func(a, b, c);
       System.out.println("" + a + "," + b + "," + c);
   }
   ```

   A. 0,Hello World,OK   B. 1,HelloWorld,HelloWorld
   C. 0,HelloWorld,OK   D. 1,Hello World, Hello World

开发实践

用 Java 描述下面的类，自己决定类的成员并设计相应的测试程序。
1. 一个学生类。
2. 一个运动员类。
3. 一个公司类。

思考探索

1. 在一个 Java 程序中出现了代码 this()，这是什么意思？这种代码会在什么情况下出现？
2. 设计一个小的程序验证下列情况：
（1）两个方法同名、同返回类型、不同参数时系统对其反应。
（2）两个方法同名、不同返回类型、同参数时系统对其反应。

第 2 单元　计算器类

选择是最简单的智能行为。这一单元以计算器类为例介绍 Java 程序的选择结构、异常处理以及类的静态成员的概念与应用方法。

2.1　计算器类的定义

设计一个计算器类,用于进行加、减、乘、除四则运算。

2.1.1　计算器建模

1. 现实世界中计算对象的共同行为

如图 2.1 所示,在现实世界中简单的算式对象有 58×3、$20-12$、$36+5$、$82\div38$ 等。对这些算式对象进行分析、抽象,可以得到每个算式对象要完成的、必须具有的行为就是计算(calculate)。这是计算器区别于其他物体的最重要的行为,是定义计算器类(Calculator)对象的共同依据。

2. 计算对象建模

分析现实世界中的计算对象,可以发现它们有如下一些特征。

(1) 行为:操作(operate)——计算,即加、减、乘、除。

图 2.1　简单算式对象

(2) 属性,包括:

- 被操作数(operand1);
- 操作数(operand2)。

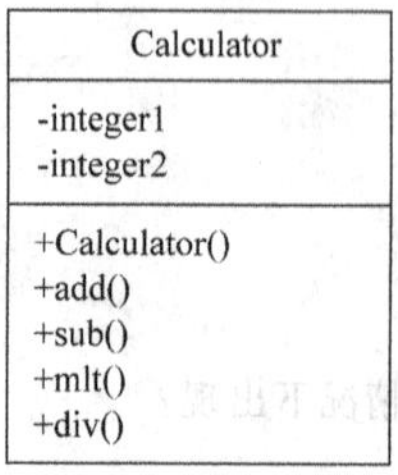

```
      Calculator
-integer1
-integer2
+Calculator()
+add()
+sub()
+mlt()
+div()
```

图 2.2　Calculator 类图

这样就可以有如下两种抽象模型。

(1) 方案 1:将两个操作数作为属性,将操作符作为方法,并且为不同的操作符设计对应的方法。由此可以得到图 2.2 所示的 Calculator 类模型。在这个类中有两个成员变量(先假定它们是整数),并且都设置为私密成员;加、减、乘、除运算各实现一个独立功能,形成 4 个成员方法,并用构造器初始化运算数,总共可以设计 5 个成员方法,并且它们都是公开成员。

(2) 方案 2:将两个操作数和一个操作符都作为属性,另外设计一个计算方法。

这里暂先考虑使用方案 1。

2.1.2 Calculator 类的 Java 描述

【代码 2-1】 用 Java 语言描述 Calculator 类代码。

```java
class Calculator {
    private int    integer1;                        // 被运算数
    private int    integer2;                        // 运算数

    public Calculator() {                           // 无参构造器
    }

    public Calculator(int integer1, int integer2) { // 有参构造器
        this.integer1 = integer1;
        this.integer2 = integer2;
    }

    public int add() {                              // 加运算方法定义
        return integer1 + integer2;
    }

    public int sub() {                              // 减运算方法定义
        return integer1 - integer2;
    }

    public int mlt() {                              // 乘运算方法定义
        return integer1 * integer2;
    }

    public int div() {                              // 除运算方法定义
        return integer1 / integer2;
    }
}
```

2.2 Calculator 类的测试

2.2.1 测试数据设计

Calculator 类比较简单，特别是 add()、sub() 和 mlt()，只要简单地输入两个数据就可以测试。复杂一点的是 div()，需要如下 3 组测试数据：

(1) 第 1 个数大，第 2 个数小。

【代码 2-2】 用于测试的主方法。

```
public static void main(String[] args) {
    Calculator c1 = new Calculator(25, 18);
    System.out.println("和为：" + c1.add());
    System.out.println("差为：" + c1.sub());
    System.out.println("积为：" + c1.mlt());
    System.out.println("商为：" + c1.div());
}
```

测试结果如下：

```
和为：43
差为：7
积为：450
商为：1
```

（2）第1个数小，第2个数大。

测试结果如下：

```
和为：43
差为：-7
积为：450
商为：0
```

可以看出，对于整数的除运算，Java语言采取了取整舍余的算法。所以对于 25÷18，得到结果 1；对于 18÷25，则得到结果 0。这样的规则有时是有风险的，例如人们不小心写错了表达式

```
18/25 * 100000;
```

测试得到的结果是 0，这显然不是人们预期的结果。

（3）第2个数为0。

下面是使用"18,0"对本例进行测试的结果。可以看出，程序正确地执行了加、减、乘运算，而对于除则给出如图 2.3 所示的异常信息。

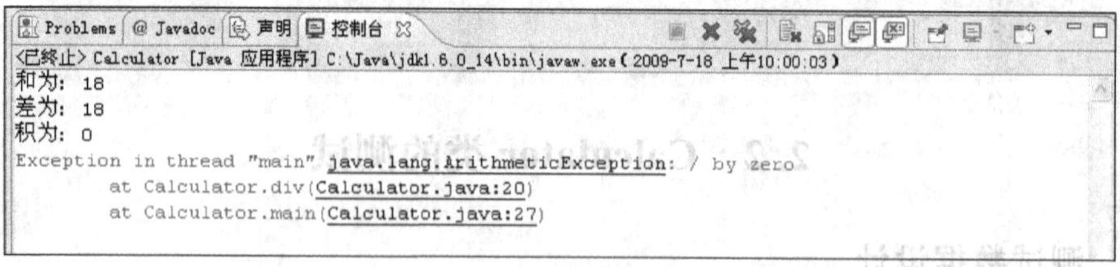

```
和为：18
差为：18
积为：0
Exception in thread "main" java.lang.ArithmeticException: / by zero
        at Calculator.div(Calculator.java:20)
        at Calculator.main(Calculator.java:27)
```

图 2.3 被零除造成的异常

这些异常信息是系统给出的。

2.2.2 规避整除风险——Calculator 类改进之一

在第 2.2.1 节中已经看到整除会带来一定的风险，可以采用如下几种改进方法。

(1) 重新编写表达式,写成"18 * 100000 / 25",得结果 72000。
(2) 不舍去余数。下面是改写后的成员方法 div()。

```java
void div() {
    System.out.println("商为: " + integer1/integer2 + ",余为: " + integer1 % integer2);
    return;
}
```

这里"%"称为模运算,即整数取余。此外,由于要用 div() 方法返回商和余两个数据,而 Java 的方法只能返回一个数据,所以只能将该方法改为无返回方法,由它直接输出两个数据。

【代码 2-3】 相应的主方法。

```java
public static void main(String[] args) {
    Calculator c1 = new Calculator(18,25);
    System.out.println("和为: " + c1.add());
    System.out.println("差为: " + c1.sub());
    System.out.println("积为: " + c1.mlt());
    c1.div();
}
```

运行结果如下:

```
和为: 43
差为: - 7
积为: 450
商为: 0,余为: 18
```

(3) 将除运算中的一个运算数据转换为浮点类型。

【代码 2-4】 采用浮点类型的 div() 方法。

```java
public double div()            { // 修改的除运算方法的返回类型
    return (double) integer1 / integer2;   // 将被除数转换为 double 类型
}
```

测试结果如下:

```
和为: 43
差为: - 7
积为: 450
商为: 0.72
```

注意:当一个表达式中有不同(基本)类型的数据运算时,编译器会先把所有数据按照"按高看齐"的规则进行转换,然后再进行计算。此外,由于返回的数据类型改变,方法头前端的类型说明也要相应改变。

(4) 直接将成员变量定义为浮点类型数据。为此,有关方法的返回类型也要相应修改。

2.3 异常处理——Calculator 类改进之二

2.3.1 Java 异常处理概述

异常(exception)不是语法错误,也不是逻辑错误,而是由一些具有某种不确定性的事件引发的 JVM 对 Java 字节代码无法正常解释而出现的程序不正常运行,如数组下标越界、算法溢出(超出表达范围)、除数为零,无效参数、内存溢出、要使用没有授权的文件等。

一个程序在出现异常的情况下还能不能运行是衡量程序是否健壮(robustness,也称鲁棒性)的基本标准,为此需要具有一定的、高效率的异常处理机制,使程序在遇到运行中异常的情况下给出异常原因和位置,把问题明明白白地上交给调用者,而不是不明不白地停顿或稀里糊涂地关机,使用户摸不着头脑,如有可能再接着继续运行得到计算结果。

在图 2.3 中给出的异常信息包括异常类型"ArithmeticException:/by zero",即这个异常是一个算术异常,进一步说明是被零除异常引起,紧接着指出了异常出现的位置:

```
at Calculator.div(Calculator.java:20)
at Calculator.main(Calculator.java:27)
```

其中,20 和 27 为异常所在的程序行的顺序号。

这些信息是 Java 编译系统给出的,因为 Java 编译系统提供了一套完善的异常处理机制。例如 ArithmeticException 就是 java.lang 包中定义的一个异常类。

下面介绍 Java 进行异常处理的基本方法。

2.3.2 Java 异常处理的基本形式

Java 异常处理包括 4 个环节——监视、抛出、捕获和处理,即监视可能产生异常的语句,将出现的异常抛出,由对应的异常处理部分捕获进行处理。其基本结构如下:

```
try {
    可能产生异常的语句
}
catch(异常类 1 引用 1) {
    处理异常类 1 的语句
}
catch(异常类 2 引用 2) {
    处理异常类 2 的语句
}
...
finally {
    最终处理语句
}
```

【代码 2-5】 在 main()中捕获并处理异常的主方法。

```java
class Calculator {
    private int      integer1;                              // 被运算数
    private int      integer2;                              // 运算数

    public Calculator() {                                   // 无参构造器
    }

    public Calculator(int integer1 ,int integer2) {         // 构造器定义
        this.integer1 = integer1;
        this.integer2 = integer2;
    }

    public static void main(String[] args) {
        Calculator c1 = new Calculator(18,0);
        try {
            System.out.println("和为: " + (c1. integer1 + c1.integer2));
            System.out.println("差为: " + (c1. integer1 - c1.integer2));
            System.out.println("积为: " + (c1. integer1 * c1.integer2));
            System.out.println("商为: " + (c1. integer1/ c1.integer2));
        }catch (ArithmeticException ae) {
            System.err.println("捕获异常: " + ae);
        }finally {
            System.out.println("主方法执行结束");
        }
    }
}
```

执行结果如下：

```
和为: 18
差为: 18
积为: 0
捕获异常: java.lang.ArithmeticException:
主方法执行结束
```

说明：

(1) 在 Java 的异常处理中 try 是必需的，它的作用是监视一段可能产生异常程序的运行情况；若产生异常，就此中断 try 段内后面的语句，将异常抛出。

(2) try 子句后面至少要有一个 catch 子句，也可以有多个 catch 子句分别用来匹配不同类型的异常对象。catch 的作用是捕获一种匹配的异常并进行处理。为此，每个 catch 关键字后面要有一个异常形式参数，当 try 子句中抽出的异常对象（相当于异常实际参数）与该异常形式参数类型匹配时就会执行该 catch 子句中的处理语句。

(3) 异常类是 catch 进行匹配捕获的根据。异常类可以由程序员定义，也可以由系统预先定义。异常对象可以由 JVM 自动生成（如本例），也可以由程序员用 throw 关键字生成（见 2.3.3 节）。

(4) finally 子句主要进行一些补充性操作,是一个可选的子句,一旦设置,无论是否出现异常都要执行。

(5) 对于本例来说,也可以把这个异常处理结构放到 div()方法中。

【代码 2-6】 在 div()方法中捕获并处理异常。

```
int div() {                                          // 除运算方法定义,异常不交上层处理
    int result = 0;
    try{                                             // 捕获异常
        result = integer1 / integer2;
    }catch(ArithmeticException ae) {                 // 处理异常
        System.err.println("产生异常: " + ae);
    }
    finally {
        System.err.println("******除计算结束******");
    }
    return result;
}
```

2.3.3 用 throws 向上层抛出异常

一个方法带有 throws 关键字,表明自己不处理某些异常而是将这些异常交由上层(调用者)捕获处理。这类方法的格式如下:

```
public 返回值类型 方法名(参数列表) throws 异常类型列表 {
    语句
}
```

【代码 2-7】 在 div()方法中抛出异常。

```
class Calculator {
    private int    integer1;
    private int    integer2;

    public Calculator() {                            // 无参构造器
    }

    public Calculator(int integer1, int integer2) {
        this.integer1 = integer1;
        this.integer2 = integer2;
    }

    // 其他方法

    public int div() throws ArithmeticException {    // 仅抛出异常而不处理异常
        return integer1 / integer2;
    }
}
```

```
public class CalcuTest {
    public static void main(String[] args) {
        Calculator c1 = new Calculator(18,0);
        try {                                          // 监视并抛出异常
            System.out.println("和为: " + c1.add());
            System.out.println("差为: " + c1.sub());
            System.out.println("积为: " + c1.mlt());
            System.out.println("商为: " + c1.div());
        }catch (ArithmeticException ae) {              // 捕获并处理异常
            System.err.println("捕获异常: " + ae);
        }
        finally {
            System.out.println("div方法执行结束");
        }
    }
}
```

程序执行结果如下：

```
和为: 18
差为: 18
积为: 0
捕获异常: java.lang.ArithmeticException
主方法执行结束
```

说明：

（1）throws 用于声明在该方法中不被捕获处理而直接抛出的检查型异常（checked exception），交给上层（调用者）处理。对于调用者来说，不管是否会产生异常，在调用该方法时都必须进行异常处理。这个声明所约定的异常类型具有严格的强制性，它要求方法不可抛出约定之外的异常类型。

（2）检查型异常被认为是可以合理地发生，并可以通过处理从程序运行中恢复的异常。相对而言，非检查型异常（unchecked exception）被认为是不能从程序运行中合理恢复的异常或错误。应该说，附录 B 中列出的 RuntimeException 的子类以及 Error 子类都是非检查型异常。非检查型异常不必由 throws 子句抛出，它们随时可能发生，JVM 会捕获它们。

（3）throws 后面的异常类型列表是用逗号分隔的检查型异常，用来指定该方法交上层处理的异常类型。为了安全，检查型异常应当尽量完整、具体。

（4）主方法也可以抛出异常交其上层——JVM 捕获处理。图 2.3 就是这样一种处理的结果。下层抛出，交上层处理，好处是可以在上层集中进行处理。例如下层有 10 个方法，可能的异常类型有两种，上层只需要两种类型的处理。若要写到下层，总共要 20 个处理。

2.3.4　用 throw 直接抛出异常

throw 是一个用于由程序员直接抛出异常的关键字。

【代码 2-8】 在 div()方法中用 throw 抛出异常。

```java
//…其他代码
int div()throws ArithmeticException{                    // 指定抛出异常的类型,交上层处理
    int temp = 0;
    try{                                                // 捕获异常
        temp = integer1 / integer2;
    }catch (ArithmeticException ae) {
        throw ae;                                       // 直接抛出异常,交上层处理
    }
    return temp;
}
//…其他代码
public static void main(String[] args) {                // 主方法
    Calculator c1 = new Calculator(18,0);
    try {                                               // 捕获异常
        System.out.println("和为: " + c1.add());
        System.out.println("差为: " + c1.sub());
        System.out.println("积为: " + c1.mlt());
        System.out.println("商为: " + c1.div());
    }catch (ArithmeticException ae) {                   // 处理异常
        System.err.println("产生异常: " + ae);
    }
    finally {
        System.out.println("div方法执行结束");
    }
}
//…其他代码
```

说明：在本例的方法 div()中，throw 子句置于 try 子句中抛出异常交上层处理，这是一种常用形式，但是并不是说 throw 一定是向上层抛出异常。

【代码 2-9】 用 throw 直接抛出异常。

```java
public class ThrowDemo0209{
    public static void main(String[] args) {
        try {
            throw new Exception("直接抛出异常示例!");
        }catch (Exception e) {
            System.err.println (e);
        }
    }
}
```

程序执行结果如下：

```
java.lang.Exception: 直接抛出异常示例!
```

2.3.5 Java 提供的主要异常类

Java 定义的异常类在 java.lang 包中,其中主要的异常类如表 2.1 所示。

表 2.1 主要的异常类

异 常 类	描 述
ArithmeticException	数学异常类
ArrayIndexOutOfBoundsException	数组下标越界异常类
ClassCastException	类型强制转换异常类
IllegalArgumentException	非法参数异常类
IndexOutBoundsException	下标转换异常类
IOException	输入/输出流异常类
NoSuchMethodException	方法未找到异常类
NullPointerException	空指针异常类
NumberFormatException	字符串转换为数字异常类
UnsupportedOperationException	不支持的操作异常类

2.4 用选择结构确定计算类型——Calculator 类改进之三

真实的计算器是用户输入两个操作数和操作符后就可以自动进行相应的计算,并且在按下"="后就会输出结果。而前面设计的计算器类是用户给出两个数据之后要进行加、减、乘、除 4 种计算,不能按照用户需求只进行一种计算。希望改进的是用户一次给定两个运算数据和运算类型——创建一个对象,然后程序进行相应的计算。为此需解决如下问题:

(1) 在 Calculator 类中增加一个 operator 变量,这个变量用于存储用户输入的计算类型——用一个字符表示,即 operator 变量是 char 类型。

(2) 构造器做相应修改。

(3) 代替原来的 4 个计算方法,改用一个 calculate()。这个方法可以根据用户指定的计算类型选择对应的计算表达式——使程序具有一定的智能。

2.4.1 用 if…else 实现 calculate()方法

if…else 可以赋予程序在两种以及多种可能的情形中选择一种的能力,使程序具有简单的智能。

【代码 2-10】 采用 if…else 结构的 Calculator 类定义。

```java
    }
    public Calculator(int integer1, char operator, int integer2) {
        this.integer1 = integer1;
        this.operator = operator;
        this.integer2 = integer2;
    }

    public int calculate() throws ArithmeticException, UnsupportedOperationException {
        int result = 0;
        try {
            if (operator == '+') {
                result = integer1 + integer2;
            }else if (operator == '-') {
                result = integer1 - integer2;
            }else if (operator == '*') {
                result = integer1 * integer2;
            }else if (operator == '/') {
                result = integer1 / integer2;
            }
        }catch (ArithmeticException ae) {
            throw ae;                                                    // 算术异常
        }catch(UnsupportedOperationException uoe) {
            throw uoe;                                                   // 不存在的操作类型异常
        }
        return result;
    }

    public static void main(String[] args) {                             // 主方法
        Calculator c1 = new Calculator(18,'/',0);
        try {                                                            // 监视并抛出异常
            System.out.println("计算结果: " + c1.calculate());
        }catch (ArithmeticException ae) {                                // 捕获并处理异常
            System.err.println("产生异常: " + ae);
        }catch (UnsupportedOperationException ue) {
            System.err.println("没有这种运算!");
        }finally {
            System.out.println("主方法执行结束");
        }
    }
}
```

方法 calculate() 所描述的算法(解题思路)可以用图 2.4 所示的程序流程图表示。

这种结构由一系列的 if…else 二分支结构嵌套组成一个多分支结构,但只能选择执行其中的一个分支,习惯上也将之称为 else…if 结构。其执行过程是从最前面的 if 开始,判断其后面一对圆括号中的逻辑表达式(也称布尔表达式或条件表达式)的值,如果是 true,则选择这个分支;如果是 false,则进入下一个 if…else 结构进行同样的判断,直到找到一个满足条件的分支。如果找不到满足条件的分支,就进入最后的 else 分支,最后的 else 分支是列

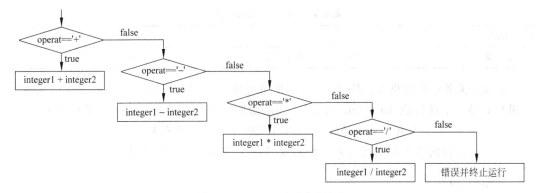

图 2.4 calculate()方法中的算法

举条件的分支之外的其他条件的分支。

采用这个结构,方法 calculate()可以按照用户选定的运算种类进行相应的运算。如果用户指定的运算超出了四则运算范围,则报错,中断程序运行。

图 2.5 为嵌套 if…else 结构的语法格式和一般流程。

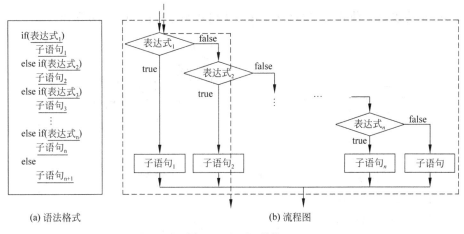

(a) 语法格式   (b) 流程图

图 2.5 if…else 结构

说明:

(1) 采用"子语句"来称呼每个分支,因为一个 if…else 在语法上也是一个语句。

(2) 每个分支中的"子语句"是一个广义的概念,因为 Java 语句有简单语句和复合语句(语句块)两种。简单语句是用分号结尾的语句,而复合语句是用一对花括号括起来的两个及两个以上的语句。复合语句在语法上相当于一个语句。因此,若一个子语句是一个简单语句,不需要使用花括号将之括起。

2.4.2 关系操作符

关系(比较)操作符是逻辑表达式中的主要成分。在 Java 中,关系操作符有表 2.2 中所列的 6 种。

表 2.2 Java 关系(比较)操作符

操作符	>	>=	<=	<	==	!=
含义	大于	大于等于	小于等于	小于	等于	不等于

说明：关系操作符也称比较操作符，即所进行的是比较操作或关系判断。它们的操作结果只能是一个逻辑值，即用 true 和 false 表示命题是否成立。例如，3< 5 的值为 true，即这个命题成立；3== 5 和 3>5 的值都为 false，即这两个命题都不成立。

关系操作符的优先级别比算术操作符低，但比赋值操作符高。例如：

```
boolean b;
b = 2 + 3 > 3 * 2;
```

操作结果是 b 的值为 false。

2.4.3 用 switch 结构实现 calculate()方法

1. switch 结构概述

switch 结构也是一种分支控制结构，其语法格式和流程图如图 2.6 所示。

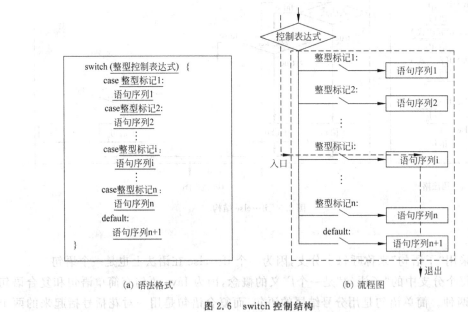

(a) 语法格式　　　　　　　　　(b) 流程图

图 2.6 switch 控制结构

(1) switch 结构由 switch 头和 switch 体两个部分组成。

(2) switch 头由关键词 switch 和一个整型控制表达式组成。

(3) switch 体由括在一对花括号中的多个语句序列组成，其中一个语句序列由关键词 default 引导，其余的语句序列都由关键词 case 后加整数型标记引导；default 分量是可选的，它没有标记，用于未列举出的其他情况，通常作为最后一个语句序列。

(4) 每个 case 后面的标号是一个整型常量表达式。当流程到达 switch 结构后就计算其后面的整型控制表达式,看其值与哪个 case 后面的整型标记(整型表达式)匹配(相等):若有匹配的 case 整型标记,便找到了进入 switch 体的入口,开始执行从这个入口标号引导的语句序列以及后面的各个序列;若没有匹配的 case 整型标记,就认为是各个 case 标记以外的其他情形,以 default 作为进入 switch 体的入口。这个过程如图 2.10(b)中的虚线所示。

(5) switch-case 是一种多中取一的选择结构。当选择了一个入口后,该 switch 结构会在如下情形下结束:

- 执行到该 switch 体的最后花括号处。
- 遇到一个 break 语句。

2. switch 结构实现的 calculate()方法

【代码 2-11】 采用 switch 结构的 Calculator 类定义。

```java
public int calculate() throws ArithmeticException, UnsupportedOperationException {
    int result = 0;
    try{
        switch(operat) {
            case '+':
                result = integer1 + integer2;break;
            case '-':
                result = integer1 - integer2;break;
            case '*':
                result = integer1 * integer2;break;
            case '/':
                result = integer1 / integer2;break;
        }
    }catch (ArithmeticException ae) {
        throw ae;                               // 算术异常
    }catch (UnsupportedOperationException uoe) {
        throw uoe;                              // 不存在的操作类型异常
    }
    return result;
}
```

3. switch 结构与 if…else 结构比较

表 2.3 从 5 个方面对 switch 结构与 if…else 结构进行比较。

表 2.3 switch 结构与 if…else 结构的比较

比较内容	switch	if…else
子结构之间的关系	串联,可以用 break 语句进行隔离	并联
子结构的结构	语法上的一个语句	语法上的多个语句
选择的内容	一个入口	一个分支
判断表达式的类型	基于 byte(Byte)、char(Character)、short(Short)、int(Integer)、枚举。Java 7 增加了 String 的多中取一判断	基于 boolean 类型的二中取一判断
n 个子结构的最多选择次数	1 次	n−1

2.5 用静态成员变量存储中间结果——Calculator 类改进之四

经过上述一些改进，Calculator 类的功能显著改善了。但是，与实际的计算器相比还有 3 点差距，一是计算器可以连续计算，例如进行 3+2、×6、-20、÷5 等；二是计算器开机后即显示 0；三是计算中按下"="可以显示结果。前面设计的计算器类每次进行计算操作都是通过生成一个计算器实例（即计算器对象）实现，无法进行连续计算。如果要实现连续计算，就要能存储一个计算器类对象的结果供下一个计算器对象使用，即在计算器对象之间建立共享变量，这一需求可以用静态（static）成员变量实现。

2.5.1 静态成员变量的性质

用 static 修饰的成员变量称为静态成员变量（简称静态变量、静态域、静态属性、静态字段等），它们有如下一些重要特性：

（1）具有类共享性。静态成员变量不用作区分一个类的不同对象，而是为该类的所有对象共享，所以也称为类属变量（简称类变量）。当要使用的变量与对象无关又不是一个方法中的局部变量时就需要定义一个静态成员变量。static 成员的这一特性使得可以使用一个静态变量 result 作为计算器对象之间的共享变量存储计算的中间结果。

同样，类的 static 方法也称为类方法，即当一个方法与生成的对象无关时可以将其定义为静态方法，最典型的静态方法是 main()。

（2）静态成员可以被任何（静态或非静态）方法直接使用，可以由类名直接调用，也可以用对象名调用。例如，System.in、System.out 和 System.err 表明 in、out 和 err 是 System 的静态成员。这是与实例变量的不同之处，实例变量只能由类的实例调用。但是，静态方法只能对静态变量进行操作。

（3）静态成员变量不用作区分不同对象，所以不通过构造器初始化，而是在类声明中直接显式初始化。若不直接显式对其进行初始化，编译器将对其进行默认初始化。如果是对象引用，则默认初始化为 null；如果是基本类型，则初始化为表 1.4 中的默认值。

2.5.2 带有静态成员变量的 Calculator 类定义

【代码 2-12】 带有 static 成员的 Calculator 类定义。

```
class Calculator {
    private int              integer1;
    private int              integer2;
    private char             operator;
    private static int       result = 0;                                  // 静态变量

    public Calculator() {}                                                // 无参构造器

    public Calculator(int integer1, char operator, int integer2) {        // 构造器重载 1
        this.integer1 = integer1;
        this.operator = operator;
```

```java
        this.integer2 = integer2;
    }

    public Calculator(char operator, int integer2) {              // 构造器重载2
        this.integer1 = result;
        this.operator = operator;
        this.integer2 = integer2;
    }

    public Calculator(char operator) {                            // 构造器重载3
        this.integer1 = result;
        this.operator = operator;
    }

    public int calculate() throws ArithmeticException, UnsupportedOperationException {
        try {
            switch (operator) {
                case' + ':
                    result = integer1 + integer2;break;
                case' - ':
                    result = integer1 - integer2;break;
                case' * ':
                    result = integer1 * integer2;break;
                case' /':
                    result = integer1 / integer2;break;
                case' = ':
                    System.out.println("计算结果: " + result); break;
            }
        } catch (ArithmeticException ae) {
            throw ae;                                             // 算术异常
        }catch (UnsupportedOperationException uoe) {
            throw uoe;                                            // 不存在的操作类型异常
        }
        return result;
    }

    public static void main(String[] args) {                      // 主方法
      try {                                                       // 捕获异常
            Calculator c1 = new Calculator(3,' + ',2);            // 2 +3
            c1.calculate();
            Calculator c2 = new Calculator('*',6);                // * 6
            c2.calculate();
            Calculator c3 = new Calculator(' - ',20);             // - 20
            c3.calculate();
            Calculator c4 = new Calculator('/',5);                // ÷5
            c4.calculate();
            Calculator c5 = new Calculator(' = ');                // 按"= "键
            C5.calculate();
        }catch (ArithmeticException ae) {                         // 处理异常
```

```
            System.err.println("捕获异常: " + ae);
        }catch (UnsupportedOperationException ue) {
            System.err.println("没有这种运算!");
        }
    }// main()结束
}// 类定义结束
```

说明：本例中使用了 3 个重载的构造器，方法重载就是名字相同，但参数（个数和类型）不同的方法。在编译时编译器会根据调用表达式中的实际参数的数量和类型来自动选择（绑定）一个相对一致的方法去调用它。

2.6 知 识 链 接

2.6.1 Java 表达式

1. 表达式的概念

表达式是程序中关于数据值的表示。表达式可以是下面任何一种形式：

(1) 一个字面值，如 123、123.45、'A'、"abcdefg"等。

(2) 一个数据实体的名字，通常称为变量。

(3) 字面值、变量（或对象）与操作符的合法组合，如 integer1 + integer2、integer1 - integer2、integer1 * integer2 和 integer1 / integer2、li4.setAge(18)等。其中，"+"（加）、"-"（减）、"*"（乘，相当于×）、"/"（除，相当于÷）是算术操作符。算术操作符还有"％"（取余操作符，两整数相除求余数，如 9％7，余 2），圆点"."为分量操作符，圆括号"()"为函数调用操作符。Java 还提供了其他操作符，以后会陆续介绍。在这里"合法组合"是指符合 Java 语法的组合，并且组合可以是嵌套的。

除了算术操作符，Java 还提供了其他操作符，以后会陆续介绍。

2. 多操作符表达式的求值规则

当一个表达式中含有多个操作符时，优先级高者先与其操作数结合。在 Java 中，算术操作符的优先级别高于赋值操作符，乘、除的优先级别高于加、减。例如，表达式 int x=2+3 * 6 是用赋值号后面的运算结果(20)初始化变量 x。

除了运算的优先级别，操作符还具有结合性。算术操作符都具有自左向右的结合性，是指有几个连续的同等级算术运算表达式时最左面的操作符先与其操作数结合。例如，a＋b＋c＋d 的求值顺序相当于((a＋b)＋c)＋d。而赋值操作符具有自右向左的结合性。例如对声明

```
int a = 3;
int b = 4;
int c = 5;
```

语句

```
c = b = a;
```

在执行时首先进行操作 b=a,即将变量 a 的值赋给变量 b,表达式 a=b 的值也为 3;然后将表达式 b=a 的值赋给变量 c,使表达式 c=b=a 的值也为 3。

3. 表达式的类型

Java 所有的表达式都有类型。表达式的类型由其值的类型和运算符语义分别分类。按运算符的语义将简单表达式分为赋值表达式、分量表达式、算术表达式、关系表达式、逻辑表达式、方法调用表达式等,它们的求值规则可以参考附录 A。此外,有关表达式可以组合形成复合表达式。

4. 表达式的执行结果

表达式可能是一个数、一个变量或是含有多个操作符的式子,也可以是一系列方法调用、变量访问、对象的创建等。因此,一个表达式的执行结果可能是一个变量或者值,这种表达式在执行中可能会伴随着类型转换;当一个表达式调用了声明为 void 的方法时被执行了无返回值的相关操作。

2.6.2 静态方法——类方法

在 Java 类中不仅可以有静态成员变量——类属性,还可以有静态方法——类方法,就是用 static 修饰的方法,它们与类属性一样对于所有的类对象是公共的。

【代码 2-13】 静态方法示例。

```
class Person {
    private String name;
    private char sex;
    private int age;
    private static String nationality = "中国";

    public Person(String name, char sex, int age){
        this.name = name;
        this.sex = sex;
        this.age = age;
    }

    public static void setNationality(String nat){       // 静态方法
        nationality = nat;                               // 不可使用 this 调用
    }
    public static String getNationality(){
        return nationality;
    }

    public String getName(){
        return name;
    }

    public char getSex(){
```

```
            return sex;
        }

        public int getAge(){
            return age;
        }
}

public class Deno0212{
    public static void main(String[] args){
        Person p1 = new Person("张三",'男', 18);
        Person p3 = new Person("Jennifer",'女', 16);

        System.out.println(p1.getName() + "," + p1.getSex() + "," + p1.getAge() + "," +
        Person.getNationality());                    //用类名调用静态方法 getNationality()
        p2.setNationality("美国");                     //用对象引用调用静态方法 setNationality()
        System.out.println(p2.getName() + "," + p2.getSex() + "," + p2.getAge() + "," +
        p2.getNationality());                         //用对象的引用调用静态方法 getNationality()
    }
}
```

程序运行结果如下：

张三,男,18,中国
Amanda,女,17,美国

说明：

(1) 一个完整的 Java 程序被按类分成一个个的字节码文件进行存储。程序运行后，这些类文件会根据需要动态地加载到内存。加载时，类方法便得到了一个唯一的入口地址，类变量也得到了分配的方法区内存。而非静态变量要在对象创建后才得到内存分配，非静态方法在对象创建后才得到 JVM 分配的隐含的传入参数（对象实例的地址指针）。由此可以得到如下结论：

- 静态成员（方法和属性）可以用类名直接调用，也可以用对象的引用调用。
- 在静态方法中不能调用（引用）同类的非静态方法和属性，因为它们不能得到隐含的传入参数。
- 在非静态方法中可以调用（引用）同类的静态方法和属性。

从这些结论可以分析前面介绍过的 System.out.pringln()。从前往后看，第一个单词是 System，其首字母是大写的，说明这是一个类。第二个单词是 out，其首字母是小写的，说明它是一个变量或引用。System 与 out 之间是一个圆点，表明 out 是 System 的成员——属性，而用类名调用的属性一定是静态的。从字面上已经看到 println() 是一个方法，它与 out 之间是圆点，表明 out 是一个引用，println() 是 out 所属类的实例方法。查阅资料可知，out 所属的类名为 **PrintStream**。

此外再看一下方法 main()。它是一个静态方法，当所在的类加载时即分配了入口地址，因而使 JVM 无须创建对象即可直接调用它。

(2) 在上述主方法中用 Person.getNationality() 代替 p1.getNationality()，结果相同。

2.6.3 初始化块与静态初始化块

1. 初始化块

Java 允许在一个类中定义一个代码块——用花括号括起来的语句块,称为初始化块(initialization block)。初始化块是一组语句,下面讨论其执行情况。

【代码 2-14】 初始化块的执行情况示例。

```
class Person {
    public Person(){                              // 定义无参构造器
        System.out.println("——执行无参构造器。");
    }

    {                                             // 定义构造块
        System.out.println("——执行构造块。");
    }
}
public class Deno0214 {
    public static void main(String[] args){
        new Person();
        new Person();
    }
}
```

程序执行情况如下:

```
——执行构造块。
——执行无参构造器。
——执行构造块。
——执行无参构造器。
```

讨论:每创建一个对象就要先执行一次初始化块。那么,既然是初始化块,它是如何进行初始化的呢?

【代码 2-15】 初始化块的作用示例。

```
import java.util.Scanner;
class Person {
    private String name;
    private char sex;
    private int age;
    private static String nationality;

    public Person(String name, char sex, int age){
        this.name = name;
        this.sex = sex;
        this.age = age;
    }
```

```java
    public static String getNationality(){
        return nationality;
    }
    public String getName(){
        return name;
    }
    public char getSex(){
        return sex;
    }
    public int getAge(){
        return age;
    }
    {                                                          // 定义一个初始化块
        Scanner sc = new Scanner(System.in);                   // 实例化 Scanner
        System.out.println("请输入国籍:");
        if (hasNext(()){
            nationality = sc.next();
        }
    }
}
public class Deno0215{
    public static void main(String[] args){
        Person p1 = new Person("张三", '男', 18);              // 创建一个对象
        System.out.println(p1.getName() + "," + p1.getSex() + "," + p1.getAge() + "," +
            Person.getNationality());
        Person p2 = new Person("Amanda",'女', 17);             // 创建一个对象
        System.out.println(p2.getName() + "," + p2.getSex() + "," + p2.getAge() + "," +
            p2.getNationality()); }
    }
```

程序运行结果如下：

```
请输入国籍:China ↵
张三,男,18,China
请输入国籍:USA ↵
Amanda,女,17,USA
```

说明：

(1) Scanner sc=new Scanner(System.in)的意思是用标准输入流(从键盘输入的字符流)System.in 来构造一个 Scanner 对象 sc,即以该输入流作为 sc 对象的 String 类型成员。

(2) hasNext()用于检测有无字符流。

(3) 表达式 sc.next()的意思是由 sc 对象解析其 String 类型成员中的一个单词,即到下一个空格前的字符串。

(4) 每生成一个对象就要先执行一次初始化块。

2. 静态初始化块

在初始化块前加上 static 就是一个静态初始化块。静态初始化块具有两个特点：

(1) 不管该类有多少实例都只执行一次，而构造块会在每次实例化时在执行构造器之前执行一次。

(2) 静态块优于主方法，也优于构造块行。所以，在 JDK1.7 之后允许用静态块代替主方法，即允许有无主方法的 Java 程序。

【代码 2-16】 静态初始化块的作用示例。

```java
import java.util.Scanner;
class Person {
    private String name;
    private char sex;
    private int age;

    public Person(String name, char sex, int age){
        this.name = name;
        this.sex = sex;
        this.age = age;
    }

    public String getName(){
        return name;
    }

    public char getSex(){
        return sex;
    }

    public int getAge(){
        return age;
    }

    static{                                              // 定义一个静态初始化块
        System.out.println("欢迎使用本系统!");
        Scanner sc = new Scanner(System.in);
        System.out.print("请输入密码:");
        if (hasNext()){
            String password = sc.next();
            if(password.equals("123")){                  // 字符串判等
                Person p1 = new Person("张三",'男', 18);
                System.out.println(p1.getName() + "," + p1.getSex() + "," + p1.getAge());
            }
            else
                System.out.println("再见!");
        }
    }
}
```

一次程序运行结果：

```
欢迎使用本系统!
请输入密码：123↵
张三,男,18
java.lang.NoSuchMethodError: main
Exception in thread "main"
```

另一次程序运行结果：

```
欢迎使用本系统!
请输入密码：abc↵
再见!
java.lang.NoSuchMethodError: main
Exception in thread "main"
```

说明：两个字符串的判等有两种运算形式，它们的不同如下。
- 用"字符串引用 1==字符串引用 2"判断两个引用是否指向同一个字符串。
- 用"字符串引用 1.equals(字符串引用 2)"判断两个引用指向的内容是否相同（不一定是同一个字符串）。

2.6.4 String 类

String 类是类引用类型中使用最多的一种。String 类的常用方法有如下几类，这些方法都是 public 的。

1. String 类的构造器

String 类提供如下 4 种构造器。
- String(String original)：用字符串常量创建字符串对象。
- String(char[] value)：用 char 数组创建字符串对象。
- String(char[] value, int offset, int count)：用 char 数组中从下标 offset 开始的 count 个字符创建字符串对象。
- String(StringBuffer buffer)：用 StringBuffer 类的对象 buffer 创建字符串对象。

2. 字符串的比较方法

- int compareTo(String anotherString)：如果当前字符串比 anotherString 大，返回正整数；如果小，返回小于 0 的整数；如果相等，返回 0。比较的原则是在字母序中后面的比前面的大，小写的比大写的大。
- int compareToIgnoreCase(String anotherString)：忽略大小写，比较两个字符串的大小。
- boolean equals(Object anObject)：如果当前字符串对象与 anObject 有相同的字符串，返回 true；如果没有，则返回 false。这个方法对于字符大小写敏感。
- boolean equalsIgnoreCase(String anotherString)：同 equals()，但忽略大小写。
- boolean startWith(String prefix)：判断当前字符串是否以 prefix 开始。

3. 查找字符或子字符串的方法

- char charAt(int index)：返回索引 index(从 0 开始)处的字符。
- int indexOf(char ch)：返回当前字符串中字符 ch 首次出现的位置的下标(从 0 开始)，若 ch 不存在，返回 －1。
- int indexOf(char ch, int fromIndex)：在当前字符串中从下标 fromIndex 开始查找字符 ch，返回其首次出现的位置的下标，若 ch 不存在，返回 －1。
- int indexOf(String str)：返回字符串 str 在当前字符串中首次出现的位置的下标。
- int indexOf(String str, int fromIndex)：在当前字符串中从下标 fromIndex 开始查找字符串 str，返回其首次出现的位置的下标，若 str 不存在，返回 －1。
- int lastIndexOf(char ch)、int lastIndexOf(char ch, int fromIndex)：在当前字符串中从尾部开始查找字符 ch，返回其首次出现的位置的下标，若 ch 不存在，返回 －1。
- int lastIndexOf(String str)、int lastIndexOf(String str, int fromIndex)：在当前字符串中从尾部开始查找字符串 str，返回其首次出现的位置的下标，若 str 不存在，返回 －1。

4. 基于当前字符串返回一个新字符串的方法

- String concat(String str)：返回当前字符串后追加 str 后的新字符串。
- String replace(char oldChar, char newChar)：在当前字符串中将字符 oldChar 替换为 newChar。
- String replaceAll(String regex, String replacement)：在当前字符串中将字符串 regex 替换为 replacement。
- String substring(int beginIndex)：返回当前字符串从 beginIndex 开始的尾子字符串。
- String substring(int beginIndex, int endIndex)：返回当前字符串中从 beginIndex 开始到 endIndex 的子字符串。
- String toLowerCase()：将当前字符串全部转换为小写。
- String toUpperCase()：将当前字符串全部转换为大写。

5. 基本类型向字符串类型的转换

(1) 基本类型与字符串进行"＋"运算，运算结果为字符串类型。例如：

```
String s= "字符串"+ 12345;              // 结果为"字符串 12345"
System.out.println("字符串"+ 12345);    // 输出:"字符串 12345"
```

(2) 将参数转换为字符串类型，格式为"String valueOf(参数)"，参数可以为 object、boolean、char、int、long、float、double 类型。

2.6.5 正则表达式

正则表达式(regular expression，简写为 regex、regexp、RE，复数为 regexps、regexes、regexen)又称正规表示法、常规表示法，最早由神经生理学家 Warren McCulloch 和 Walter Pitts 提出用于描述神经网络模型的数学符号系统。1956 年，Stephen Kleene 在其论文《神

经网事件的表示法》中将其命名为正则表达式,后来被大名鼎鼎的 UNIX 之父——Ken Thompson 应用于计算机领域。现在,在很多文本编辑器里正则表达式通常被用来检索、替换那些符合某个模式的文本。

简单地说,正则表达式由普通字符和有特殊意义的字符组成。这些有特殊意义的字符称为元字符(meta characters)。元字符及其组合组成一些"规则字符串",用来表达对字符串的一种过滤逻辑。

1. 正则符号

- []:方括号表示其中的内容任选其一,代表一个字符。例如 [1234] 指 1、2、3、4 任选其一。
- ():表示一组内容,在圆括号中可以使用"|"符号。
- |:逻辑或关系。
- ^:非,除了,例如 [^12] 指除了 1 或 2 的其他字符。另一作用表示匹配开始,例如 ^[12] 表示取 1 或 2。
- -:范围(范围应从小到大)。例如 [0-9] 表示此字符只能是数字,[a-f] 表示此字符只能是 a、b、c、d、e、f 之一,[0-6a-fA-F] 表示为 0、1、2、3、4、5、6、a、b、c、d、e、f、A、B、C、D、E 或 F。
- {}:出现的次数。
- {n,m}:修饰前一个字符,表示其出现 n-m 次,n 应小于 m。
- {n}:修饰前一个字符,表示其出现 n 次。
- {n,}:修饰前一个字符,表示其出现 n 次以上。

示例:

0[xX][0-9a-fA-F]{1,8} 指 0x 或 0X 后面有 1~8 个字符,每个字符为 0、1、2、3、4、5、6、a、b、c、d、e、f、A、B、C、D、E、F 中的一个。显然,这是一个 int 类型的八进制数,其最大值为 0x7fffffff。

2. 常用正则元字符

- \d:表示一个数字,与 [0-9] 意思一致。
- .:表示任意字符。若想表示"."的原意需要使用"\."表示,例如网页 URL 格式表示为"[\w]{3}\.[0-9a-zA-Z]+\.com"。
- \w:表示单词字符。
- \s:表示空白。
- \D:表示非数字。
- \W:表示非单词字符。
- \S:表示非空白。
- ?:修饰前一个字符出现 0~1 次,等价于{0,1}。
- +:修饰前一个字符出现 1 次以上,等价于{1,}。
- *:修饰前一个字符出现任意次,等价于{0,}。

3. 常用的正则表达式

- 邮编:^[0-9][0-9][0-9][0-9][0-9][0-9]$或^[0-9]{6}$,或^\d{6}$。

- 用户名：单词字符出现 8~10 次，例如^\w{8,10}$、^[0-9a-zA-Z_]{8,10}$。
- 手机号码：例如+86 15811111111、0086 15811111111，15811111111 可表示为^(\+86|0086)?\s?\d{11}$。
- 身份证号：15 位或 18 位，18 位的最后一位有可能是 x(大小写均可)，可表示为^\d{15}(\d{2}[0-9xX])?$。
- 日期格式：例如 2012-08-17 可表示为^\d{4}-\d{2}-\d{2}$或^\d{4}(-\d{2}){2}$。
- Email：^\w+@\w+(\.(com|cn|net))+$。

4. 正则在 String 类中的应用

String 类提供了一些支持正则的方法，如表 2.4 所示。

表 2.4 String 类中提供的支持正则的方法

方 法	描 述
public boolean matches(String regex)	字符串匹配检测
public String replaceAll(String regex, String replacement)	替换满足正则的全部内容
public String replaceFirst(String regex, String replacement)	替换满足正则的首个内容
public String[] split(String regex)	按照指定正则全拆分
public String[] split(String regex, int limit)	按照指定正则拆分成 limit 个

【代码 2-17】 使用正则对字符串进行操作。

```
package org.zhang.demo0217.regexdemo;
public class RegexDemo0217{
    public static void main(String[] args) {
        String str1 = "A1B22C333D4444E55555F".replaceAll("\\d+","_"); // 替换满足正则的全部内容
        boolean temp = "2015-01-05".matches("\\d{4}-\\d{2}-\\d{2}");
                                                            // 字符串匹配检测
        String s[] = "A1B22C333D4444E55555F".split("\\d+");  // 字符串按正则拆分
        System.out.println("在字符串中替换满足正则的全部内容后："+ str1);
        System.out.println("字符串匹配验证结果："+ temp);
        System.out.print("字符串拆分：");
        for (int x = 0; x < s.length; x ++ ){               // 见下一单元
            System.out.print(s[x] + "\t");
        }
    }
}
```

程序运行结果如下：

```
在字符串中替换满足正则的全部内容后：A_B_C_D_E_F
字符串匹配验证结果：true
字符串拆分：A  B  C  D  E  F
```

2.6.6 Scanner 类

Scanner 是 JDK1.5 之后提供的一个专门类，它在 java.util 包中，用于从输入流中提取（解析）需要的数据。表 2.5 中列出了其常用方法。

表 2.5 Scanner 类的常用方法

方 法	描 述
boolean hasNext()	检测输入流中还有无单词
boolean hasNextXXX()	检测输入流中还有无 XXX 类型数据
String nextLine()	取输入流的下一行内容（以空格分隔）
XXX nextXXX()	读取并转换输入流的下一个 XXX 类型数据
Scanner useDelimiter(String patten)	设置读取的分隔符
Scanner(InputStream source)	从指定字节流中接收内容

Scanner 默认用空格作为字符流中的数据（单词），也可以用 Scanner 对象调用 useDelimiter(String patten)方法设定。当 patten 为正则表达式时为按照正则表达式进行分隔。

习 题 2

概念辨析

1. 从备选答案中选择下列各题的答案，如有可能，设计一个程序验证自己的判断。

(1) 下面的代码段执行后将输出(　　)。

```
short s1 = 32766;
s1 += 2;
System.out.println(s1);
```

  A. 编译无法通过 B. 32768 C. 0 D. −32767
  E. −32768

(2) 下面方法的返回值的类型是(　　)。

```
ReturnType methodA(byte x, double y) {
    return (short) x / y * 2;
}
```

  A. short B. int C. long D. float
  E. double

(3) 使用 catch(Exception e)的好处是(　　)。
  A. 只捕获个别类型的异常 B. 捕获 try 块中产生的所有类型的异常
  C. 忽略一些异常 D. 执行一些程序

(4) finally 块中的代码(　　)。

    A. 只有在 try 块后面没有 catch 块时才会执行　　B. 一般总是被执行
    C. 在异常发生时才被执行　　D. 在异常没有发生时才被执行
(5) 在一个可以抛出异常的方法中产生异常后,(　　)。
    A. 该方法将按照代码规定正常执行并返回
    B. 该方法将返回错误代码"0"
    C. 该方法立即中断,由 JVM 搜索异常处理程序
    D. 程序立即结束
(6) 在下列关键词中,用于明确抛出一个异常的是(　　)。
    A. try　　　　B. catch　　　　C. finally　　　　D. throw
(7) 在下列说法中,正确的是(　　)。
    A. 当一个异常被抛出时程序的执行仍可能是线性的
    B. try 语句不可以嵌套
    C. Error 所定义的异常是无法捕获到的
    D. 用户定义异常通常由扩展 Throwable 类创建
(8) 关于实例方法和类方法,以下描述正确的是(　　)。
    A. 类方法既可以访问类变量,也可以访问实例变量
    B. 实例方法只能访问实例变量
    C. 类方法只能通过类名来调用
    D. 实例方法只能通过对象来调用
(9) 在下面的情况中,属于 Java 异常的是(　　)。
    A. JVM 内部错误　　　　　　　B. 资源耗尽
    C. 对负数开平方　　　　　　　D. 试图读取不存在的文件
(10) 在要进行精确计算的地方,例如银行的货币计算,应采用(　　)类型。
    A. int　　　　B. long　　　　C. float　　　　D. double
    E. BigDecimal
(11) 对于声明"int a=7, b=-5;",表达式 a％b 的值为(　　)。
    A. 2　　　　B. －2　　　　C. 0　　　　D. 编译错误
(12) 在下面的赋值语句中,错误的是(　　)。
    A. float f=11.1;　　B. double d=5.3E12;　　C. double d=3.14159;　　D. double d=3.14D;
2. 判断下列叙述是否正确,并简要说明理由。
(1) boolean 类型的值只能是 1 或 0。　　　　　　　　　　　　　　　　　　　　(　　)
(2) 在 switch 结构中所有的 case 必须按照一定的顺序排列,例如 101、102、103 等。　　(　　)
(3) 表达式 4/7 和 4.0/7 的值是相等的,且都为 double 型。　　　　　　　　　　(　　)
(4) 在变量定义"int sum,SUM;"中,sum 和 SUM 是两个相同的变量名。　　　　(　　)
(5) 多数 I/O 方法在遇到错误时会抛出异常,因此在调用这些方法时必须在代码的 catch 里对异常进行处理。　　　　　　　　　　　　　　　　　　　　　　　　　　　　　　　(　　)
(6) 在 Java 中,异常 Exception 是指程序在编译和运行时出现的错误。　　　　(　　)
(7) 在一个异常处理中 finally 语句块只能有一个或者没有。　　　　　　　　　(　　)
(8) 当程序中抛出异常时(throw…)只能抛出自己定义的异常对象。　　　　　　(　　)
(9) 语句"float x=26f;int y=26; int z=x/y;"都能正常编译和运行。　　　　　(　　)

(10) 在 switch 语句中,default 子句可以省略。　　　　　　　　　　　　(　　)
(11) 在一个方法里面最多有一个 return 语句。　　　　　　　　　　　　(　　)
(12) 用 switch 结构可以替换任何 if…else 结构。　　　　　　　　　　　(　　)

✹ 代码分析

1. 阅读下面各题的代码,从备选答案中选择各题的答案,并设计一个程序验证自己的选择。
(1) 对于声明语句"int a=5,b=3;",表达式 b=(a=(b=b+3)+(a=a*2)+5)执行后 a 和 b 的值分别为
(　　)。
　　A. 10,6　　　　　　B. 16,21　　　　　　C. 21,21　　　　　　D. 10,21
(2) 下面代码段的运行结果是(　　)。

```
boolean m = true;
if (m = false) System.out.println("False");
else System.out.println("True");
```

　　A. false　　　　　B. true　　　　　C. none　　　　　D. 编译时错误
　　E. 运行时错误

(3) 下面代码的输出是(　　)。

```
boolean m = true;
if (m == false)
    System.out.println("False");
else
    System.out.println("True");
```

　　A. false　　　　　　　　　　　　　B. true
　　C. none　　　　　　　　　　　　　D. An error will occur when running.

(4) 对于代码段

```
switch(m) {
    case 0: System.out.println("case 0");
    case 1: System.out.println("case 1");
    case 2:
    default: System.out.println("default");
}
```

在备选答案中可以引起 default 输出的 m 值为(　　)。
　　A. 0　　　　　　　B. 1　　　　　　　C. 2　　　　　　　D. 3
(5) 下面程序的执行结果是(　　)。

```
public class Test() {
    public static void main(String[] args) {
        try {return;}
        finally {
            System.out.println("Thank you!");
        }
    }
}
```

66

A. 无任何输出   B. Thank you!   C. 编译错误   D. 以上都不对

（6）对于下面的代码段

```
public void Test() {
    try {
        method();
        System.out.println("Hello World");
    }
    catch(ArrayIndexOutOfBoundsExceptiong e) {
        System.err.println("Exception 1");
    }
    finally {
        System.out.println("Thank you!");
    }
}
```

当 method()方法正常运行并返回时会显示信息(   )。

A. Hello World   B. Thank you!   C. Exception 1   D. A+B

（7）选择下面程序的运行结果，并说明原因。

```
public class Agg {
    static public long l = 10;
    public static void main(String[] args) {
        switch(l) {
            default:System.out.print("没有匹配的值。");
            case 1:System.out.print("1。");
            case 5:System.out.print("5。");
            case 10:System.out.print("10。");
        }
    }
}
```

A. 编译时错误   B. 5。10。   C. 10。   D. 运行时错误

（8）下面程序段的执行结果是(   )。

```
public class Foo{
    public static void main(String[] args){
        try{
            return;
        }
        finally{
            System.out.prinln("Finally");
        }
    }
}
```

A. 程序正常运行，但不输出任何结果   B. 程序正常运行，并输出"Finally"
C. 可编译，但运行时出现异常   D. 不能通过编译

（9）给出如下代码：

```
class Test {
    private int m;
    public static void fun() {
        //其他代码…
    }
}
```

要使成员变量 m 被方法 fun() 直接访问,应( )。

    A. 将 private int m 改为 protected int m   B. 将 private int m 改为 public int m

    C. 将 private int m 改为 static int m   D. 将 private int m 改为 int m

(10) 下面程序的执行结果为( )。

```
public class Sandys {
    private int court;
    public static void main(String[] args) {
        Sandys s = new Sandys(88);
        System.out.println(s.court);
    }

    Sandys(int ballcount) {
        court = ballcount;
    }
}
```

    A. 编译时错误,因为 court 是私密成员变量   B. 没有输出结果

    C. 输出:88   D. 编译时错误,因为 s 没有初始化

2. 找出下面程序中的错误,并改正。

(1)

```
class Test {
    public static void main(String[] args) { test();}
    void test()throws IOException {throw new IOException("Error! ");}
}
```

(2)

```
class A{
    Pravite int x;
    Public static main(String arg[]0 {
        new B();
    }
class B{
    void B() {
        System.out.println(x);
    }
}
```

3. 按照 Java 的运算规则给出下面各表达式的值。

(1) 6+5 / 4-3

(2) 2+2 * (2 * 2-2) %2 / 2
(3) 10+9 * ((8+7) %6)+5 * 4 %3 * 2+1
(4) 1+2+(3+4) * ((5 * 6 %7 * 8)-9)-10
(5) k=(int)3.14159+(int)2.71828

4. 如果 $x=2$、$y=3$、$z=5$,经过下面各组代码操作后这 3 个变量的值分别变为多少?
(1) if (3 * x +y <=)z(-1)x=y+2 * z;else y=z-y;z=x-2 * y;
(2) if (3 * x+y<=z-1) {x=y+2 * z;}else {y=z-y;z=x-2 * y;}

5. 在下面的代码中有 code1、code2、code3、code4 四段代码,其中哪个不会被执行?

```
try {
    ...            // code1
    return;
    ...            // code2
}catch(Exception e) {
    ...            // code3
}finally {
    ...            // code4
}
```

6. 阅读下列与 String 有关的代码,从备选答案中选择各题的正确答案,并设计一个程序验证自己的选择。

(1) 下面的代码执行后共创建了(　　)个对象。

```
String s1 = new String("hello");
String s2 = new String("hello");
String s3 = new String(" ");
String s4 = new String();
String s5 = s1;
```

　　A. 5　　　　　　　B. 4　　　　　　　C. 3　　　　　　　D. 2

(2) 对于声明

```
String s1 = new String("Hello");
String s2 = new String("there");
String s3 = new String();
```

以下字符串操作正确的是(　　)。

　　A. s3=s1+s2;　　　B. s3=s1-s2;　　　C. s3=s1 & s2;　　　D. s3=s1 && s2;

(3) 在下面 4 组语句中,可能导致错误的一组是(　　)。

　　A. String s=" hello";String t=" good ";String k=s+t;
　　B. String s=" hello";String t;t=s[3]+"one";
　　C. String s=" hello";String standard=s.toUpperCase();
　　D. String s=" hello";String t=s+"good";

(4) 顺序执行下面的程序语句后 b 的值是(　　)。

```
String a = "Hello";
String b = a.substring(1,2);
```

A. el　　　　　　B. Hel　　　　　　C. He　　　　　　D. e

开发实践

设计下列各题的 Java 程序。

1. 简单呼叫器。在购买呼叫器时会输入数据呼叫器号码、用户姓名、用户地址。呼叫器上有 3 个按钮，分别用于呼叫保安、呼叫保健站、呼叫餐厅。呼叫时，呼叫器会自动发布呼叫者的呼叫器号码、姓名和地址，同时还有用户的请求内容。

请编写模拟该呼叫器功能的程序，并编写相应的测试用例。

2. 报站器。某路公共汽车沿途经过 n 个车站，车上配备一个报站器。报站器有如下功能：

(1) 车子发动，报站器会致欢迎词："这是第 X 路公交线路上的第 X 号车，我们很高兴为各位乘客服务。"

(2) 每到一个站时，司机按动一个代表站点的数字按钮，报站器会提示乘客："XX 站到了，要下车的乘客请从后门下车。"

现设有 5 个站：长白山站、燕山站、五台山站、泰山站、衡山站。

请用一个面向对象的程序仿真这个报站器，并编写相应的测试用例。

思考探索

1. 查找资料，了解 Java 中有哪些操作符，并比较已经学过的操作符的优先级别和结合性。

2. 在普通方法声明或定义的前面使用关键词 void 表明什么？

3. 下面两个程序都包含有异常处理代码，先分析两个程序会输出什么内容，然后上机验证一下自己的结论是否正确，找出问题出在什么地方，并总结由此可以得出的结论。

(1)

```java
import java.io.IOException;
public class Program1{
    public static void main(String[] args){
        try {
            System.out.println("Hello Java!");
        }catch(IOException ioe) {
            System.err.println("Goodbye!");
        }
    }
}
```

(2)

```java
public class Program2 {
    public static void main(String[] args) {
        try {    }catch(Exception e) {
            System.err.println("Goodbye!");
        }
    }
}
```

提示：捕获方法中的异常，方法必须声明会抛出对应的异常类型；捕获 try 子句中的异常，不管其内容如何。

4. 下面两个程序都包含有异常处理代码，先分析两个程序会输出什么内容，然后上机验证一下自己的结论是否正确，找出问题出在什么地方，并总结由此可以得出的结论。

(1)

```java
public class Program1 {
    public static void main(String[] args) {
        if (decision())
            System.out.println("Hello Java!");
        else
            System.out.println("Goodbye!");
    }
    static boolean decision(){
        try {
            return true;
        }fanally {
            return false;
        }
    }
}
```

(2)

```java
public class Program2{
    public static void main(String[]args){
        try {
            System.out.println("Hello Java!");
            System.exit(0);
        }fanally {
            System.out.println("Goodbye!");
        }
    }
}
```

提示：在 try…finally 语句中，finally 的执行总是在 try 子句正常结束时执行。当 try 子句和 finally 子句都意外结束时，try 子句中意外结束的原因将被丢弃。

5. 能否为一个程序增添一个登录功能？

第3单元 素数序列产生器

重复是发挥计算机高速计算优势的基本机制。这一单元以素数序列产生器为例介绍 Java 程序的重复结构设计方法,并从作用域和生命期两个方面进行知识扩展。

3.1 问题描述与对象建模

素数(prime number,prime)又称质数,是在大于 1 的整数中除了 1 和它本身外不再有其他约数的数。素数序列产生器的功能是输出一个自然数区间中的所有素数。

3.1.1 素数序列产生器建模

1. 现实世界中的素数序列计算对象

本题的意图是建立一个自然数区间,如图 3.1 所示的 [11,101]、[350,5500]、[3,1000] 等区间内的素数序列(prime series)。每一个正整数区间的素数序列就是一个对象。

2. 用类图描述的素数序列产生器

对这个问题建模,就是考虑定义一个具有一般性的素数产生器——PrimeGenerator 类。这个类的区间下限为 lowerNaturalNumber,区间上限为 upperNaturalNumber。这两个值分别用一个变量存储,作为类 PrimeGenerator 的两个成员变量。

类 PrimeGenerator 成员方法除了构造器和主方法外还需要 getPrimeSequence()——给出素数序列,于是可以得到如图 3.2 所示的 PrimeGenerator 类初步模型。

图 3.1 不同的求素数对象

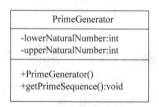

图 3.2 PrimeGenerator 类初步模型

3.1.2 getPrimeSequence()方法的基本思路

getPrimeSequence()方法的功能是给出 [lowerNaturalNumber,upperNaturalNumber]

区间内的素数序列。基本思路是从 lowerNaturalNumber 到 upperNaturalNumber 逐一对每一个数进行测试,看其是否为素数,如果是则输出(用不带回车的输出,以便显示出一个序列);否则继续对下一个数进行测试。

每次测试使用的代码相同,只是被测试的数据不同,也就是说,这样一个方法中的代码要不断重复执行,直到达到目的为止,这种程序结构称为重复结构,也称循环结构。

在实现 getPrimeSequence() 函数时有两种考虑:

(1) 用 isPrime() 判定一个数是否为素数。

为了将 getPrimeSequence() 函数设计得比较简单,把测试一个数是否为素数的工作也用一个函数 isPrime() 进行,所以 getPrimeSequence() 函数就是重复地对区间内的每个数用 isPrime() 函数进行测试。

isPrime() 函数用来对某个自然数进行测试,看其是否为素数。其原型应当为:

```
bool isPrime(int number);
```

测试一个自然数是否为素数的基本方法是把这个数 number 依次用 2~number/2 去除,只要有一个能整除,该数就不是素数。

所以,这两个函数都要采用重复结构。

(2) 在 getPrimeSequence() 函数中直接判定一个数是否为素数。

3.2 使用 isPrime() 判定素数的 PrimeGenerator 类的实现

Java 有 3 种重复控制结构,即 while、do…while 和 for。不管哪种重复结构,都要包含以下用于控制重复过程的 3 个部分内容:初始化部分、循环条件和修正部分。

下面首先讨论用这 3 种重复结构实现 getPrimeSequence() 和 isPrime() 方法的方法。

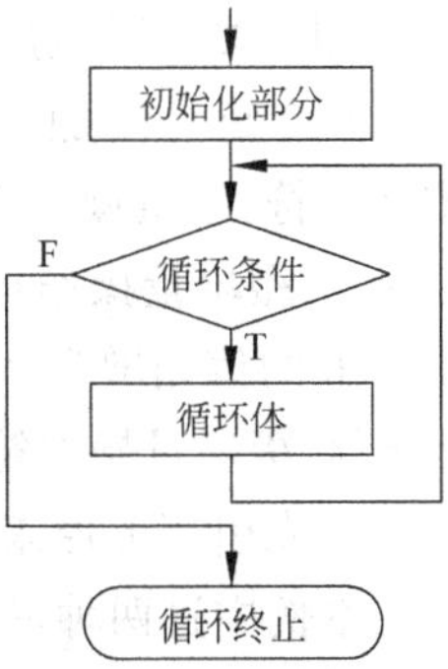

3.2.1 采用 while 结构的 getPrimeSequence() 方法

图 3.3 所示为 while 结构的程序流程图。其基本格式如下:

```
while (循环条件) {
    循环体
}
```

图 3.3 while 结构的程序流程图

【代码 3-1】 采用 while 结构的 getPrimeSequence() 方法框架。

```
void getPrimeSequence() {
    int m = lowerNaturalNumber;                  // 初始化循环变量:定义并初始化被检测的数
    while (m <= upperNaturalNumber) {            // 循环条件判断
        if (m是素数){                             // 花括号内为循环体
```

```
            输出m;
            m++;                              // 相当于m = m + 1,取下一个数
        }
        else {
            m++;                              // 相当于m = m + 1,取下一个数
        }
    }
```

说明:

(1) while 语句是 Java 语言最基本的重复控制语句(或称循环控制语句)。程序执行这个结构时首先判断循环条件(本例为 m <= upperNaturalNumber)是否满足,如果满足则执行循环体,否则跳过该循环语句。在执行完一次循环体后也要做同样的判断。简单地说,while 结构就是只要循环条件满足才重复执行循环体一次。

(2) 一个重复控制结构不能永远地执行下去,为此在循环体内必须有能够改变循环条件的操作,并且这种改变能使循环条件最后不再满足。这种改变一般是针对一个或几个变量进行的。这种影响循环过程的变量称为循环变量,在本例中 m 就是循环变量。在循环体中修正循环变量的表达式称为修正表达式。此外,在循环结构前面一般还需要循环变量的初始化语句。循环变量的初始化值也是决定循环次数的一个因素。

(3) 变量 m 定义在方法 getPrimeSequence()中,是生存并作用在这个方法中,即只能在这个方法中被访问,并在这个方法结束时就被撤销了。

(4) 在 Java 中,表达式 m=m+1 可以简化为 m+=1。+= 是加和赋值的组合操作符,称为赋值加。例如 i+=5 相当于 i=i+5。除赋值加外,复合赋值操作符还有 -=、*=、/= 等。复合赋值操作符的优先级别与赋值操作符相同。注意,任何由两个符号组成的操作符(如 ==、>=、<=、!= 以及复合赋值操作符等)作为一个整体,符号之间不能加空格。

(5) 给变量 m 加 1 还有一种更简洁的表示形式,即 ++m 或 m++,++ 称为增量操作符或自增操作符,增量操作符有两种形式。

- 前缀增量操作符:如 ++m,是先增量后使用。例如执行"int a=0, b=1; a=++b;"时,b 的值先增为 2,再赋值给 a。
- 后缀增量操作符:如 m++,是先使用后增量。例如执行"int a=0, b=1; a=b++;"时,a 先引用 b 原来的值 1,然后 b 的值增为 2。

在本例中这两种形式没有区别,但若将它们用在表达式内的两个序列点之间并参与其他运算时就有区别了。为了避免理解上的错误,应尽量使用前缀形式。

与增量操作符++对应的是减量操作符--,或称自减操作符。

(6) 在代码 3-1 中,除了循环条件外,其他都可以直接用 Java 代码描述,而"m 是素数"可以用一个方法 isPrime(m)来表示,于是方法 getPrimeSequence()可以进一步细化。

【代码 3-2】 采用 while 结构的 getPrimeSequence()进一步细化代码。

```
void getPrimeSequence() {
    System.out.print(lowerNaturalNumber + "到"+ upperNaturalNumber + "之间的素数序列为: ");
    int m = lwerNaturalNumber;              // 初始化循环变量:定义并初始化被检测的数
    while (m <= upperNaturalNumber) {       // 循环条件判断
```

```
        if (isPrime(m))
            System.out.print(m + ",");
        m ++ ;                          // 相当于m = m + 1,取下一个数
    }
}
```

3.2.2 采用 do…while 结构的 getPrimeSequence()方法

while 结构的执行特点是"符合条件才进入";do…while 结构的执行特点是"先执行一次再说"。所以 while 结构的循环体可能一次也不执行,而 do…while 结构最少要执行一次。图 3.4 为 do…while 结构的程序流程图。其基本格式如下:

```
do {
    循环体
} while (循环条件);
```

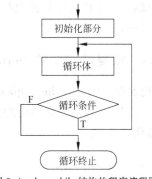

图 3.4 do…while 结构的程序流程图

注意:do…while 结构的最后要以分号结束。

【**代码 3-3**】 采用 do…while 结构的 getPrimeSequence()代码。

```
void getPrimeSequence() {
    System.out.print(lowerNaturalNumber + "到" + upperNaturalNumber + "之间的素数序列为:");
    int m = lwerNaturalNumber;              // 初始化循环变量:定义并初始化被检测的数
    do {
        if (isPrime(m))
            System.out.print(m + ",");
        m ++ ;
    } while (m <= upperNaturalNumber);      // 循环条件判断,以分号结束
}
```

3.2.3 采用 for 结构的 getPrimeSequence()方法

如前所述,循环结构是通过初始化部分、循环条件和修正部分来控制循环过程的。while 结构和 do…while 结构将这 3 个部分分别放在不同位置,而 for 结构则把这 3 个部分放在一起,形成如下形式:

```
for (初始化部分; 循环条件; 修正部分) {
    循环体
}
```

这样可以使人对循环过程的控制一目了然,特别适合用在循环次数可以预先确定的情况,所以也把 for 循环称为计数循环。

【代码 3-4】 采用 for 结构的 getPrimeSequence()代码。

```
void getPrimeSequence() {
    System.out.print(lowerNaturalNumber + "到" + upperNaturalNumber + "之间的素数序列为：");
    for(int m = lwerNaturalNumber; m <= upperNaturalNumber; ++ m)        // 循环控制
        if (isPrime(m))
            System.out.print(m + ",");
}
```

说明：for 结构也称计数型重复结构，当重复具有明显的计数特征时采用 for 结构意义更加明确。

3.2.4 重复结构中的 continue 语句

前面设计的 getPrimeSequence()代码疏忽了一个问题，即没有考虑用户给出的区间下限小于 2 的情况，也没有考虑给出的区间上、下限反了的情况。下面的代码弥补了这一缺陷。

【代码 3-5】 进一步完善的 getPrimeSequence()代码。

```
void getPrimeSequence() {
    System.out.print(lowerNaturalNumber + "到" + upperNaturalNumber + "之间的素数序列为：");
    if (lowerNaturalNumber > upperNaturalNumber){                        // 输入反时交换
        int temp = lowerNaturalNumber;
        lowerNaturalNumbe = upperNaturalNumber;
        upperNaturalNumber = temp;
    }
    for(int m = lwerNaturalNumber; m <= upperNaturalNumber; ++m)         // 循环控制
        if (lowerNaturalNumber < 2)
            continue;                                                     // 短路一次循环
        if (isPrime(m))
            System.out.print(m + ",");
}
```

关键字 continue 的作用是立即结束循环体的执行进入下一轮循环，或称将循环体内之后的语句短路一次。

3.2.5 采用 for 结构的 isPrime()方法

isPrime()方法是用 2～number/2 的数依次去除被检测的数 number，具有明显的计数特征，所以应采用 for 结构。它的基本思路是依次用 2～number-1 去除一个数 m，只要有一次能被整除，就证明 m 不是素数，循环除就不再进行。

【代码 3-6】 采用 for 结构的 isPrime()方法。

```
bool isPrime(int number) {
    for (int m = 2; m < number; ++ m) {
        if (number %m == 0) {
            return false;
```

```
        }
    }
    return true;
}
```

3.2.6 将 isPrime()定义为静态方法

分析 isPrime()方法可以发现,在这个方法中不对任何实例变量进行操作,即它与类的实例无关,仅与类有关。或者说,isPrime()方法为类的所有实例共享。这样的方法可以定义为静态方法。

【代码 3-7】 PrimeGenerator 类的完整定义。

```
public class PrimeGenerator {
    private int lowerNaturalNumber;
    private int upperNaturalNumber;

    public PrimeGenerator(int ln, int un)       {
        lowerNaturalNumber = ln;
        upperNaturalNumber = un;
    }

    private void getPrimeSequence() {
        System.out.print(lowerNaturalNumber + "到"
                        + upperNaturalNumber + "之间的素数序列为:");
        if (lowerNaturalNumber > upperNaturalNumber){           // 输入反时交换
            int temp = lowerNaturalNumber;
            lowerNaturalNumbe = upperNaturalNumber;
            upperNaturalNumber = temp;
        }
        for(int m = lwerNaturalNumber; m <= upperNaturalNumber; ++m)   // 循环控制
            if (lowerNaturalNumber < 2)
                continue;                                       // 短路一次循环
        if (isPrime(m))
            System.out.print(m + ",");
    }

    private static boolean isPrime(int number) {
        for (byte m = 2; m < number; ++ m) {
            if (number % m == 0) {
                return false;
            }
        }
        return true;
    }

    public static void main(String[] args) {
```

```
        PrimeGenerator ps1 = new PrimeGenerator(2,20);
        ps1.getPrimeGenerator();
    }
}
```

一次测试结果如下：

2 到 20 之间的素数序列为：2,3,5,7,11,13,17,19,

3.2.7 不用 isPrime() 判定素数的 PrimeGenerator 类的实现

若不使用 isPrime() 函数，则 getPrimeSequence() 函数成为一个嵌套的重复结构。

【代码 3-8】 采用嵌套重复结构的 getPrimeSequence() 函数。

```
void PrimeGenerator::getPrimeSequence() {
    std::cout << lowerNaturalNumber << "到" << upperNaturalNumber << "之间的素数序列为：";
    for(int m = lowerNaturalNumber;m <= upperNaturalNumber; ++m){
        bool flag = true;
        for (int n = 2; n < m; ++n) {
            if (m % n == 0) {
                flag = false;                       // 发现 number 能被一个数整除,就断定它不是素数
                break;
            }
        }
        if(flag == true)
            std::cout <<  m << ",";
    }
}
```

说明：

（1）在代码 3-8 中，为了测试一个数是否为素数，采用了一个标记变量 flag。流程一进入外 for 循环中，就将定义一个 flag 并初始化为 true。在内 for 循环中，一旦发现被测试数不是素数，就将 flag 置 false，并用 break 跳出内循环，否则一直到对被测试数进行完全测试后退出内循环。在内循环外，首先检测 flag 有无改变，如果无，则打印被测试数，然后跳到外循环的增量处取下一个数测试；如果有，则直接跳到外循环的增量处取下一个数测试。

（2）在代码 3-8 中使用了 break 语句，它的作用是结束当前的循环。图 3.5 对 break 和 continue 的作用进行了比较。可以看出，二者有如下区别与联系。

- break 是对循环和 switch…case 结构有效，而 continue 只对循环结构有效。
- 当结构嵌套时，break 语句只对当前层循环或当前层 switch…case 结构有效。continue 也是只对当前层循环有效。
- break 的作用是跳出，continue 的作用是短路。

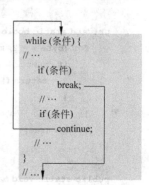

图 3.5　continue 与 break 的作用

- 这两种操作都是在一定的条件下才能执行,所以在循环体中这两个语句常与 if…else 结构相配合。

(3) 在这个函数中,变量 m 定义在 for 循环体之前(属初始化部分),其作用域为函数作用域。n 和 flag 都定义在内 for 循环体前、外循环内,具有语句作用域。

3.3 知 识 链 接

3.3.1 变量的访问属性

Java 语言要求所有程序元素都放在有关类中。在本例中,getPrimeGenerator()和 isPrime()都是类 PrimeGenerator 的成员方法。细心的读者可能已经发现,在这两个方法中各有一个变量 m。那么这两个变量会产生冲突吗?答案是不会,因为它们各自有自己的作用域(scope)和生命期。

变量的访问属性主要涉及 4 个方面,即生命期(life time,也称存储期——storage duration)、访问权限、作用域(scope)和可见性(visibility)。这好比要访问一个人,首先要确定叫这个名字的人是否在世,如果他还没有生下或者已经死亡,即他不在生存期内,那你是绝对无法访问的;其次,要看这个人是否在要访问的范围内,例如活动的权限范围就在某个城市,那么要访问的这个人虽然活着,但不属于这个城市,也不可访问;第三,要看你有没有权限见这个人;第四,要看这个人名有没有被覆盖,例如有一位名字为王朋的县领导,还有一个普通家庭中也有一个叫王明的人。显然,在家里说:"王明吃饭",显然不会是叫县领导王明吃饭。这就是家里的"王明",覆盖了县里的领导"王明"。

3.3.2 变量的作用域

变量的作用域是指变量名在程序正文中有效的区域。"有效"指的是在这个区域内该变量名对于编译器是有意义的。因此,变量的作用域由变量的声明语句所在的位置决定,即在哪个范围域中声明的变量,其作用域就是那个区域。下面分实例变量和局部变量两种情形进行讨论。

1. 实例变量的作用域

实例变量声明在类定义中,所以实例变量的作用域在类的每个实例——对象中,即一个类实例的所有成员方法都可以引用它。

2. 局部变量的作用域

局部变量是声明在某个代码块中的变量,可以分如下 3 种情形讨论:

(1) 声明在一个代码块(即用花括号括起来的一组代码,包括方法体中声明的变量)中的变量,其作用域就在这个代码区间内,在这个区间外部的任何引用都会导致编译错误或不正确的结果。例如在本节中,getPrimeGenerator()方法体中定义的 m 只能在 getPrimeGenerator()方法体中被引用,在 isPrime()方法体中定义的 m 只能在 isPrime()方法体中被访问。两个 m

各自独立,在各自的作用域内被引用,不会产生混淆。如果在getPrimeGenerator()方法体中企图引用在isPrime()方法体中定义的m,将导致错误。

(2) 方法参数也是一个局部变量,在声明中,其作用域是所有语句;在函数定义中,其作用域是整个方法体。

(3) 异常处理参数也是一个局部变量,它们一般声明在一个catch后面的圆括号中作为这个catch的参数,作用域在其后面的代码块中。

3. 类属变量的作用域

类属变量的作用域是一个类代码区域以及该类的所有实例中。

3.3.3 Java数据实体的生命期

这里将在Java程序运行中占有一块独立的存储空间的数据称为数据实体。所谓数据实体的生命期是指该数据实体从获得分配的存储空间到该空间被回收之间的时间区间。

1. 变量的生命期与对象的生命期

如前所述,Java数据类型可以分为基本类型和引用类型两大类。相应的数据对象可以分别称为变量和对象。变量的生命期是由编译期自动分配与回收的,例如:

- 类属变量的生命期是与类相同,即从类被装载到类被撤销。
- 实例变量的生命期是与对象相同,即从对象被创建到对象被撤销。
- 局部变量的生命期是与所在的程序块有关,即从声明开始到所在的块结束。

而Java对象是用new操作创建的,它不会因定义的代码区间结束而自动撤销。但是在任何一个程序中,任何一个对象都有自己的使命,它的使命一旦完成,存在就没有必要,却占据着系统的内存资源,使这些内存资源无法被回收利用,这种现象称为"内存泄露"。这样,老的对象占据资源,又为了执行新的使命需要生成新的对象。这个过程不断进行,内存泄露加剧,可利用内存资源不断减少,有可能导致JVM崩溃。

2. Java垃圾回收

为了充分利用内存资源,JVM在运行过程中会自动启动一个垃圾回收器(garbage collector,GC)周期地识别那些不再被引用的对象(垃圾),释放并回收它们所占用的资源。

Java垃圾回收器的工作是用户程序不可控的,由于其优先级别低,只有当系统空闲或发现内存不足时才会被启动。根据这个特点,使用Java垃圾回收器应当注意如下几点:

(1) 进行垃圾回收的时间是未知的,同时垃圾回收器也会占用一定的资源,工作较慢,所以尽管扫描过程是周期的,但垃圾回收必须等到系统出现空闲周期才得以进行。

(2) 在Java程序中强制地启动垃圾回收器是没有意义的。尽管在程序中可以用方法System.gc()建议JVM开始回收工作,但具体的回收何时进行是由JVM酌情而定的。

(3) 若一个对象的资源没有被垃圾回收器回收,该对象的生命期将延续到程序结束时被回收。

(4) 一个对象使用结束应当立即将其引用设置为null,以便JVM清楚这个对象已经不再使用。

(5) 对象除了占用存储资源外,还要使用一些非内存资源,例如打开的文件或数据库、底层网络资源等。垃圾回收器不能释放这些资源。回收这部分资源的方法是在使用它们之后立即调用它们的 close 类型方法,否则这些被打开的资源无法被回收。

3. 类属变量、实例变量与局部变量的比较

表 3.1 为类属变量、实例变量与局部变量的比较。

表 3.1 类属变量、实例变量与局部变量的比较

比较内容	类 属 变 量	实 例 变 量	局 部 变 量
其他名称	类变量、静态成员变量、静态域(属性、字段、变量)	对象变量、实例域(属性、字段、状态)、成员变量	方法变量
存在特征	用 static 修饰的类属性	不用 static 修饰的类属性	在一个代码块内部声明与引用
与方法的关系	独立于方法	独立于方法	从属于某个方法
存储分配时间	虚拟机加载类时	创建一个类的实例时	定义时
存储区	全局数据区	堆区	栈区
存储数量	每个类只有一份存储	每个实例都有一份存储	在定义域内只有一份存储
默认生命期	从类加载到类销毁	从对象创建到对象被销毁	从声明所在代码段执行结束
默认初始值	有	无	无
可用范围	为所有类的对象共享	只能为某个对象使用	所定义的代码段
调用与引用	可用类名、对象名调用;可在类的任何方法中引用	可由对象、this 调用;不可用类名调用;不可在静态方法中引用	仅可在所定义的方法内被引用;不可用类名、对象名、this 调用

3.3.4 基本类型的包装

1. 基本类型的包装类

基本类型不是类类型,为了将基本类型当作类类型处理,并连接相关方法,Java 提供了与基本类型对应的包装容器类(wrapper class),见表 3.2。其中,Byte、Double、Float、Integer、Long 和 Short 是 Number 类的子类。

表 3.2 基本类型的包装类

基本类型	char	byte	short	int	long	float	double	boolean
包装容器类	Character	Byte	Short	Integer	Long	Float	Double	Boolean

2. 基本类型与对应的包装类之间的转换以及自动装箱和拆箱

一般来说,可以使用如下转换方法:

(1) 基本类型转换为类对象通过相应包装类的构造器完成,例如:

```
Integer intObj = new Integer(8);
```

(2) 从包装类对象得到对应类型的数值需要调用该对象的相应方法,例如:

```
int i = intObj.intValue();
```

从 JDK5 开始，Java 引入了自动装箱（autoboxing）和拆箱（unboxing）机制，使得烦琐的转换过程得到简化。例如，上述转换可以写成：

```
Integer intObj = 8;
int i = intObj;
```

3. 数值数据的最大值和最小值

在 Byte、Double、Float、Integer、Long 和 Short 类中分别定义了两个静态常量 MAX_VALUE 和 MIN_VALUE，表示相应类型的最大值和最小值，供需要时使用。例如：

```
Byte laggestByte = Byte.MAX_VALLUE;
System.out.println("Laggest Double is:" + Double.MAX_VALUE);
```

4. 3 个特殊的浮点数值

虽然浮点数表示的数值相当大，但还是会出现错误和溢出的情况。例如 1/0、负数开平方等。因此，Double 类定义了 3 个静态常量：

- Double.POSITIVE_INFINITY（正无穷大），例如 2/0。
- Double.NEGATIVE_INFINITY（负无穷大），例如 (-2)/0。
- Double.NaN(Not a Number)，例如 0/0。

但是，测试一个结果是不是 NaN 不能这样测试：

```
if (x == Double.NaN) // …
```

应该使用 Double.isNaN 方法：

```
if (Double.isNaN(x)) // …
```

5. Integer 类的常用方法

（1）构造器：public Integer(int value) 和 public Integer(String s) 分别把数字和数字字符串封装成 Integer 类。

（2）把 Integer 对象所对应的 int 量转化成某种基本数据类型值。

- public int intValue()：将 Integer 对象所对应的 int 量转化为 int 类型值。
- public long longValue()：将 Integer 对象所对应的 int 量转化为 long 类型值。
- public double doubleValue()：将 Integer 对象所对应的 int 量转化为 double 类型值。

（3）数字字符串与数字之间的转换。

- public String toString()：将 Integer 对象转化为 String 对象。
- public static int parseInt(String s)：将数字字符串对象转化为 int 值。
- public static Integer valueOf(String s)：把 s 转化成 Integer 类对象。

对于 Double、Float、Byte、Short 和 Long 类,也有类似的方法。

6. Character 类的常用方法

- public static boolean isDigit(char ch):如果 ch 是数字字符返回 true,否则返回 false。
- public static boolean isLetter(char ch):如果 ch 是字母返回 true,否则返回 false。
- public static boolean isLetterOrDigit(char ch):如果 ch 是字母或数字字符返回 true,否则返回 false。
- public static boolean isLowerCase(char ch):如果 ch 是小写字母返回 true,否则返回 false。
- public static boolean isUpperCase(char ch):如果 ch 是大写字母返回 true,否则返回 false。
- public static boolean isSpaceChar(char ch):如果 ch 是空格返回 true。
- public static toLower(char ch):返回 ch 的小写形式。对应的方法是 toUpperChar(char ch)。

习 题 3

概念辨析

1. 从备选答案中选择下列各题的答案。

(1) "for (int x = 0,y=0;!x && y<=5; y++)"语句执行循环的次数是(　　)。
   A. 0　　　　　　　B. 5　　　　　　　C. 6　　　　　　　D. 无限次

(2) 执行 break 语句,(　　)。
   A. 从最内层的循环退出　　　　　　B. 从最内层的 switch 退出
   C. 可以退出所有循环或 switch　　　D. 从当前层的循环或 switch 退出

(3) 在跳转语句中,(　　)。
   A. break 语句只应用于循环体中
   B. continue 语句只应用于循环体中
   C. break 是无条件跳转语句,continue 不是
   D. break 和 continue 的跳转范围不够明确,容易产生问题

(4) 在 Java 中,可以跳出当前多重嵌套循环的是(　　)。
   A. continue　　　　B. break　　　　C. return　　　　D. 方法调用

(5) 下列说法中正确的是(　　)。
   A. 实例变量是类的成员变量　　　　B. 实例变量是用 static 修饰的变量
   C. 方法变量在方法执行时创建　　　D. 方法变量在使用前必须初始化

(6) 下列关于 for 循环和 while 循环的说法中正确的是(　　)。
   A. while 循环能实现的操作 for 循环也都能实现
   B. while 循环判断条件一般是程序结果,for 循环判断条件一般是非程序结果
   C. 两种循环在任何时候都可替换
   D. 在两种循环结构中都必须有循环体,循环体不能为空

(7) 循环体至少被执行了一次的语句为( )。
   A. for 循环　　　　B. while 循环　　　　C. do 循环　　　　D. 任意一种循环
(8) i++与++i,( )。
   A. i++是先增量,后引用；++i是先引用,后增量
   B. i++是先引用,后增量；++i也是先引用,后增量
   C. i++是先引用,后增量；++i是先增量,后引用
   D. i++是先增量,后引用；++i也是先增量,后引用量
(9) for 循环"for (x = 0,y = 0; (y != 123) && (x<4);x++);"( )。
   A. 是无限循环　　　B. 循环次数不定　　C. 最多执行 4 次　　D. 最多执行 3 次
(10) 设"float x = 1, y = 2, z = 3",则表达式"y += z--/++x"的值为( )。
   A. 3　　　　　　B. 3.5　　　　　　C. 4　　　　　　D. 5

2. 判断下列叙述是否正确,并简要说明理由。
(1) 自增运算符++既可以用于变量的自增又可以用于常量的自增。　　　　　　　(　)
(2) continue 语句用在循环结构中表示继续执行下一次循环。　　　　　　　　　(　)
(3) break 语句可以用在循环和 switch 语句中。　　　　　　　　　　　　　　　(　)
(4) Java 类中不能存在同名的两个成员方法。　　　　　　　　　　　　　　　　(　)

代码分析

1. 阅读下面各题的代码,从备选答案中选择答案,并设计一个程序验证自己的判断。
(1) 如下循环代码的输出结果是( )。

```
public static void main(String[] args) {
    int i;
    for (foo('A'), i = 0; foo('B') && (i < 2); foo('C')) {
        ++i;
        foo('D');
    }
}
Static boolean foo(char c) {
    System.out.print(c);
    Return true;
}
```

   A. ABCDABCD　　　B. ABCDBCDB　　　C. ABDCBDCB　　　D. 运行时抛出异常
   E. 编译错误

(2) 如下代码的输出结果是( )。

```
public class Test {
    public static void main(String arg[]) {
        int i = 5;
        do {
            System.out.println(i);
        }while ( -- i > 4);
        System.out.println("Finished");
    }
}
```

A. 5   B. 4   C. 6   D. Finished
E. None

(3) 下面程序的执行结果是（   ）。

```
class Test {
    public static void main(String[] args) {
        byte b1 = 2, b2 = 3;        // --- (1)
        byte b3 = b1 + b2;          // --- (2)
        System.out.println (b3);
    }
}
```

A. 编译通过,显示 5   B. 编译通过,显示 23
C. 编译不通过,有两处错误   D. 编译不通过,(1)处有错误

(4) 如下代码执行后的输出是（   ）。

```
public class Test {
    public static void main(String arg[]) {
        int i = 5;
        do {
            System.out.println(i);
        } while ( -- i > 5)
        System.out.println("finished");
    }
}
```

A. 5   B. 4   C. 6   D. Finished
E. None

(5) 下面代码的执行结果是（   ）。

```
public class Inc {
    public static void main(String[] args) {
        Inc inc = new Inc();
        int i = 0;
        inc.fermin(i);
        System.out.println(i);
    }
    void fermin(int j) {
        j ++ ;
    }
}
```

A. 编译错误   B. 输出 2   C. 输出 1   D. 输出 0

(6) 给定下面的类

```
public class Inc {
    public static void main(String[] args) {
        int i = 0;
        // here
    }
}
```

在下面的选项中用(　　)项替换"// here",使输出结果为 0。

A. System.out.println(i++); 　　　B. System.out.println(i+'0');
C. System.out.println(i);   　　　　D. System.out.println(i--);

2. 在下列代码中,表达式(1)、(2)、(3)、(4)中哪个是错误的?

```
class Modify {
    public static void main(String Argv[]) {
        int i,j,k;
        i = 100;
        while (i > 0) {                              // --- (1)
            j = i * 2;
            System.out.println("j 的值为: " + j);    // --- (2)
            k = k + 1;                               // --- (3)
            i -- ;                                   // --- (4)
        }
    }
}
```

3. 找出下面程序中的错误。

```
public class Something {
    public static void main(String[] args) {
        Other o = new Other();
        new Something().addOne (o);
    }
    public void addOne(final Other o) {
        o.i ++ ;
    }
}
class Other {
    public int i;
}
```

4. 下面是一个计时器程序,设计者希望以分钟为单位显示已经开始的时间,当计时到一个小时时结束。程序如下:

```
public class Something {
    public static void main(String[] args) {
        int minutes = 0;
        for (int ms = 0; ms < 60 * 60 * 1000; ++ms)
            System.out.println(minutes ++);
    }
}
```

那么,这个程序能不能如愿呢?为什么?

5. 下面的方法用于确定参数是否为奇数,其中有值得改进之处吗?

```
public static boolean isOdd(int i) {
    return i % 2 == 1;
}
```

应当如何为这个方法设计测试用例？

开发实践

设计下列各题的 Java 程序。

1. 某电子门锁在出厂时设置了密码,不过以后还可以再由用户重新设置密码。开启电子门锁时,只要输对密码,门就可以自动打开。请用 Java 程序模拟用户忘记密码时如何找出密码。设密码是一个 4 位数。

2. 给定两个整数,找出这两个整数区间内能被 3、5、7 同时整除的数。

3. 百马百担问题:有 100 匹马,驮 100 担货,大马驮 3 担,中马驮两担,两匹小马驮一担,问有大、中、小马各多少？请设计求解该题的 Java 程序。

4. 以前有位财主雇了一个工人工作 7 天,给工人的回报是一根金条。如果把金条平分成相等的 7 段,就可以在每天结束时给工人一段金条。但是,财主规定只能两次把金条弄断,否则工人就无法得到当天的报酬。聪明的工人如何切割金条使自己每天能得到报酬？

5. 地铁售票机。某线路上共有 10 个车站,3 种票价(3 元、4 元、5 元)。该线路上的售票机有如下功能:

(1) 查阅两站间的票价。计算机按照下面的原则处理:
- 乘 1 站到 5 站,票价 3 元；
- 乘 6 站到 8 站,票价 4 元；
- 乘 9 站或 10 站,票价 5 元。

(2) 收取票钱。乘客输入欲购买的车票类型和数量,并输入钞票。如果输入的金额不够,则继续等待,直到达到或超过票价为止；如果输入的金额超过票价,则打印一张车票,并退回多余金额；如果输入的金额正好,则只打印车票。

请用程序模拟该地铁售票机,并编写相应的测试用例,要求用户界面友好。

提示:输入金额用输入语句中的数字表示,退余额和车票用输出语句显示。

思考探索

1. 若 num1=5、num2=5000,则下面两个循环哪个效率高？说明原因。

A.
```
int i,j;
for (i = 1; i < num1; ++ i)
        for (j = 1; j < num2; ++ j)
fun();
```

B.
```
int i,j;
for (i = 1; i < num2; ++ i)
        for (j = 1; j < num1; ++ j)
            fun();
```

2. 在 x = x + 1、x+= 1 以及 x++ 三者中,哪个效率最高？哪个效率最低？为什么？

3. 表达式 a ++ 与 ++ a 有区别吗？

4. 首先判断下面的程序执行后会输出什么,然后上机验证自己的判断是否正确,并说明为什么会得到这样的结果。

(1)
```java
public class Increment {
    public static void main(String[] args) {
        int j = 1;
        for (int i = 0; i < 100; ++i) j = j ++ ;
        System.out.println(j);
    }
}
```

(2)
```java
public class Count {
    public static void main(String[] args) {
        final int START = 2000000000;
        int count = 0;
        for (float f = START; f < START + 50; ++ f) ++ count;
        System.out.println(count);
    }
}
```

提示：考虑运算和数据转换的顺序以及 int 类型的最大值。

5. 下面的程序用一个静态私密变量跟踪一个类实例化次数，程序代码如下：

```java
public class Creator {
    public static void main(String[] args) {
        for (int i = 0; i < 10; ++i)
            Creature creature = new (Creacure();
        System.out.println(Creature.numCreated());
    }
}
class Creature {
    private static long numCreated = 0;
    public Creature() {
        numCreated ++ ;
    }
    private static long numCrested() {
        return numCreated;
    }
}
```

首先判断该程序执行后会输出什么，然后上机验证自己的判断是否正确，说明为什么会得到这样的结果，并提出改进建议。

提示：Java 规定，一个局部变量的声明语句只能在一个语句块中出现一次。

6. 首先判断下面的程序执行后会输出什么，然后上机验证自己的判断是否正确，说明为什么会得到这样的结果，并提出改进方法。程序如下：

```
public class AFunLoop {
    public static final int END = Integer.MAX_VALUE;
    public static final int START = END - 100;
    public static void main(String[] args) {
        int count = 0;
        for (int i = START; i <= END; ++i) count ++ ;
        System.out.println(count);
    }
}
```

提示:关键词 final 可以定义一个符号常量。Integer. MAX_VALUE 是系统定义的整型的最大值。

第4单元 扑克游戏

数组是组织同类型数据的引用数据类型,也称复合数据类型。这一单元以扑克游戏为例介绍数组的概念及使用方法。

4.1 数组与扑克牌的表示和存储

扑克(poker)是一种纸牌游戏(card game),一副扑克有54张牌(cards)。对于扑克牌的操作,主要有洗牌(shuffle)、整牌(sort)等。

4.1.1 数组的概念

一副扑克牌有54张,实际上是54个数据,也是54个对象。但是,它们又是一个整体。如果用54个独立的变量或对象存储它们,不仅麻烦,而且不能反映它们之间的整体性。为了对类似的情况进行有效管理和处理,高级计算机程序设计语言都提供了数组。

数组是一种用于组织同类型数据的引用数据类型。例如,设想用3位整数表示每张扑克牌,其中第一位表示种类,后两位表示牌号,即

101~113 分别表示红桃 A~红桃 K。
201~213 分别表示方块 A~方块 K。
301~313 分别表示梅花 A~梅花 K。
401~413 分别表示黑桃 A~黑桃 K。
501、502 分别表示大、小王。

这样,54张扑克牌可以用一个整数数组 card 表示和存储,而每个元素分别表示所存储的一个数据,并用其在数组中的序号——下标(subscript)(或称索引(index),如 card[0]、card[1]、card[2]、……、card[53]称为数组 card 的 54 个下标变量)分别表示 54 张扑克牌。注意,下标的起始值为0,数组 card 中的每个元素都用 int 类型数据来存储,即 card 是一个 int 类型数组。这里一对方括号([])称为下标操作符,或索引操作符,也称为数组操作符。

如果按照习惯用一个字符串表示一张扑克牌,即在 card[0]、card[1]、card[2]、……、card[53]中分别存储红桃 A、红桃 2、……、红桃 K、方块 A、……、梅花 A、……、黑桃 A、……、大王、小王,这时 card 中存储的都是字符串,它就要定义成一个字符串数组。

4.1.2 数组的声明与内存分配

在 Java 中,数组是一种用于组织同类型数据的引用数据类型。所以数组的创建需要有和对象的创建一样的过程,即声明、内存分配、初始化。

1. 数组变量的声明

Java 用符号 [ ] 表示所声明的变量是一个指向数组对象的引用。如果用整数表示一副扑克牌中的各张牌，则可以将它声明为 int 类型的数组。声明有如下两种形式：

> 数据类型 数组名[ ] = null;

或

> 数据类型[ ] 数组名 = null;

例如：

> **int**[ ] card = null;

或

> **int** card[ ] = null;

说明：

（1）声明数组并不是创建数组，只是向编译器注册数组变量的名字和元素的类型，所以不能指定数组的大小。例如下面的声明是错误的。

> int card[54];   // 错误

（2）数组是引用数据类型，所以声明中使用 null 表示暂时还没有分配存储空间。从 JDK1.5 开始不再使用 null，但使用 null 可以给出一个明确的含义，建议初学者养成这个习惯。

2. 数组的内存分配

数组声明仅仅建立了一个数组的引用，真正的数组对象要用 new 建立，即用 new 在堆空间中给数组分配存储空间。格式如下：

> 数组名 = new 数据类型[元素个数];

例如：

> **card** = **new** int[54];

或

> final int DEKE_SIZE = 54;   // 声明总牌数为一个常量
> card = new int[DEKE_SIZE];

说明：

(1) 用 final 修饰变量，表示该变量的值不可改变。

(2) 在创建数组对象时，方括号中的 int 类型表达式（如上述 54、常量 DEKE_SIZE 也可以是 int 变量等）表明数组元素的个数，也称为维表达式。

(3) 一个数组在内存中占用一片连续的存储空间。在创建数组时首先进行数组维数表达式的计算以判断需要分配的内存空间容量，若内存空间不足，则会引发异常。

(4) 用 new 操作符为数组分配存储空间后，系统将对每个数组元素进行默认初始化：若是数值类型取零，若是字符类型取"\u0000"，若是布尔类型取 false，若是引用类型取 null。

(5) 数组的存储分配可以合并在数组声明中。例如：

```
final int DEKE_SIZE = 54;              // 声明总牌数为一个常量
int[] card = new int[DEKE_SIZE];       // 声明并分配存储空间
```

或

```
final int DEKE_SIZE = 54;              // 声明总牌数为一个常量
int card[] = new int[DEKE_SIZE];       // 声明并分配存储空间
```

4.1.3 数组的初始化

1. 数组的动态初始化

经过声明与内存分配就创建了数组，数组就有了对应的连续存储空间，但是数组中元素的初值还是系统隐式分配的。数组元素需要其他值则可以以赋值方式获得，这也被称为动态初始化。

```
final int DEKE_SIZE = 54;              // 声明总牌数为一个常量
int[] card = new int[DEKE_SIZE];       // 声明存储纸牌的数组并隐式初始化
...
card[0] = 101;
card[1] = 102;
...
```

2. 数组的静态初始化

数组的静态初始化是在声明的同时用一对花括号内的初始化值列表为各元素指定具体值，有如下两种方式。

(1) 在使用 new 操作符分配存储空间的同时进行初始化，例如：

```
int[] card = new int[]
            { 101,102,103,104,105,106,107,108,109,110,111,112,113,
              201,202,203,204,205,206,207,208,209,210,211,212,213,
              301,302,303,304,305,306,307,308,309,310,311,312,313,
              401,402,403,404,405,406,407,408,409,410,411,412,413,
              501,502};
```

或

```
int[] card;                                    // 声明存储纸牌的数组
card = new int [] {101,102,103,104,105,106,107,108,109,110,111,112,113,
         ...
         501,502};
```

（2）静态初始化时可以不使用 new 操作符，因为存储分配的工作完全由系统自动完成。例如：

```
int[] card = {101,102,103,104,105,106,107,108,109,110,111,112,113,
         ...
         501,502};
```

或

```
int card[] = {101,102,103,104,105,106,107,108,109,110,111,112,113,
         ...
         501,502};
```

注意，在静态初始化时不可以写出数组维表达式，因为编译器完全可以通过初始化值的个数自动计算出需要分配的存储空间的大小，无须画蛇添足。例如下面的代码就是错误的：

```
int[] card = new int[54]{101,102,103,…
         501,502};…                            // 错误
```

```
int card[54] = {101,102,…,
         501,502};
```

（3）数组元素在其存储区域内是按顺序存放的。

4.1.4 匿名数组

Java 允许在任何地方创建并初始化数组，例如可以在调用方法时创建并初始化数组：

```
dispStrings new String[]{"zhang","wang","li","zhao"};
```

这时，创建的数组没有名字，称为匿名数组(anonymous array)。

4.2 数组元素的访问

在一个数组对象被创建之后就可以用下标变量对其元素进行访问了。数组下标表明了数组元素之间的逻辑顺序，它从 0 开始到数组长度 -1。这个顺序与它们在内存中的物理顺序是一致的。所以数组具有两大特征：

- 同类型；
- 顺序性。

4.2.1 用普通循环结构访问数组元素

数组元素的顺序性可以使其非常适合用循环结构进行访问。

【代码 4-1】 在一副扑克中查找一张扑克牌是第几张牌的程序段。

```java
// ...
int i = 0;
while (i < 54;) {
    if (card[i] == x) {
        System.out.println("这是第" + i + "张牌。");
        break;
    }
    else
        i ++ ;
}
if (i >= 54)
    System.out.println("找不到这张牌。");
```

【代码 4-2】 为数组元素赋初值。

```java
int[] card = new int[54];                    // 创建 card 数组
for (int i = 0; i < 4; ++ i) {               // i 表示牌的类型
    for (int j = 0; j < 13; ++ j) {
        card[i * 13 + j] = 100 * (i + 1) + j + 1;  // 初始化前 52 张牌
    }
}
card[52] = 501;
card[53] = 502;
```

也可以用输出语句输出一个元素的值。例如：

```java
System.out.println(card[5]);
```

4.2.2 用增强 for 遍历数组元素

增强 for(enhanced for)循环也称集合遍历，其作用是遍历一个集合中的指定类型的数据，即将该集合中的元素按照一定顺序逐一枚举。其格式如下：

> for (循环变量类型 循环变量名称：要被遍历的集合) 循环体

一个数组可以看成一个容器。这样，就可以用下面的代码实现扑克牌的输出。

```
for (int i:card) {
    System.out.print(i + ",");
}
```

4.3 洗　　牌

洗牌(shuffle)是扑克游戏中最常见的操作,就是将一副扑克中的每张牌都按照随机方式排列,为此要使用随机数进行模拟。

4.3.1 随机数与 Random 类

1. 随机数与伪随机数

随机数最重要的特性是在一个随机数序列中,后面的那个数与前面的那个数毫无关系。产生随机数有多种不同的方法,这些方法被称为随机数发生器。不同的随机数发生器所产生的随机数序列是不同的,可以形成不同的分布规律。真正的随机数是使用物理方法产生的,例如掷钱币、掷骰子、转轮、使用电子元件的噪声、核裂变等。这样的随机数发生器称为物理性随机数发生器,它们的缺点是技术要求比较高。计算机不会产生绝对随机的随机数,例如它产生的随机数序列不会无限长,常常会形成序列的重复等,这种随机数称为"伪随机数"(pseudo random number)。有关如何产生随机数的理论有许多,但不管用什么方法实现随机数发生器,都必须给它提供一个名为"种子"的初始值。例如,经典的伪随机数发生器可以表示为:

$$X(n+1)=a \times X(n)+b$$

显然给出一个 X(0),就可以递推出 X(1)、X(2)、…,不同的 X(0)会得到不同的数列,X(0)就称为每个随机数列的种子。因此,种子值最好是随机的,或者至少这个值是伪随机的。

2. Java 随机数

为了适应不同的编程习惯和应用,Java 提供了下面3种随机数形式:

(1) 通过 System.currentTimeMillis()获取当前时间毫秒数的 long 型随机数字。

(2) 用 Math 类的静态方法 random()返回一个 0.0~1.0 的 14 位(double 类型)的伪随机值。

(3) 通过 Random 类产生一个随机数。这是一个专业性的 Random 工具类,功能强大,涵盖了 Math.random()的功能。

Random 类位于 java.util 包中,可以支持随机数操作。使用这个类需要用语句

```
import java.util.*;
```

或

```
import java.util.Random;
```

将其导入。下面介绍本例中要使用的几个 Random 类方法。

3. Random 类的构造器

Random 类的构造器用于创建一个新的随机数生成器对象,它有下面两个构造器。

(1) 默认构造器 Random():默认构造器所创建的随机数生成器对象,采用计算机时钟的当前时间作为产生伪随机数的种子值。由于运行构造器的时刻具有很大的随机性,所以使用该构造器,程序在每次运行时所生成的随机数序列是不同的。

(2) 使用单个 long 种子的带参构造器 Random(long seed):可以创建带单个 long 种子的随机数生成器对象。由于种子是固定的,所以每次运行生成的结果都一样。

创建带种子的 Random 对象有两种形式:
- Random random=new Random(997L);
- Random random=new Random(); random.setSeed(997L);

说明:void setSeed(long seed)使用单个 long 种子设置此随机数生成器的种子。

4. 用于生成随机数的常用 Random 方法

- boolean nextBoolean():值为 true 或 false 的随机数。
- double nextDouble():在[0.0,1.0)区间均匀分布的 double 类型随机数。
- float nextFloat():在[0.0,1.0)区间均匀分布的 float 类型随机数。
- int nextInt():一个均匀分布的 int 类型随机数。
- int nextInt(int n):在[0,n)区间均匀分布的 int 型随机数。若要在[m,n]区间产生随机整数,应使用表达式"int a=random.nextInt(n-m+1)+m"。在这里 random 为一个 Random 对象。
- long nextLong():随机数为一个在$[-2^{63},2^{63}-1]$区间均匀分布的 long 值。

4.3.2 洗牌方法设计

1. 一次洗牌算法设计

下面是一个一次洗牌的算法:

先在 0~53 产生一个随机数 rdm,将 card[0]与 card[rdm]交换;

在 1~53 产生一个随机数 rdm,将 card[1]与 card[rdm]交换;

……

在 i~53 产生一个随机数 rdm,将 card[i]与 card[rdm]交换;

……

图 4.1 描述了这个洗牌过程。

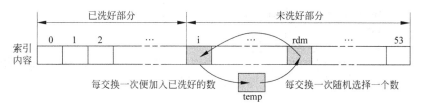

图 4.1 洗牌过程

这个过程可以表示为：

```
for (int i = 0; i < 54; ++ i) {
    在 i 到 53 之间产生随机数 rdm;
    将 card[i] 与 card[rdm] 交换;
}
```

在这里需要进一步解决两个问题：

(1) 在 i~53 产生随机数 rdm。如前所述该计算方法为：

```
int rdm = (int)(rondom.nextInt(54 - i) + i);
```

(2) 交换两个数组元素的值 card[i] 与 card[rdm]。交换算法为：

```
int temp = card[i];
card[i] = card[rdm];
card[rdm] = temp;
```

【代码 4-3】 一个完整的 shuffle() 方法。

```java
import java.util.*;                                      // 导入 java.util
public void shuffle() {
    System.out.println("进行一次洗牌: ");
    Random random = new Random();                        // 创建一个默认的随机数生成器
    for (int i = 0; i < 54; ++ i) {
        int rdm = (int)(random.nextInt(54 - i) + i);    // 生成一个 i~53 的随机数
        int temp = card[i];                              // 交换两个数组元素的值
        card[i] = card[rdm];
        card[rdm] = temp;
    }
}
```

2. n 次洗牌算法

【代码 4-4】 n 次洗牌算法。

```java
public void shuffle(int shuffleTimes) {
    Radom random = new Random();
    for (int j = 0; j < shuffleTimes; ++ j) {           // 重复 n 次
        System.out.println("进行一次洗牌: ");
        for (int i = 0; i < 54; ++ i) {
```

```
            int rdm = (int)(rondom.nextInt(54 - i) + i);
            int temp = card[i];
            card[i] = card[rdm];
            card[rdm] = temp;
        }
    }
}
```

当 CardGame 需要进行多次洗牌时,增加一个属性 shuffleTimes,就好像进行游戏之前玩家们要约定洗牌次数。在调用 shuffle() 方法时要用 shuffleTimes 作为参数。

4.3.3 含有洗牌方法的扑克游戏类设计

【代码 4-5】 一个含有洗牌方法的 CardGame 类定义。

```java
import java.util.*;
public class CardGame {
    public static final int DEKE_SIZE = 54;                    // 声明总牌数为一个常量
    private int shuffleTimes;                                  // 声明洗牌次数
    private static int[] card                                  // 声明存储纸牌的数组
            = new int[] { 101,102,103,104,105,106,107,108,109,110,111,112,113,
                          201,202,203,204,205,206,207,208,209,210,211,212,213,
                          301,302,303,304,305,306,307,308,309,310,311,312,313,
                          401,402,403,404,405,406,407,408,409,410,411,412,413,
                          501,502 };

    // 构造器
    public CardGame(int shuffleTimes) {
        this.shuffleTimes = shuffleTimes;                      // 初始化洗牌次数
    }

    // 洗牌方法
    public void shuffle() {
        Random random = new Random();
        for (int j = 0; j < shuffleTimes; ++ j) {              // 重复 shuffleTimes 次
            System.out.println("进行一次洗牌: ");
            for (int i = 0; i < DEKE_SIZE; ++ i) {
                int rdm = (int)(random.nextInt(DEKE_SIZE - i) + i);
                int temp = card[i];
                card[i] = card[rdm];
                card[rdm] = temp;
            }
        }
    }

    // 显示底牌
    public void seeCard() {
        for (int element: card) {
```

```
            System.out.print(element + ",");
        }
    }

    // 主方法
    public static void main(String[] args) {
        CardGame play1 = new CardGame(3);              // 创建并初始化
        System.out.print("扑克牌初始序列：");
        play1.seeCard();                                // 显示初始化后的底牌序列
        System.out.println();
        play1.shuffle();                                // 洗牌
        System.out.print("洗牌后的扑克牌序列：");
        play1.seeCard();                                // 显示洗牌后的底牌序列
    }
}
```

测试结果如下：

```
扑克牌初始序列：101,102,103,104,105,106,107,108,109,110,111,112,113,201,202,203,204,205,
206,207,208,209,210,211,212,213,301,302,303,304,305,306,307,308,309,310,311,312,313,401,
402,403,404,405,406,407,408,409,410,411,412,413,501,502,
进行一次洗牌：
进行一次洗牌：
进行一次洗牌：
洗牌后的扑克牌序列：313,213,107,406,308,101,111,102,212,208,112,401,303,412,207,407,210,404,
312,201,301,204,502,110,410,405,302,411,203,113,402,105,501,109,103,108,310,309,307,211,
403,304,408,413,311,202,104,205,209,206,409,305,106,306,Press and key to continue...
```

4.4 扑克的发牌与二维数组

4.4.1 基本的发牌算法

发牌（deal）就是把洗好的牌按照约定张数逐一发送到玩家（hand）手中。图 4.2 所示为向 4 位玩家发牌，每人要发 5 张牌，已发 3 张的过程。

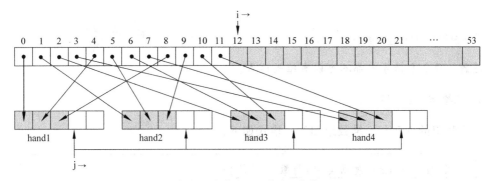

图 4.2　发牌过程（已各发 3 张牌）

【代码4-6】 发牌算法的Java语言描述。

```
int i = 0;
for (int j = 0; j < cardNumber; ++ j) {            // cardNumber 为每人发牌的数目
    hand1[j] = card[i]; card[i] = 0; ++ i;         // card[i] = 0象征牌已经被取走
    hand2[j] = card[i]; card[i] = 0; ++ i;         // ++ i 为指向底牌中的下一张牌
    hand3[j] = card[i]; card[i] = 0; ++ i;
    hand4[j] = card[i]; card[i] = 0; ++ i;
}
```

说明：数组inHand1、inHand2、inHand3、inHand4分别存储玩家hand1、hand2、hand3、hand4手中的牌。

4.4.2 用二维数组表示玩家手中的牌

在上述发牌算法中，假定总共有4位玩家，玩家手中的牌分别用4个一维数组inHand1、inHand2、inHand3、inHand4表示。如果有10位玩家，则要设置10个一维数组，操作近似手工方式，使程序难以通用，一旦玩家数量改变，就要修改程序。

为了使程序具有通用性，可以用二维数组表示玩家手中的牌，即一维用于表示玩家，另一维用于表示玩家手中的牌。

1. 二维数组的声明

二维数组用两对下标运算符表示，其声明格式如下：

> 数据类型 数组名[ ] [ ];

> 数据类型[ ] [ ] 数组名;

例如：

> **int**[ ][ ] inHand;

或

> **int** inHand[ ][ ];

注意：两个方括号中都不可以有维表达式。

2. 二维数组的创建

二维数组的创建与一维数组相似。格式如下：

> 数组名 = new 数据类型[行数][列数];

说明：在这个格式中，"行数"和"列数"有下列几种用法。

(1) 行数和列数都有,例如:

```
inHand = new int[4][12];                              // 正确,4个玩家,每位发牌12张
```

(2) 列数省略,例如:

```
inHand = new int[4][];                                // 正确,4个玩家
```

虽然语法上正确,但还不能完成存储分配,为此常常需要对每一行再单独进行存储分配,例如:

```
int[][] inHand = new int[4][];                        // 对二维进行分配
inHand[0] = new int[12];                              // 以下对一维分配
inHand[1] = new int[11];
inHand[2] = new int[10];
inHand[3] = new int[9];
```

这说明,对于Java的二维数组来说,第一维的每个元素都是指向同类型数组的一个引用,并没有要求它们所对应的一维数组的长度相同。所以,列数缺省,对于创建不定长的行数组颇为有用。

(3) 不可缺省行数,例如:

```
inHand = new int [][12];                              // 错误
```

(4) 可以将内存分配并入声明中,例如:

```
int[][] inHand = new int[4][12];
```

3. 二维数组的初始化

二维数组可以看成数组的数组,其初始化可以使用嵌套花括号将每维的值括起来。例如:

```
String[][] inHand = { {"HeartK", "club5", "spadeQ", "spade3"},
                      {"clubA", "Heart2", "spade8", "diamondJ"},
                      { "Heart7", "spadeJ", "club6", "diamond8"},
                      {"spade6", "diamond9", "HeartQ", "club7"}};
```

说明:静态初始化不必给出维表达式。系统会自动计算出行数和各行列数进行存储分配和初始化。例如下面的存储杨辉三角形的二维数组定义。

```
int[][] yanghuiTriangle = {
                           {1},
                           {1,1},
                           {1,2,1},
                           {1,3,3,1},
                           {1,4,6,4,1},
                           {1,5,10,10,5,1}
                          };
```

在这个二维数组中,yanghuiTriangle [0]是有一个 int 元素的一维数组,yanghuiTriangle [1]是有两个 int 元素的一维数组,以此类推。

4.4.3 使用二维数组的发牌方法

使用二维数组 int[][] inHand 后,用第 1 维表示玩家,如玩家为 4 时分别为 inHand[1]、inHand[2]、inHand[3]、inHand[4];用第 2 维表示给每位玩家的发牌数。为此,需要先确定玩家数(handNumber)和每人发牌数(cardNumber)。

【代码 4-7】 使用二维数组的发牌方法。

```java
public void sendCard() {
    int i = 0;
    for (int j = 0; j < cardNumber; ++ j)                  // cardNumber 为每人发牌的数目
        for (int k = 0; k < handNumber; ++ k)              // handNumber 为玩家数目
            inHand[k][j] = card[i]; card[i] = 0; ++ i;
}
```

4.4.4 含有洗牌、发牌方法的扑克游戏类设计

【代码 4-8】 含有洗牌、发牌方法的 CardGame 类定义。

```java
import java.util.*;
public class CardGame {
    public static final int DEKE_SIZE = 54;                // 总牌数
    private int shuffleTimes;                              // 洗牌次数
    private int handNumber;                                // 玩家数
    private int cardNumber;                                // 玩家发牌数
    private int[][] inHand;                                // 玩家手中牌
    private static int[] card                              // 声明存储纸牌的数组
        = new int[] { 101,102,103,104,105,106,107,108,109,110,111,112,113,
                      201,202,203,204,205,206,207,208,209,210,211,212,213,
                      301,302,303,304,305,306,307,308,309,310,311,312,313,
                      401,402,403,404,405,406,407,408,409,410,411,412,413,
                      501,502};

    // 构造器
    public CardGame(int shuffleTimes,int handNumber,int cardNumber) {
        this.shuffleTimes = shuffleTimes;                  // 初始化洗牌次数
        this.handNumber = handNumber;                      // 初始化玩家人数
        this.cardNumber = cardNumber;                      // 初始化每人发牌数
        inHand = new int[inHandNumber][cardNumber];
    }

    // 洗牌方法
    public void shuffle() {
        Random random = new Random();
        for (int j = 0; j < shuffleTimes; ++ j) {          // 重复 shuffleTimes 次
            System.out.println("进行一次洗牌:");
```

```java
        for (int i = 0; i < DEKE_SIZE; i ++ ) {
            int rdm = (int)(random.nextInt(DEKE_SIZE - i) + i);
            int temp = card[i];
            card[i] = card[rdm];
            card[rdm] = temp;
        }
    }
}

// 显示底牌
public void seeCard() {
    for (int i = handNumber * cardNumber; i<= DERE_SIZE - 1; ++i)
        System.out.print(card[i] + ",");
}

// 发牌方法
public void sendCard() {
    int i = 0;
    for (int j = 0; j < cardNumber; ++ j)
        for (int k = 0; k < handNumber; ++ k){
            inHand[k][j] = card[i]; card[i] = 0; ++ i;
        }
}

// 显示玩家手中牌
public void dispHands() {
    for (int i = 0; i < handNumber; ++ i) {
        System.out.print("玩家" + i + "手中的牌为：");
        for (int handCard:inHand[i])                    // 遍历数组 inHand[i]
            System.out.print(handCard + ",");
        System.out.println();                           // 输出一个回车
    }
}

// 主方法
public static void main(String[] args) {
    CardGame play1 = new CardGame((int)3, (int)4, (int)12);
    System.out.println("扑克牌初始序列：");
    play1.seeCard();                                    // 显示初始化后的底牌序列
    System.out.println();
    play1.shuffle();                                    // 按约定次数洗牌
    System.out.print("洗牌后的扑克牌序列：");
    play1.seeCard();                                    // 显示洗牌后的底牌序列
    play1.sendCard();                                   // 发牌
    System.out.println();
    System.out.print("发牌后的底牌序列：");
    play1.seeCard();                                    // 显示洗牌后的底牌序列
    System.out.println();
    System.out.println("各玩家手中的牌：");
    play1.dispHands();                                  // 显示各玩家手中的牌
}
}
```

测试结果如下：

扑克牌初始序列：
101,102,103,104,105,106,107,108,109,110,111,112,113,201,202,203,204,205,206,207,208,209,210,211,212,213,301,302,303,304,305,306,307,308,309,310,311,312,313,401,402,403,404,405,406,407,408,409,410,411,412,413,501,502
进行一次洗牌：
进行一次洗牌：
进行一次洗牌：
洗牌后的扑克牌序列：311,103,212,201,409,313,303,104,501,106,310,110,205,306,404,309,207,403,101,107,112,203,410,406,213,210,202,412,304,411,407,301,405,308,408,102,502,208,204,402,302,312,105,211,113,413,401,108,109,307,206,305,209,111,
发牌后的底牌序列：109,307,206,305,209,111,
各玩家手中的牌：
玩家 0 手中的牌为：311,409,501,205,207,112,213,304,405,502,302,113,
玩家 1 手中的牌为：103,313,106,306,403,203,210,411,308,208,312,413,
玩家 2 手中的牌为：212,303,310,404,101,410,202,407,408,204,105,401,
玩家 3 手中的牌为：201,104,110,309,107,406,412,301,102,402,211,108,

最后检查取走剩余的牌和各玩家手中的牌，看有无重复、有无缺失的牌。

4.5 知识链接

4.5.1 数组实用类 Arrays

java.util.Arrays 类提供了数组整理、比较和检索等方法，这些方法都是静态的，因此无须创建对象就可以使用这些方法。表 4.1 列出了其中几个常用方法。

表 4.1 Arrays 的常用方法

方 法	描 述
public static int binarysearch(int[] a,int key) ... public static int binarysearch(object[] a,object key)	对任何类型的数组 a 的元素进行二分检索： 如果检索到，返回 key 的位置， 如果检索不到，返回负数
public static int sort(int[] a) ... public static int sort(object[] a)	对任何类型的数组 a 的元素进行升序排序
public static int sort(int[] a,int fromIndex,int toIndex) ... public static int sort(object[] a,int fromIndex,int toIndex)	对任何类型的数组 a 中的一段元素进行升序排序
public static int fill(int[] a,int val) ... public static int fill(object[] a,object val)	用 val 填充任何类型的数组 a 中的全部元素
public static int fill(int[] a,int fromIndex,int toIndex,int val) ... public static int fill(object[] a,int fromIndex,int toIndex,object val)	用 val 填充任何类型的数组 a 中的一段元素
public static int sort(int[] a,int[] b) ... public static int sort(object[] a,object[] b)	对同类型的两个数组 a 和 b 进行比较：若全部元素相同，返回 true，否则返回 false

有了这些方法,可以使程序设计变得更加可靠和高效。例如,对于 cardGame 类将不需要编写排序成员方法,只要在主方法中直接使用下面的语句即可:

```
Arrays.sort(card);
```

4.5.2 java.util.Vector 类

Java 数组比较适合数据类型一致和元素数目固定的场合。但是在很多情况下,待操作数据的数量是不确定的,在这种情况下可以使用 Vector(向量)类。

Vector 类位于 java.util 包中,表 4.2 列出了 Vector 类的常用方法(它们都是 public 的)。其中,Vector 的容量被分配来容纳元素的内存数;Vector 的大小为 Vector 当前所存储元素的个数。

表 4.2　Vector 类的常用(public)方法

	方　法	含　义
构造器	Vector()	创建一个空向量
	Vector(int initialCapacity)	创建一个容量为 initialCapacity 的向量
	Vector(int initialCapacity, int capacityIncrement)	创建一个容量为 initialCapacity、增量为 capacityIncrement 的向量
容量和大小操作	void setSize(int newSize)	将当前向量大小设置为 newSize
	int capacity()	返回当前向量容量
	int size()	返回当前向量大小
	void trimToSize()	调整当前向量容量为向量大小
	void ensureCapacity(int minCapacity)	调整当前向量容量最少为 minCapacity
插入添加	void addElement(Object e)	将对象 e 加入到当前向量
	void add(int index, Object e)	将对象 e 加入到当前向量的 index 位置
	void insertElementAt(Object e, int index)	将对象 e 插入到当前向量的 index 位置
移出清除	void clear()	清除当前向量中的全部元素
	Object remove(int index)	将当前向量中 index 处的元素移出,并返回该元素
	boolean removeAll(Object e)	清除当前向量中所有与对象 e 匹配的元素
检索	boolean contains(Object e)	判断对象 e 是否为当前向量的元素
	Object elementAt(int index)	返回当前向量中位置为 index 处的元素
	Object firstElement()	返回当前向量的首元素
	Object get(int index)	返回当前向量中位置为 index 处的元素
	int indexOf(Object e)	返回对象 e 在当前向量中第一次出现的位置
	int indexOf(Object e, int index)	返回当前向量中从 index 开始对象 e 的最早位置
	Object lastElement()	返回当前向量的尾元素
	int lastIndexOf(Object e)	返回对象 e 在当前向量中最后一个匹配项的位置
其他	Enumeration elements()	返回当前向量中元素的枚举
	void copyInto(Object[] anArray)	将当前向量中的元素复制到数组 anArray 中
	boolean isEmpty()	判断当前向量是否为空
	void setElementAt(Object e, int index)	将当前向量中的 index 处的元素设置为对象 e

【代码 4-9】 使用向量的扑克牌程序。

```java
import java.util.*;
public class CardGame {
    private Vector vCard = new Vector(54);              // 定义一个 vCard 向量

    public CardGame() {                                  // 构造器
        int iCard[] = {101,102,103,104,105,106,107,108,109,110,111,112,113,
                       201,202,203,204,205,206,207,208,209,210,211,212,213,
                       301,302,303,304,305,306,307,308,309,310,311,312,313,
                       401,402,403,404,405,406,407,408,409,410,411,412,413,
                       501,502};                         // 定义一个 iCard 数组
        for (int i = 0; i < 54; i ++)
            vCard.add(new Integer(iCard[i]));           // 说明(1)
    }

    public void shuffle() {
        Vector tCard = new Vector(vCard.capacity());    // 建立一个临时向量

        for (Object k : vCard)                           // 说明(2)
            tCard.addElement(k);
        vCard.clear();                                   // 清空 vCard

        while (!tCard.isEmpty()) {
            int index = (int)(Math.random() * tCard.size());  // 在当前 tCard 中取一个随机位置
            vCard.addElement(tCard.remove(index));      // 将 tCard 中 index 处的牌移入 vCard
        }
    }

    public void seeCard() {
        for (Object element: vCard) {
            System.out.print(element + ",");
        }
    }

    public static void main(String[] args) {
        CardGame play1 = new CardGame();
        System.out.print("扑克牌初始序列：");
        play1.seeCard();
        System.out.println();
        play1.shuffle();
        System.out.print("洗牌后的扑克牌序列：");
        play1.seeCard();
    }
}
```

说明：

(1) 语句

```
vCard.add(new Integer(iCard[i]));                       // 正确
```

是将数值封装为 Integer 对象,再添加到向量 vCard 的末尾。因为在没有使用泛型的情况下向量的元素都是 Object 的子类对象,而基本类型不是 Object 的子类,所以直接将数值添加在向量中是错误的,例如:

```
vCard.add(new(iCard[i]));              // 错误
```

(2) 在 Vector 类中,方法的参数都是 Object 类对象。因此,尽管 vCard 中的元素是 Integer 类型的,但定义向量元素的引用必须定义成 Object 类对象,例如:

```
for (Object k: vCard) {                // 正确
    tCard.addElement(k);
}
```

若定义成 Integer 类型的对象,例如:

```
for(Integer k: vCard) {                // 错误
    tCard.addElement(k);
}
```

就会造成错误,即"类型不匹配:不能从元素类型 Object 转换为 Integer"。

上述程序测试的部分结果如下:

```
扑克牌初始序列:101,102,103,104,105,106,107,108,109,110,111,112,113,201,202,203,204,205,
洗牌后的扑克牌序列:103,112,309,301,401,402,102,306,412,410,501,207,206,213,202,405,408,101,
```

4.5.3 命令行参数

如前所述,在命令行方式下运行 Java 程序要以 main() 方法作为入口。这是一个公开的、静态的、无返回值的方法,它要以 String 数组作为参数。main() 方法以 String 数组作为参数的意义就是在命令行执行一个 Java 程序时允许命令后面跟 0 个或多个字符串。

【代码 4-10】 一个名为 TestMain 的类。

```
public class TestMain {
    public static void main(String[] args) {
        for (String s : args)
            System.out.print(s + ",");
    }
}
```

若在命令行输入命令:

```
Java.TestMain This is a example for main.
```

则输出:

```
This,is,a,example,for,main.,
```

4.5.4 Math 类

Java 类库中的 java.lang.Math 类是一个支持各种数学计算的类,是一个相当重要的类,能为常用数学计算提供一些数学常量和许多便捷的方法,并且这些常量和方法都是静态(static)的,直接用类名 Math 就可以访问。

Math 类提供了两个重要的类常量:

```
public static final double E = 2.7182818284590452354;
public static final double PI = 3.14159265358979323846;
```

为了说明常量的用法,前面在计算圆面积时专门定义了一个常量 PI,实际上用 Math.PI 就可以。

表 4.3 列出了 Math 类提供的常用方法,这些方法分别位于 Integer 类、Byte 类、Short 类、Long 类、Float 类和 Double 类中。

表 4.3 Math 类提供的常用方法

类 别	方 法	含 义
三角函数	public static double sin(double a)	返回 a 的正弦值,a 为弧度值
	public static double cos(double a)	返回 a 的余弦值,a 为弧度值
	public static double tan(double a)	返回 a 的正切值,a 为弧度值
反三角函数	public static double asin(double a)	返回 a 的反正弦值
	public static double acos(double a)	返回 a 的反余弦值
	public static double atan(double a)	返回 a 的反正切值
弧度角度转换	public static double toRadians(double angdeg)	将角度值转换为弧度
	public static double toDegrees(double angrand)	将弧度值转换为角度
指数和对数	public static double pow(double a, double b)	返回 a^b
	public static double exp(double a)	返回 e^a
	public static double log(double a)	返回 lna
开平方	public static double sqrt(double a)	返回 a 的平方根
随机数	public static double random()	返回大于等于 0 且小于 1 的随机数
绝对值	public static int abs(int a)	返回 a 的绝对值
	public static long abs(lang a)	
	public static float abs(float a)	
	public static double abs(double a)	
取大者	public static int max(int a, int b)	返回 a、b 中的较大者
	public static long max(long a, long b)	
	public static float max(float a, float b)	
	public static double max(double a, double b)	
取小者	public static int min(int a, int b)	返回 a、b 中的较小者

习 题 4

代码分析

1. 阅读下面各题的代码,从备选答案中选择下列各题的答案,如有可能,设计一个程序验证自己的判断。

(1) 下列关于数组 a 初始化的程序代码中正确的是(　　)。

A.
```
int[] a = new int[]{1,2,3,4,5};
```

B.
```
int a[];
a[0] = 1;
a[1] = 2;
```

C.
```
int[] a = new int[5]{1,2,3,4,5};
```

D.
```
int[] a;
a = {1,2,3,4,5};
```

(2) 拟在数组 a 中存储 10 个 int 类型数据,正确的定义应当是(　　)。
    A. int a[5+5]={0};
    B. int a[10]={1,2,3,0,0,0};
    C. int a[]={1,2,3,4,5,6,7,8,9,0};
    D. int a[2*5]={0,1,2,3,4,5,6,7,8,9};

(3) 在下列代码中,正确的数组创建代码是(　　)。
    A. float f[][]=new float[6][6];
    B. float []f[]=new float[6][6];
    C. float f[][]=new float[][6];
    D. float [][]f=new float[6][6];
    E. float [][]f=new float[6][];

(4) 在下列代码中,正确的数组初始化代码是(　　)。

A.
```
int[] a = new int[5]{{1,2},{2,3},{3,4,5}};
```

B.
```
int[][] a = new int[2][];
a[0] = {1,2,3,4,5};
```

C.
```
int[][] a = new int[2][];
a[0][1] = 1;
```

D.
```
int[][] a = new int[][]{{1},{2,3},{3,4,5}};
```

(5) 拟在数组 a 中存储 10 个 int 类型数据,正确的定义应当是(　　)。
    A. int a[5+5]={{1,2,3,4,5},{6,7,8,9,0}};
    B. int a[2][5]={{1,2,3,4,5},{6,7,8,9,0}};
    C. int a[][5]={{1,2,3,4,5},{6,7,8,9,0}};

D. int a[][5]={{0,1,2,3},{}};
E. int a[][]={{1,2,3,4,5},{6,7,8,9,0}};
F. int a[2][5]={};

2. 比较下面两段代码,解释这些代码不同的影响。

代码 A:

```java
public class Test {
    public static void main(String[] args) {
        java.util.Random rdm = java.util.Random();
        for (int i = 0; i < 10; i ++ ) {
            System.out.println(rdm.nextInt());
        }
    }
}
```

代码 B:

```java
public class Test {
    public static void main(String[] args) {
        java.util.Random rdm = java.util.Random(10);
        for (int i = 0; i < 10; i ++ ) {
            System.out.println(rdm.nextInt());
        }
    }
}
```

3. 下面关于参数传递的程序的运行结果是(   )。

```java
public class Example {
    String str = new String("good");
    char[] ch = {'a','b','c'};
    public static void main(String[] args) {
        Example ex = new Example();
        ex.change(ex.str,ex.ch);
        System.out.print(ex.str + "and");
        Sytem.out.print(ex.ch);
    }
    public void change(String str,char[] ch) {
        str = "test ok";
        ch[0] = 'g';
    }
}
```

4. 阅读下面各题的代码,从备选答案中选择答案,并设计一个程序验证自己的判断。
(1) 对于声明语句"int a=5,b=3;",表达式 b=(a=(b=b+3)+(a=a * 2)+5)执行后 a 和 b 的值分别为(   )。

  A. 10,6   B. 16,21   C. 21,21   D. 10,21

(2) 已知定义"String s="story";",下列表达式中合法的是(   )。

  A. s+="books";   B. char c=s[1];

C. int len=s.length;   D. String t=s.toLowerCase();

（3）下面代码的输出为（   ）。

```
public class T {
    public static void main(String[] args) {
        int anar[] = new int[5];
        System.out.println(anar[0]);
    }
}
```

A. 编译时错误   B. null   C. 0   D. 5

（4）下面代码的执行结果为（   ）。

```
Public class Test {
    static long a[] = new long[10];
    public static void main(String[] args) {
        System.out.println(a[6]);
    }
}
```

A. null   B. 0   C. 编译时错误   D. 运行时错误

（5）下面代码的执行结果为（   ）。

```
public class Test {
    static int a[] = new a[10];
    public static void main(String[] args) {
        System.out.println(arr[10]);
    }
}
```

A. null   B. 0   C. 编译时错误   D. 运行时错误

（6）代表了数组元素数量的表达式为（   ）。

```
int[] m = {0,1,2,3,4,5,6};
```

A. m.length()   B. m.length   C. m.length()+1   D. m.length+1

（7）已知如下代码：

```
public class Test {
    long a[] = new long[10];
    public static void main(String arg[]) {
        System.out.println(a[6]);
    }
}
```

下列语句中正确的是（   ）。

A. Output is null.;   B. Output is 0;
C. When compile, some error will occur;   D. When running, some error will occur;

· 111 ·

开发实践

设计下列各题的 Java 程序,并为这些程序设计测试用例。

1. 将 1~100 中的 100 个自然数随机地放到一个数组中,从中获取重复次数最多并且最大的数显示出来。

再将数组改为向量,重做一遍。

2. 设计一个矩阵计算器,实现矩阵的加法和乘法运算。

3. 对数组元素进行选择排序。选择排序的基本思想是在原序列之外再建一个新的有序序列,建升序新序列的方法是在原序列中选择一个最小元素作为新序列的第 1 个元素,然后将旧序列中的这个元素设置为∞;接着在原序列中选择一个最小元素作为新序列的第 2 个元素,然后将旧序列中的这个元素设置为∞;……;直到原序列中的所有元素都搬移到新序列为止。

再将数组改为向量,重做一遍。

4. 学习小组有若干人,请为之设计一个程序,该程序有如下功能:
(1) 存储这个学习小组的学生名和成绩。
(2) 可以随时输出这个小组中学习成绩最好和最差的学生的姓名。
(3) 可以按照成绩排出学生名单。
(4) 可以按照汉字拼音字典序输出学生名单。

5. 太阳直径约为 1 380 000km,地球直径 12 756km,月球直径 3467km,火星直径 6787km,木星直径 142 800km,土星直径 120 000km,试用 Math 类中的方法计算这些星球的体积以及与地球的体积比。

思考探索

1. 分析下面程序的执行结果,然后上机验证一下自己的结论是否正确,找出问题出在什么地方以及由此可以得出什么结论。

```
public class Confusing {
    private Confusing(Object o) {
        System.out.println("Object");
    }
    private Confusing(double[] dArray) {
        System.out.println("double array");
    }
    public static void main(String[] args) {
        new Confusing(null);
    }
}
```

提示:当一个方法的调用表达式有多个重载方法与之可以匹配时,编译器会选择其中最准确的一个。

2. 设法验证下列内容:
(1) 父类的静态成员在子类中能不能被覆盖。
(2) 父类的静态成员在子类中能不能被隐藏。
(3) 关键词 super 能否用在静态方法中。

3. 以建立职员对象数组为例,说明对象数组的声明、创建、初始化以及对象属性的引用方法。

第 2 篇　面向类的程序设计

程序设计思维的核心是抽象。抽象是复用的基础,也是一种组织程序的方法。

在 Java 程序中,一切皆对象,一切来自类。类是同类型对象的抽象。在一个程序中,类之间的关系决定了程序的主体结构。

这一篇在上一篇的基础上讨论如何建立类之间的关系以及如何优化基于类的程序结构,内容包括:

(1) 类的扩展(派生)。

(2) 抽象类与接口——类的更高层次的抽象。

(3) 面向对象的设计原则——如何组织类形成更好的程序架构。

(4) 设计模式类举例——面向对象设计原则的典型应用。

第 5 单元 类 的 继 承

面向对象程序设计的核心是定义类。前面介绍的类是直接定义的,除此之外,还可以在已经定义类的基础上定义新的类,由新的类继承已经定义类的部分代码实现部分代码的重用。这一单元通过学生和研究生之间存在的继承(inheritance),也称泛化(generalization)关系,讨论一般继承(泛化)关系的 Java 描述以及所引出的有关问题。

5.1 学生类-研究生类层次结构

5.1.1 由 Student 类派生 GradStudent 类

1. 从两个独立的类说起

学生类和研究生类可以分别定义为 Student 类和 GradStudent 类。

【代码 5-1】 Student 类和 GradStudent 类的独立定义。

```java
class Student {
    private String studentName;                                             // 学生姓名
    private int studentID;                                                  // 学号

    public Student(String studentName, int studentID){                      // 构造器
        this.studentName = studentName;
        this.studentID = studentID;
    }
    public void print(){                                                    // 输出方法
        System.out.println("学生姓名:" + studentName + ",学号:" + studentID);
    }
}

class GradStudent {
    private String studentName;                                             // 研究生姓名
    private int studentID;                                                  // 学号
    private String tutorName;                                               // 导师姓名

    public GradStudent(String studentName, int studentID, String tutorName){ // 构造器
        this.studentName = studentName;
        this.studentID = studentID;
        this.tutorName = tutorName;
    }
    public void print(){                                                    // 输出方法
```

```
        System.out.println("研究生姓名: " + studentName + ",学号: "
                   + studentID + "导师姓名: " + tutorName);
    }
}
```

2. 由学生类派生研究生类形成的类层次结构

研究生也是学生,即研究生是学生的一部分,学生是研究生的抽象。这种关系在面向对象的程序设计中用继承(inheritance)(也称泛化(generalization),有时也称派生(derived))表示。对于本例,可以说是 Student 类派生出 GradStudent 类,也可以说 GradStudent 类继承了 Student 类。

【代码 5-2】 GradStudent 类继承 Student 类的 Java 代码。

```java
class Student {
    protected String studentName;                              // 使用了 protected
    protected int studentID;                                   // 使用了 protected

    public Student(String studentName, int studentID){         // 构造器
        this.studentName = studentName;
        this.studentID = studentID;
    }

    public void print(){                                       // 输出方法
        System.out.println("学生姓名: " + studentName + ",学号: " + studentID);
    }
}

class GradStudent extends Student {
    private String tutorName;                                  // 导师姓名

    public GradStudent(String studentName, int studentID, String tutorName){    // 构造器
        supert(studentName, studentID);
        this.tutorName = tutorName;
    }
    public void print(){                                       // 输出方法
        System.out.println("研究生姓名: " + studentName
                    + ",学号: " + studentID + "导师姓名: " + tutorName);
    }
}

public class ExtendsDemo0502{
    public static void main(String[] args){
        Student s = new Student("王舞", 123456);
        s.print();
        GradStudent g = new GradStudent("李司", 654321, "张伞");
        g.print();
    }
}
```

程序运行结果如下：

```
学生姓名：王舞,学号：123456
研究生姓名：李司,学号：654321,导师姓名：张伞
```

说明：

（1）关键词 extends 表示扩展或派生,即以一个类为基础派生出一个新类。这个新生成的类称为派生类(derived class)或直接子类(direct subclass); 原始的类作为派生类形成的基础存在,称为基类(base class), 也称为派生类的超类(super class)或父类(parent class)。在本例中,class GradStudent extends Student 表明 GradStudent 类是以 Student 为基类扩展而成的派生类。派生类也可以继续扩展成新的派生类。

从另一方面看,extends 关键词使派生类继承(inherit)了基类的属性和方法,因此派生类无法脱离基类而存在。图 5.1 是本例中派生关系的 UML 描述。

（2）继承有两个方面的意义,一是派生类继承了基类的一些成员,如本例中的 name 和 studID。更重要的是,继承表明了两个类之间的父子关系,这是面向对象程序设计中很重要的一点。通过后面的介绍读者将会认识到这种关系和没有这种关系在程序操作中的方便程度是不同的。

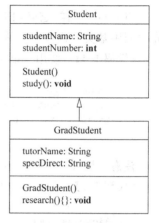

图 5.1 类的继承关系

（3）注意在类 Student 中成员 studentName 和 studentAge 改用 protected 修饰,而不是用 private 修饰。因为 private 将所修饰的成员的访问权限限制在本类中,而 protected 允许将所修饰成员的访问权限扩展到派生类中。这样,这两个成员才能被 GradStudent 类中的构造器和 print()方法访问。

3. Java 继承规则

Java 语言的继承有如下特征。

（1）每个子类只能有一个直接父类,但一个父类可以有多个子类。

（2）派生具有传递性。如果类 A 派生了类 B,类 B 又派生了类 C,则 C 不仅继承了 B, 也继承了 A。

（3）不可循环派生。若 A 派生了类 B,类 B 又派生了类 C,则类 C 不可派生 A。

5.1.2 super 关键字

super 是 Java 的一个关键字,它有两种用法。

1. 用 super 调用基类(对象)的可见成员

【代码 5-3】 使用 super 调用的 GradStudent 类 print()方法的 Java 代码。

```
public void print(){                                    // 输出方法
    System.out.println("研究生姓名: " + super.studentName
            + ",学号: " + super.studentID + "导师姓名: " + tutorName);
}
```

2. 用 super()代表父类构造器

与 this()一样,它必须放在调用函数中的第 1 行,即当调用派生类的构造器实例化时首先要调用基类的构造器对从基类继承的成员进行实例化,再对本类新增成员进行实例化。

【代码 5-4】 使用 super()的 GradStudent 类构造器。

```
public GradStudent(String studentName, int studentID, String tutorName){
    super(studentName, studentID);                      // 调用父类构造器
    this.tutorName = tutorName;
}
```

注意:与 this()不同,使用 super()必须为所调用成员的访问权限允许,否则无法调用。

【代码 5-5】 在 Student-GradStudent 类层次中的 this()和 super()应用。

```
public class Student{
    private String studentName;
    private int studentNumber;
    public Student(){                                   // 默认构造器
        System.out.println("将 Student 成员变量初始化为类型默认值!");
    }
    public Student(String studentName, int studentNumber){  // 有参构造器
        this();                                         // 调用另一个构造器
        this.studentName = studentName;
        this.studentNumber = studentNumber;
    }
    public void study(){}
}
public class GradStudent extends Student{
    private String tutorName;
    private String specDirect;
    public GradStudent(String name, int studNum){       // 构造器
        super(name, studNum);                           // 调用父类构造器
    }
    public GradStudent(String name, int studNum, String tutName, String spcDir){
        this(name, studNum);                            // 调用另一构造器
        tutorName = tutName;
        specDirect = spcDir;
    }
    public void research(){}
}
```

说明:

(1) 代码 5-5 用于说明构造器 GradStudent 的执行过程。①表示开始执行这个构造器;

②~⑦表明逐步向上层(基类)调用的过程；⑧~⑮表示由上层逐步构建的过程。虚线表示参数传递的情况。

(2) 注意，当派生类中有多个构造方法，并且它们之间要使用 this( )互相调用时，至少要留有一个调用父类构造方法，否则会导致编译错误。

5.1.3 final 关键字

关键字 final 具有"终极""不可改变"的含义。在声明中，final 不仅可以用来修饰属性(变量)，还可以用来修饰方法和类。

1. final 变量

用 final 修饰一个具有初始值的变量就会使该变量一直保持这个值不再改变，成为一个符号常量。

注意：

(1) final 变量在使用前必须进行初始化。通常在声明的同时初始化或在构造器以及初始化段中进行初始化。例如，代码 4-5 中的 final 变量 DEKE_SIZE 是在声明的同时初始化的，因为假定玩的是一副扑克，其数量一定是 54。而 final 变量 shuffleTime 是在构造器中初始化的，因为每次玩扑克游戏之前玩家可以商定洗几次牌。

(2) final 变量只能初始化一次。

2. final 方法

用 final 修饰方法，则该方法为最终方法，即其在子类中不可被重定义。

3. final 类

用 final 修饰类，则该类为最终类，不可再派生子类。例如 in、out 和 err 不仅是 System 类的静态成员，而且是 System 类的 3 个常量，它们的定义和说明如下。

(1) public static final java.io.InputStream in：标准输入流对象，此对象可以通过 read()方法接收从键盘输入的内容。

(2) public static final java.io.printStream out：标准输出流对象，此对象可以通过 println()方法或 print()方法输出内容到显示器。

(3) public static final java.io.printStream err：标准错误输出流对象，用于显示错误消息，或者显示那些应该立刻引起用户注意的其他信息。

5.2 Java 的访问权限控制

访问权限指一个程序元素(类、属性和方法)被某个类和该类成员访问的权利。

5.2.1 类成员的访问权限控制

按照信息隐蔽的原则，Java 将类成员的访问权限分为表 5.1 所示的 4 个等级。

表 5.1　Java 类成员的 4 种访问权限（√：可以，×：不可）

访问权限级别	关键字	作用元素	作用域			
			同一类	同一包	不同包的子类	所有类（全局）
私密	private	类成员	√	×	×	×
默认	无	类、成员	√	√	×	×
保护	protected	类、成员	√	√	√	×
公开	public	类、接口、类成员	√	√	√	√

（1）私密级，用 private 修饰，表明该成员仅可被本类的其他成员访问。
（2）默认级，不用任何访问权限修饰，表明该成员仅被同包的其他类成员访问。
（3）保护级，用 protected 修饰，表明该成员被同包的类以及派生类访问。
（4）公开级，用 public 修饰，表明该成员无任何访问限制。

5.2.2　类的访问权限控制

类只有 public 和默认两种权限，权限的内容包括访问、使用和继承。
一个类被修饰为 public，表示该类为公共类，可以被任何类访问、使用和继承。
一个类没有权限修饰，表示该类为包中类，只能被同一包中的其他类访问、使用和继承。
注意：如果一个类声明为 public，则文件名必须与该类的名称一致，即一个文件中只能有一个被声明为 public 的类。

5.2.3　private 构造器

构造器的访问级别也可以是 public、protected、默认和 private，不过当构造器被 private 修饰时会发生如下一些特殊情况。
（1）构造器为 private，意味着它只能在当前类中被访问，具体如下。
- 在当前类的其他构造器中可以用 this 调用它；
- 在当前类的其他方法中用 new 调用它。

（2）当一个类的构造器都为 private 时，这个类将无法被继承，因为子类构造器无法调用该类的构造器。
（3）当一个类的构造器都为 private 时，将不允许程序的其他类通过 new 创建这个类的实例，只能向程序的其他部分提供获得自身实例的静态方法，并且这种类的实例只能有一个，所以广泛应用于只为一个类创建一个实例的情况，这种应用称为单例模式。

【代码 5-6】 单例模式示例 1。

```
class Singleton {
    private static Singleton instance = new Singleton();  // 将 instance 定义为静态的,即类中唯一的
    private Singleton(){}                                  // 私密构造器
    static Singleton getInstance() {                       // 向程序的其他部分提供这个实例
        return instance;
    }
}
```

这种方法是不管三七二十一，一上来就创建，像饥饿多日的人看见食品一样，所以称饥

汉方式。

【代码 5-7】 单例模式示例 2。

```
class Singleton {
    private static Singleton instance = null;      // 仅建立一个空的引用
    private Singleton(){}                           // 私密构造器
    static Singleton getInstance() {                // 提供外界创建时创建
        if (instance == null)
            instance = new Singleton();
        return instance;
    }
}
```

这种单例模式不像饥汉方式那样,不管需要不需要、有没有都要创建一个单例,而是在外界需要并调用方法 getInstance(),并且当实例的引用还不存在时才会创建这个实例。就像一个懒汉一样,能不干就不干,所以称之为懒汉方式。

5.3 类层次中的类型转换

5.3.1 类层次中的赋值兼容规则

一个类层次结构有许多特性,其中一个重要的特性称为赋值兼容性(assignment compability),指在需要基类对象的任何地方都可以使用公有派生类对象来替代。具体地说是可以将派生类对象赋值给基类对象,或者说可以用派生类对象初始化基类的引用,而无须进行强制类型转换。

【代码 5-8】 对代码 5-2 中的类进行赋值兼容性验证的主方法。

```
public class ExtendsDemo0508 {
    public static void main(String[] args){
        Student s = new Student("王舞", 123456);
        s.print();
        GradStudent g = new GradStudent("李司", 654321, "张伞");
        g.print();
        s = g;                          // 将派生类对象赋值给基类引用
        s.print();                      // 指向派生类的 Student 引用调用
    }
}
```

测试结果如下:

```
学生姓名:王舞,学号:123456
研究生姓名:李司,学号:654321,导师姓名:张伞
研究生姓名:李司,学号:654321,导师姓名:张伞
```

讨论:

(1) 从测试结果可以看出,在使用基类对象的地方用派生类对象替代后系统仍然可以编译运行,语法关系符合赋值兼容规则。

(2) 赋值兼容规则是单向的,即不可以将基类对象赋值给派生类对象。

5.3.2 里氏代换原则

里氏代换原则(Liskov substitution principle,LSP)是由 2008 年的图灵奖得主、美国第一位计算机科学女博士 Barbara Liskov 教授和卡内基·梅隆大学的教授 Jeannette Wing 于 1994 年提出的。其原始表达是：如果对类型 T1 的任何一个对象 ob1 都可以有一个类型 T2 的对象 ob2,使得在 T1 定义的程序 P 中,当所有的对象 ob1 都代换为 ob2 时,程序 P 的行为没有变化,那么类型 T2 是类型 T1 的子类型。里氏代换原则可以通俗地表述为在程序中能够使用父类对象的地方必须能透明地使用其子类的对象。

一般来说,继承的优越性在于子类通过继承重用了父类的代码,这称为继承重用。但是,这个重用是建立在派生类可以替换掉基类对象的基础上的,所以说里氏代换原则是继承重用的一个基础。因为只有当软件单位的功能不会受到影响时基类才能真正被重用,而派生类也才能够在基类的基础上增加新的行为。反过来代换是不成立的。

里氏代换原则是赋值兼容规则的另一种描述,这个原则已经被编译器采纳。在程序编译期间,编译器会检查其是否符合里氏代换原则。这是一种无关实现的、纯语法意义上的检查。里氏代换原则要求子类方法的访问权限不能小于父类对应方法的访问权限。例如,当"狗"是"动物"的派生类时,在程序段

```
动物 d = new 狗();
d.吃();
```

中,若"动物"类中的成员方法"吃()"的访问权限为 public,而"狗"类中的成员方法"吃()"的访问权限为 protected 或 private,此时是不能编译的。

关于里氏代换原则的意义,读者通过后面几个单元的学习将会进一步理解。

5.3.3 类型转换与类型测试

1. 对象的向上造型与向下造型

对象类型在子类与父类之间的转换(cast)也称造型或转型。造型(或转型)按照转换的方向分为向上造型(upcasting,也称向上转换)和向下造型(downcasting,也称向下转换)。

向上造型就是把子类对象作为父类对象使用,这总是安全的,其转换是可行。因为子类对象总可以当作父类的实例。从类的组成角度看,向上造型无非是去掉子类中比父类多定义的一些成员而已。

至于向下造型,则往往是不自然的、不安全的。例如在代码 5-5 中,若使用语句

```
GradStudent g = new Student();
```

就会出现如下类型错误。

```
Exception in thread "main" java.lang.Error: Unresolved compilation problem:
        Type miematch: cannot convert from Student1 to GradStudent

        at Student.main(Student.java:33)
```

因为要把一个普通大学生当作研究生会缺少研究生应当具备的一些信息,例如导师姓名、研究方向等。

2. 强制类型转换与类型测试

当需要进行向下造型时必须进行强制类型转换,例如:

```
Student stu = new Student();
GradStudent grad = (GradStudent)stu;              // 向下造型,强制转换
```

其中用圆括号括起的类名就是一种强制造型操作。

为了保证程序的安全,在进行向下造型时应当先用 instanceof 测试父类能不能作为子类的实例。例如:

```
if (stud instanceof GradStudent)
    grad = (GradStudent)stud;
```

instanceof 是 Java 的一个与==、>、<操作性质相同的二元操作符。由于它由字母组成,所以也是 Java 的保留关键字。它的作用是测试其左边的表达式是否与右边的类名赋值兼容,如果是,则返回 boolean 类型。

5.4 方法覆盖与隐藏

继承机制使子类可以继承父类的所有属性和方法。但是,派生类对于基类的成员除了继承以外还有另外两种处理,即覆盖(override)与隐藏(hidden)。这一节介绍方法的覆盖与隐藏。对于属性只有隐藏,但不推荐使用,因为隐藏属性会使代码难以阅读。

5.4.1 派生类实例方法覆盖基类中签名相同的实例方法

1. 方法覆盖的基本概念

方法签名(也称特征标,signature)是指方法的名字、参数个数和每个参数的类型。方法签名和返回类型相同就是函数头中的所有内容都要相同。在一个类层次结构中,当派生类定义了一个与基类具有相同原型的方法时将会覆盖基类那个方法,即派生类对象无法直接调用到基类那个方法覆盖的方法。如在前面的代码中,类 Student 和 GradStudent 中都定义了一个 print()方法,它们的签名和返回类型都相同,因此类 GradStudent 的对象引用无论如何调用不到 Student 类中的 print()方法。代码 5-2 的执行结果可以得出这个结论。

方法覆盖可以带来一个动态多态性的好处,即一个指向基类的引用,若用基类对象初始化,就可以用其调用基类中的方法;若用派生类对象初始化,就可以用其调用派生类中的那种覆盖方法,这样就大大提高了程序设计的灵活性。这种多态性是在程序运行中由 JVM 实现的,所以称为动态多态性。

2. 方法覆盖的条件

派生类实例方法与成员变量不同,覆盖基类同名方法必须满足下面一些约束:

(1) 方法覆盖只能存在于派生类和基类(包括直接基类和间接基类)之间,不能在同一类中。在同一类中同名方法所形成的关系是重载。

(2) 覆盖方法的返回类型和签名必须与被覆盖方法保持一致。

(3) 不能覆盖已经用 final 或 static 修饰的方法,但被覆盖方法的参数可以是 final 的。

(4) 覆盖方法的 throws 子句列出的类型可以少于被覆盖方法的 throws 子句列出的类型,或更加具体,或二者皆有之。

(5) 覆盖方法的访问权限不能比被覆盖方法的访问权限小,只能比被覆盖方法的访问权限大。例如,被覆盖方法为 public,则覆盖方法必须是 public 的,否则无法编译。

(6) 被覆盖的方法不能为 private,否则在其子类中只是新定义了一个方法,并没有对其进行覆盖。

(7) 在派生类中不可用空方法覆盖其类中的方法。

3. 方法覆盖与方法重载的区别

方法覆盖与方法重载都给程序提供了一个名字多种实现的灵活性,但它们也有许多不同。表 5.2 列出了方法覆盖与重载的区别。

表 5.2　方法覆盖与重载的区别

	位置关系	方法名	参数列表	返回类型	访问权限	抛出	数量	绑定实施及时间
重载	同一类中(包括从父类继承的)	必须相同	必须不同	无要求	无要求	无限制	可以多个	编译器编译时
覆盖	派生类与基类	必须相同	必须相同	必须相同	派生类方法不可更严格。不能覆盖 private 方法	要求一致	只能有一次	JVM 运行中

5.4.2　用 @Override 标注覆盖

1. 标注的概念

标注(annotation)是 Java 5 提供的新特性,这里将其译成"标注",与之相近的术语是注释(comment)。在程序中二者的基本区别在于:注释是供阅读者理解程序而加入的,仅在源代码中存在;标注虽然也可以起到供阅读者理解的作用,但更主要的是向有关软件(编译器、解释器、JVM)提供一些说明或向程序传递一些参数,且不同的标注有不同的使用位置和保存范围。

从作用上看,标注相当于对程序元素(包、类型、构造器、方法、成员变量、参数、本地变量等)的额外修饰并应用于声明中,但是与一般关键字声明修饰符有如下不同:

(1) 标注都以符号@开头,例如@Override、@Deprecated 和@SuppressWarning 等。

(2) 一般声明修饰符不可带参数,而标注可以带参数,例如@SuppressWarning。这些参数可以向编译器提供附加信息,也可以用来向程序传递数据。

2. @Override

在代码 5-2 中，Student 类和 GradStudent 类中都定义了一个 print() 方法，并且用 GradStudent 类的 print() 方法覆盖 Student 类中的 print() 方法。假如由于某种原因，程序员把代码写成了下面的样子。

【代码 5-9】 一位粗心的程序员写出的代码（程序中的省略号部分用代码 5-2 中的代码）。

```java
class Student {
    ...
    public void print(){
        System.out.println("学生姓名:" + name + ",学号:" + studentID);
    }
}

class GradStudent extends Student {
    ...
    public void prlnt(){                                    // 方法名 prlnt,不是 print
        System.out.println("研究生姓名:" + super.studentName + ", 学号:" + super.studentID
                + ", 导师姓名:" + tutorName);
    }
}

public class ExtendsDemo0509 {
    public static void main(String[] args){
        Student s = new Student("王舞", 123456);
        s.print(); // 父类对象调用 print()
        GradStudent g = new GradStudent("李司", 654321, "张伞");
        g.print(); // 子类对象调用 print()
        g.prlnt(); // 子类对象调用 prlnt()
    }
}
```

程序的运行结果如下：

```
学生姓名:王舞,学号:123456 父类对象调用 print()的输出
学生姓名:李司,学号:654321 子类对象调用父类的 print()输出
研究生姓名:李司,学号:654321,导师姓名:张伞 子类对象调用子类定义的 prlnt()输出
```

说明：当子类误写了一个方法 prlnt() 企图覆盖父类的 print() 时，由于不同名，没有达到目的，结果子类对象调用 print() 时使用的是父类的定义。

【代码 5-10】 带有 @Override 标注的代码。

```java
class Student {
    ...
    public void print(){
```

```java
        System.out.println("学生姓名：" + name + ",学号：" + studentID);
    }
}

import java.lang.annotation.*;
class GradStudent extends Student {
    ...
    @Override                                                    // @Override标注
    public void prInt(){
        System.out.println("研究生姓名：" + super.studentName
                        + ",学号：" + super.studentID, 导师姓名：" + tutorName);
    }
}
public class ExtendsDemo0510 {
    public static void main(String[] args){
        Student s = new Student("王舞", 123456);
        s.print();
        GradStudent g = new GradStudent("李司", 654321, "张伞");
        g.print();
    }
}
```

编译时将出现如下警告：

```
Exception in thread "main" java.lang.Error: 无法解析的编译问题：
        类型为 GradStudent 的方法 print()必须覆盖或实现超类型方法

    at GradStudent.print(ExtendsDemo0510.java:27)
    at ExtendsDemo602.main(ExtendsDemo0510.java:37)
```

讨论：

（1）增加了一个@Override，编译器就检查出了代码中的错误——方法名不同不可覆盖。这个@Override称为一个Java annotation（标注），它对其后面定义的方法进行了修饰，明确地告诉编译器后面定义的是一个覆盖方法。所以，当试图覆盖父类的某方法时，使用@Override不仅可以起到提示作用，还可以让编译器检查是否写对了。

（2）从这个例子可以看出，标注虽然发出了警告，但并没有影响程序的正常执行过程。

5.4.3 派生类静态方法隐藏基类中签名相同的静态方法

当基类与派生类中都有相同签名的静态方法（即类方法）时，派生类的静态方法可以隐藏基类中原型相同的那个静态方法。

【代码5-11】 隐藏条件下的调用关系示例。

```java
class Student {
    public static void print() {                              // 静态成员方法
        System.out.println("我是学生。");
```

```
        }
    }
}
class GradStudent extends Student {
    @Override
    public static void print() {                    // 静态成员方法
        System.out.println("我是研究生。");
    }
}
public class ExtendsDemo0511 {
    public static void main(String[] args) {
        Student s = new Student();
        s.print();                                   // Student 引用调用
        GradStudent g = new GradStudent();
        g.print();                                   // GradStudent 引用调用
        s = g;
        s.print();                                   // 指向派生类的 Student 引用调用
    }
}
```

程序的执行结果如下：

```
我是学生。
我是研究生。
我是学生。
```

将这个结果与代码 5-9 的执行结果相对比，就可以看出隐藏和覆盖的区别与联系了。

5.4.4 JVM 的绑定机制

1. 静态绑定与动态绑定

从代码 5-8、代码 5-9 的运行结果可以看出，当通过引用变量访问它所引用的静态方法和实例方法时，JVM 的处理方式是不相同的，这与 JVM 采取的绑定机制有关。

通常将编译器建立方法调用表达式与方法定义之间关联的过程称为绑定或联编(binding)。在具有重载的多态情况下，同一名字的不同方法通过参数进行区别，编译器在编译的过程中就可以实现绑定，这种情形称为前期绑定(early binding)或静态绑定(static binding)。

对于覆盖形式的多态，子类方法的签名与父类方法完全相同，这时只能通过调用对象是父类对象还是子类对象来确定具体调用的是哪个方法。但是，在类层次结构中父类是子类的抽象，子类是父类的具体化和更特殊表现，有"子类 is a 父类"(如"研究生 is a 学生")的情形。所以，可以用一个指向父类的引用变量指向子类实体，例如：

```
Student stu = new GradStudent();
```

这就好像将"学生宿舍"的牌子挂在研究生宿舍门口也可以一样，因为研究生也是学生。或者说，在学生宿舍中住研究生也没有问题。因此，编译器在编译时既无法按照函数签名来区别方法的实现,也无法按照调用的对象引用的类型来区别方法的实现,只能在程序执行过程中根据对象引用名字的具体指向确定调用的是哪个方法,这种编译处理方法称为后期绑定(late binding)、动态绑定(auto binding)或运行时联编(runtime binding)。

动态绑定可以在运行中根据引用的具体指向确定绑定哪个类对象的实例方法,实现了对象的多态性,为程序注入了随机应变的智能,极大地丰富了程序的机能。

2. JVM 的绑定规则

(1) 同一类中的重载方法一定是静态绑定。

(2) 在类层次中的方法有以下规则:

- static 是类层修饰符,所以 static 方法一定是静态绑定。
- 构造器不可继承,也一定是静态绑定。
- final 具有限制覆盖和关闭动态绑定的作用,一定是静态绑定。
- private 声明的方法和成员变量不可被子类继承,一定是静态绑定。
- 其他实例方法都是动态绑定。

5.5 知识链接

5.5.1 Object 类

1. Object 是所有 Java 类的"树根"

Object 是系统预先定义的一个类,它位于 java.lang 包中,是 Java 中所有类的超类,即由于它的存在,使整个 Java 系统中的类(无论是每一个系统提供的类,还是用户所定义的类)都组织到一棵类树中来,Object 就是这棵类树的树根,其他所有的类都是它的直接子类或间接子类。只不过这种继承关系是隐含的,省略了 extends Object 字段的继承关系,由 Java 编译器自动将除了 Object 本身外没有指出扩展关系的类都默认为继承了 Object。于是所有在 Object 类中定义的方法都可以被每个类所继承。

2. Object 类中定义的主要方法

Object 类定义了一系列可供所有对象继承的方法。表 5.3 所示为其中的一些主要方法。

表 5.3 Object 类定义的主要方法

方法名	说明
Object()	构造器,用于创建一个 Object 对象
boolean equals(Object obj)	比较两个对象,若当前对象和 obj 是同一对象,返回 true,否则返回 false
Object clone() throw CloneNotSupportedException	返回调用对象的一个副本
final Class getClass()	返回一个 Class 对象。Class 类位于 java.lang 包中,该类的对象可以封装一个对象所属类的基本信息,如成员变量、构造器等。用 final 修饰方法表明在当前类的子类中不可以覆盖该方法

方 法 名	说 明
String toString()	返回当前对象信息的字符串形式。该方法通常在自定义类中被重写,以便针对当前类进行描述
int hashCode()	返回对象的哈希码

【代码 5-12】 Object 类的 Object()、toString()和 getClass()方法的应用示例。

```
class Student {
    private int age;
    Student(int age) {this.age = age;}
}
public class ObjectDemo0512 {
    public static void main(String[] args) {
        Student s1 = new Student(19);              // 创建一个 Student 对象 s1
        System.out.println(s1.toString());         // 输出 s1 的有关信息
        Student s2 = new Student(19);              // 创建一个 Student 对象 s2
        System.out.println(s2.toString());         // 输出 s2 的有关信息
        Class c = s1.getClass();                   // 封装对象 s1 的信息到 Class 对象 c 中
        System.out.println(c);                     // 输出 c 中的类名信息
        String name = c.getName();                 // 将 c 的类名赋值给 String 对象 name
        System.out.println("类名: " + name);        // 输出 name
    }
}
```

输出结果如下:

```
Student@ c17164
Student@ 1fb8ee3
class Student
类名: Student
```

说明:为了说明第 1 行为什么输出了"Student@c17164",先看看 Object 类中的 toString()方法的源代码

```
public String toString(){
    return getClass().getName() + "@ " +
        Integer.toHexString(hashCode());
}
```

它返回两个内容,一个是 getClass()返回类的 getName()返回的字符串——类名,一个是标识对象的哈希码的十六进制表示,二者之间用@分隔。这个输出结果的前半部分用后面的两行进行验证。

使用哈希码可以快速比较两个对象是否相同(完全相等)。例如上面的 s1 和 s2 尽管内容相同,但不是同一个对象,它们的哈希码也不相同。

> **哈希码**
>
> Hash 码就是 Hash 方法映射后的值。Hash 方法的模型为 h=H(M)。
>
> 其中,M 是待处理的消息;H 是 Hash 方法;h 是生成的消息摘要,它的长度是固定的,并且与 M 的长度无关。
>
> Hash 方法具有下面一些性质:
>
> (1) Hash 方法可应用于任意长度的数据块。
> (2) Hash 方法产生定长的输出。
> (3) 对于任何给定的 M 和 H,计算 h 比较容易。
> (4) 对于任何给定的 H 和 h,无法计算出 M,这称为 Hash 的单向性。
> (5) 对于任何给定的 H 和 M,找到不同的消息 M1,使得 H(M1)=H(M) 在计算上是不可行的,这称为 Hash 的抗弱碰撞性。
> (6) 对于任何给定的 H,找到不同的消息 M1 和 M2,使得 H(M1)=H(M2) 在计算上是不可行的,这称为 Hash 的抗碰撞性。
>
> 在 Java 中,哈希码代表了对象的一种特征,例如判断某两个字符串是否相等,如果其哈希码相等,则这两个字符串是相等的。

读者要注意 equals(Object obj)与==的不同。

【代码 5-13】 验证 equals(Object obj)与==的不同。

```java
public class ObjectDemo05013 {
    public static void main(String[] args) {
        String s1 = new String("xyz");
        String s2 = new String("xyz");
        System.out.println("s1 == s2:" + (s1 == s2));           // 使用" == "
        System.out.println("s1.equals(s2):" + s1.equals(s2));   // 使用 equals(Object obj)

        String s3 = "abc";
        String s4 = "abc";
        System.out.println("s3 == s4:" + (s3 == s4));           // 使用" == "
        System.out.println("s3.equals(s4):" + s3.equals(s4));   // 使用 equals(Object obj)
    }
}
```

执行结果如下:

```
s1 == s2:false
s1.equals(s2):true
s3 == s4: true
s3.equals(s4): true
```

说明:"=="是判断两个对象的地址是否相等,equals 是比较两个对象的内容是否相同。所以如图 5.2(a)所示,s1 与 s2 内容相同,但不是指向同一对象,故有"s1==s2"为 false, "s1.equals(s2)"为 true;而如图 5.2(b)所示,s3 与 s4 指向同一对象,故有"s1==s2"和"s1.equals(s2):"都为 true。

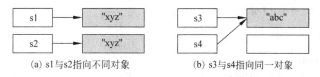

图 5.2 执行结果的解释

3. 可以接收任何引用类型的对象

既然 Object 是所有对象的直接或间接父类，根据赋值兼容规则，所有的对象都可以向 Object 转换，其中也包含了数组类型。

【代码 5-14】 用 Object 接收数组。

```java
public class ObjectDemo0514 {
    public static void main(String[] args) {
        char chArr[] = {'a','b','c','d','e'};
        Object obj = chArr;                    // 用 Object 对象接收数组
        print(obj);                            // 传递对象
    }

    public static void print(Object o){        // 接收对象
        if (o instanceof char[]){              // 判断类型
            char x[] = (char[])o;              // 强制转换
            for(char c:x)
                System.out.print(c + ",");
        }
    }
}
```

测试结果如下：

a,b,c,d,e,

5.5.2 @Deprecated 与 @SuppressWarnings

@Deprecated、@SuppressWarnings 与 @Override 一样，是系统内建的标注。

1. 用 @Deprecated 标注一个不赞成的方法或类

@Deprecated 也是一个 Java annotation 标注，它的作用是向编译器发一条指令，因已经过时等原因不建议使用它所修饰的方法或类。如果程序中使用了用 @Deprecated 标注修饰的方法或类，在编译时将会发出警告。

【代码 5-15】 用 @Deprecated 标注声明一个不建议使用的方法。

```java
class Demo05151{
    @Deprecated                                // 标注 getInfo()为不建议使用
    public String getInfo(){
```

```
        return "这是一个不建议使用的方法。";
    }
}
public class Demo05152{
    public static void main(String[] args){
        Demo05151 d = new Demo05151();
        System.out.println(d.getInfo());              // 使用了不建议使用的方法
    }
}
```

编译该程序,将会出现如下警告:

```
Note:Demo05152.java uses or overries a deprecated API.
Note:Recompile with - Xlint: deprecated for details.
```

2. 用@SuppressWarnings 抑制警告

Java 编译器非常尽职尽责,在进行编译时,如果发现有危险或不太合适的代码就会给出警告。但是,过多的警告也会让人茫然,特别是在调试程序时,过多的警告会使程序员不能立即找到问题的所在,因为有些警告的原因对于程序是没有什么影响的。在这种情况下可以使用@SuppressWarnings 标注给编译器发一条指令,抑制被注解的代码元素(类或方法)中的某些警告。

标注@SuppressWarnings 允许忽略(抑制)某些警告。

【代码 5-16】 用@SuppressWarnings 标注抑制警告。

```
import java.lang.annotation.*;
class Demo05161{
    @Deprecated                                       // 修饰后面的方法 getInfo()
    public String getInfo(){
        return "这是一个不建议使用的方法。";
    }
}
public class Demo05162{
    @SuppressWarnings("deprecation")                  // 抑制 deprecation 警告
    public static void main(String[] args){
        Demo05161 d = new Demo05161();
        System.out.println(d.getInfo());              // 使用了不建议使用的方法
    }
}
```

编译时不再出现警告,运行结果如下:

```
这是一个不建议使用的方法。
```

说明:

(1) 标注@SuppressWarnings("deprecation")表示抑制由于使用了不赞成使用的类或

方法时发出的警告。关键字 deprecation 是标注@SuppressWarnings 的属性值。表 5.4 中列出了@SuppressWarnings 可以使用的属性值。注意,在使用这些属性值时应当用双引号括起来。

表 5.4　@SuppressWarnings 可以使用的属性值

属 性 值	用 途
all	忽略所有
boxing	忽略装/拆箱
cast	忽略类型转换
dep-ann	忽略使用了 deprecated 类型的 annotation 标注
deprecation	忽略使用了 deprecated 类型的方法
fallthrough	忽略在 switch 中没有 breaks 语句
finally	忽略 finally 中没有 return
hiding	忽略隐藏局部变量
incomplete-switch	忽略没有完整的 switch 语句
nls	忽略非 nls 格式的字符
null	忽略对 null 的操作
path	忽略在类文件或源文件等路径中有不存在的路径
rawtypes	使用 generics 时忽略没有指定相应的类型
restriction	忽略不鼓励或禁止的用法
serial	忽略在 serializable 类中没有声明 serialVersionUID 变量
static-access	忽略不正确的静态访问方式
synthetic-access	忽略从子类没有按照最优化的方法访问其他类
unchecked	忽略没有进行类型检查操作
unqualified-field-access	忽略没有资格访问某些方法
unused	忽略没有使用的代码

(2) @SuppressWarnings 的属性是 String[] 类型的,当其标注抑制的警告数目多于一个时,属性值应使用花括号括起来,每个属性值间用逗号分隔,格式如@SuppressWarnings (value ={"unchecked","fallthrough"})。若只有一个忽略,则可以省略花括号和"value =",如代码 5-16 中的形式。

3. 标注的使用限制

Java 标注的使用有两个方面的约束,即作用位置和保留范围。这两个限制是在 Java annotation 标注定义时用@Target 和@Retention 标注的,所以@Target 和@Retention 也称为标注的标注——元标注(meta-annotation)。

1) @Target

@Target 用于标注一个标注的作用位置,并且用枚举类 ElementType 的一组静态成员表示。表 5.5 中列出了@Target 使用的枚举值及其含义。

表 5.5 枚举类 ElementType 的静态成员

静态成员名	作用位置	静态成员名	作用位置
ANNOTATION_TYPE	标注的声明	METHOD	方法的声明
CONSTRUCTOR	构造器的声明	PACKAGE	包的声明
FIELD	字段(包括枚举常量)的声明	PARAMETER	参数的声明
LOCAL_VARIABLE	局部变量的声明	TYPE	类、接口、枚举类型声明

表 5.6 为前面介绍过的 3 个 Java annotation 内建的标注 @Override、@Deprecated 和 @SuppressWarnings 在定义时所使用的 @Target 标注。

表 5.6 3 个内建的 annotation 在定义时使用的 @Target 标注

标注名	定义时使用的 @Target 标注
@Override	@Target(value=METHOD)
@Deprecated	无
@SuppressWarnings	@Target(value={LOCAL_VARIABLE, CONSTRUCTOR, METHOD, PARAMETER, FIELD, TYPE})

说明：

(1) @Override 只能用于方法的声明，其他都不可以用。

(2) @SuppressWarnings 不能用于包和标注的定义上，其他都可以用。

(3) @Deprecated 的使用没有限制。

2) @Retention

@Retention 用于标注一个标注的保存范围，该范围用 @Retention 定义中的枚举类变量 RetentionPolicy 表示。表 5.7 中列出了 RetentionPolicy 的 3 个枚举常量值。

表 5.7 RetentionPolicy 的 3 个枚举常量值

保留范围枚举常量	说明
SOURCE	所修饰的标注信息只保留在源程序文件(*.java)中，在编译之后不再保留，所以只向编译器传递信息
CLASS(或省略)	所修饰的标注信息只保留在源程序文件(*.java)和类文件(*.class)中，不被加载到 JVM 中，所以只对编译器和 JVM 传递信息，在程序运行中无作用
RUNTIME	所修饰的标注信息保留在源程序文件(*.java)和类文件(*.class)中，并会被加载到 JVM 中，所以不仅对编译器和 JVM 传递信息，还可在程序运行中使用

表 5.8 中列出了 3 个内建的 annotation 在定义时所使用的 @Retention 标注。

表 5.8 3 个内建的 annotation 在定义时所使用的 @Retention 标注

标注名	定义时使用的 @Retention 标注
@Override	@Retention(value=SOURCE)
@Deprecated	@Retention(value=RUNTIME)
@SuppressWarnings	@Retention(value=SOURCE)

说明：

(1) @Override 和 @SuppressWarnings 标注的信息只向编译器传递信息，不对 JVM 传

递信息。

（2）@Deprecated 标注的信息不仅可被编译器和 JVM 传递信息，还可在程序运行中使用。

5.5.3 Java 异常类和错误类体系

作为类层次结构的实例，这一节介绍 JDK API 定义的运行异常类和运行错误类体系。如前所述，运行异常（exception）不是语法错误，也不是逻辑错误，而是由一些具有一定不确定性的事件所引发的 JVM 对 Java 字节代码无法正常解释而出现的程序不正常运行。除此之外，程序中还有运行错误（error）。运行错误不是语法错误，不是逻辑错误，也不是运行异常，而是遇到了系统无法正常运行所造成的程序不能正常运行的错误，这些错误是一个合理的应用程序不能截获的严重的、用户程序无法处理的问题，也不需要用户程序去捕获，例如程序运行中的动态连接失败、内存耗尽、线程死锁等。

在程序出现异常时，还有可能经过处理后继续运行。这时，为了便于处理，需要捕获异常对象类型。JDK API 提供了丰富的异常类供程序员使用。

1. JDK API 异常类体系结构

图 5.3 所示为 Java 的异常类体系结构。可以看出，Java 的每个异常类都是 Throwable 类的子类。Throwable 类位于 java.lang 包中，是 Object 类的直接子类，它下面又有两个直接子类，即 java.lang.Error 和 java.lang.Exception。

Exception 的直接子类可以分为两类：RuntimeException 为运行时异常，是在 Java 系统运行过程中出现的异常；其余为非运行时异常，是程序运行过程中由于不可预测的错误产生的异常。在这些异常类型中没有与"不能够成三角形"相对应的异常。

注意：catch 子句的形式参数指明所捕获的异常类型，该类型必须是 Throwable 类的子类。

2. 用户自定义异常的方法

用户自定义异常需要完成以下两项工作：

（1）定义一个新的异常类，这个类应当是 Exception 的直接子类或间接子类。其定义格式如下：

```
class 自定义异常类名 extends 父类异常类名 {
    类体
}
```

（2）定义类体中的属性和方法或重定义基类的属性和方法，以便体现要处理的异常的特征。

Exception 类从 Throwable 类那里继承了一些方法，这些方法可以在自定义异常类中被继承或重写，下面介绍这些方法中较常用的方法。

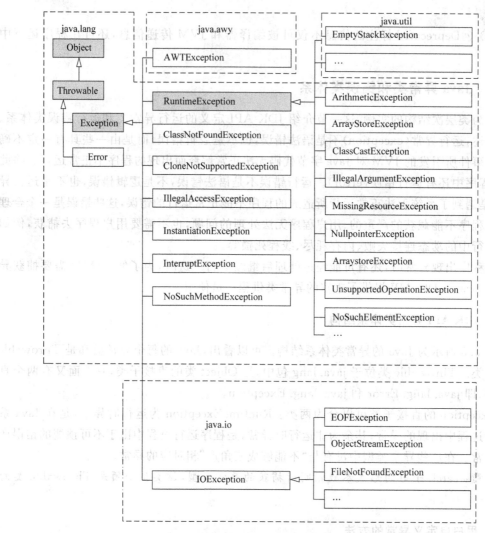

图 5.3 Java异常处理类体系

- string getMessage()：获得异常对象的描述信息（字符串）。
- string toString()：返回描述当前异常类信息的字符串。

【代码 5-17】 把不能构成三角形的异常类命名为 NonTriangleException。

```
class NonTriangleException extends Exception {
    public NonTriangleException() {}
    public NonTriangleException(String message) {
        super(message);
    }
}
```

【代码 5-18】 在构造器中抛出 NonTriangleException 类异常对象。

```
Triangle(double s1, double s2, double s3) throws NonTriangleException {
    if (isATriangle(s1, s2, s3)) {
        this.side1 = s1;
        this.side2 = s2;
        this.side3 = s3;
    }else {
        throw new NonTriangleException("不能组成三角形!");
    }
}

private boolean isATriangle(double a, double b, double c) {    // 判断3条线能否组成三角形
    if (a + b <= c) {
        return false;
    }else if (a + c <= b) {
        return false;
    }else if (b + c <= a) {
        return false;
    }else
        return true;
}
```

3. JDK API 错误类

在图 5.3 中，与 Exception 并列的是 Error（错误）类。Error 类定义的是 JVM 系统内部错误，如内存耗尽、被破坏等，这些错误是用户程序无法处理的，也不需要用户程序去捕获。

习 题 5

概念辨析

1. 从备选答案中选择下列各题的答案，如有可能，设计一个程序验证自己的判断。

(1) 在下列描述中，正确的有(　　)。
　　A. 子类对象可以看作父类对象
　　B. 父类对象可以看作子类对象
　　C. 子类对象可以看作父类对象，父类对象也可以看作子类对象
　　D. 以上说法都不对

(2) 以下关于继承的描述中，正确的有(　　)。
　　A. 子类将继承父类的非私密属性和方法　　B. 子类将继承父类的所有属性和方法
　　C. 子类只继承父类的 public 属性和方法　　D. 子类不继承父类的属性，只继承父类的方法

(3) 下列关于构造器的描述中，正确的有(　　)。
　　A. 子类不能继承父类的构造器　　B. 子类不能重载父类的构造器
　　C. 子类不能覆盖父类的构造器　　D. 子类必须定义自己的构造器
　　E. 以上说法都不对

(4) 定义一个类名为 MyClass.java 的类，并且该类可被一个项目中的所有类访问，那么该类的正确声

明应为（　　）。
    A. private class MyClass extends Object　　B. class MyClass extends Object
    C. public class MyClass　　D. public class MyClass extends Object

(5) 若类 X 是类 Y 的父类，下列声明对象 x 的语句不正确的是（　　）。
    A. X x=new X();　　B. X x=new Y();　　C. Y x=new Y();　　D. Y x=new X();

(6) 不使用 static 修饰的方法称为实例方法（或对象方法），在下列描述中正确的有（　　）。
    A. 实例方法可以直接调用父类的实例方法　　B. 实例方法可以直接调用父类的类方法
    C. 实例方法可以直接调用其他类的实例方法　　D. 实例方法可以直接调用本类的类方法

(7) 假设类 X 有构造器 X(int a)，则在类 X 的其他构造器中调用该构造器的语句格式应为（　　）。
    A. X(x)　　B. this. X(x)　　C. this(x)　　D. super(x)

(8) 在下列整型的最终属性 i 的定义中，正确的有（　　）。
    A. static final int i=100;　　B. final i;
    C. static int i;　　D. final float i=1.2f;

(9) 关于 final，下列说法中错误的是（　　）。
    A. final 修饰的变量只能对其赋一次值
    B. final 修饰一个引用类型变量后就不能修改该变量指向对象的状态
    C. final 不能修饰一个抽象类
    D. 用 final 修饰的方法不能被子类覆盖
    E. 用 final 修饰的类不仅可用来派生子类，也能用来创建类对象

(10) 下面可以防止方法被子类覆盖的有（　　）。
    A. final void methoda() {}　　B. void final methoda() {}
    C. static void methoda() {}　　D. static final void methoda() {}
    E. final abstract void methoda() {}

(11) 在下面关于 equals() 方法与 == 运算符的说法中，正确的是（　　）。
    A. equals() 方法只能比较引用类型，== 可以比较引用类型和基本类型
    B. 当用 equals() 方法进行类 File、String、Date 以及封装类的比较时是比较类型及内容，而不考虑引用的是否为同一实例
    C. 当用 == 进行比较时，其两边的类型必须一致
    D. 当用 equals() 方法时，所比较的两个数据类型必须一致

2. 判断下列叙述是否正确，并简要说明理由。
(1) 一个类可以生成多个子类，一个子类也可以从多个父类继承。（　　）
(2) 子类不能具有和父类名字相同的成员。（　　）
(3) 由于有了继承关系，在子类中父类的所有成员都像子类自己的成员一样。（　　）
(4) 在类层次结构中，生成一个子类对象时只能调用直接父类的构造器。（　　）
(5) 在生成一个派生类对象的同时生成一个基类对象，因此基类的数据成员有了两个副本。（　　）
(6) 对于

```
Object a;
Object b;
```

若不考虑初始化问题，如果 a==b，那么 a.equals(b) 一定等于 true。（　　）
(7) 子类可以继承父类所有的成员变量及成员方法。（　　）
(8) Java 中所有的类都是 java.lang 的子类。（　　）

(9) 类 A 和类 B 位于同一个包中,则除了私有成员,类 A 可以访问类 B 的所有其他成员。 ( )
(10) 子类要调用父类的方法必须使用 super 关键字。 ( )

※代码分析

1. 阅读下面各题的代码,从备选答案中选择答案,并设计一个程序验证自己的判断。
(1) 对于代码

```
public class parent {
    int change() {}
}
class Child extends Parent {}
```

可以添加到 Child 类中的方法是(   )。
  A. public int change() {}　　　　　　B. int change(int i) {}
  C. private int change() {}　　　　　　D. abstract int change() {}

(2) 使下面的程序能编译运行,并能改变变量 oak 的值的 "// Here" 的替代项是(   )。

```
class Base {
    static int oak = 99;
}

public class Doverdale extends Base {
    public static void main(String[] args) {
        Doverdale d = new Doverdale();
        d.aMethod();
    }
    public void aMethod() {
        // Here
    }
}
```

  A. super.oak=1;　　B. oak=33;　　C. Base.oak=22;　　D. oak=55.5;
(3) 有如下类定义:

```
public class S extends F {
    S (int x) {}
    S (int x, int y) {
        Super(x,y);
    }
}
```

则类 F 中一定有构造器(   )。
  A. F() {}　　B. F(int x) {}　　C. F(int x,int y) {}　　D. F(int x,int y,int z) {}
(4) 对于类定义:

```
public class Parent {
    public int addValue(int a, int b) {return a + b;}
}
class Child extends Parent {
}
```

以下( )方法声明能够被加入到 Child 类中编译正确。
  A. int addValue(int a, int b) {/* do something… */}
  B. public void addValue() {/* do something… */}
  C. public void addValue(int b, int a) {/* do something… */}
  D. public int addValue(int a, int b) throws Exception {/* do something… */}

(5) 有关继承的下列代码的运行结果是( )。

```
Class Teacher extends Person {
    public Teacher() {
        super();
    }
    Public Teacher(int a) {
        System.out.println(a);
    }

    public void func() {
        System.out.print("2, ");
    }

    public static void main(String[] args) {
        Teacher t1 = new Teacher();
        Teacher t2 = new Teacher(3);
    }
}

class Person {
    public Person() {
        func();
    }

    Public void func() {
        System.out.println("1, ");
    }
}
```

  A. 1, 1, 3   B. 2, 2, 3   C. 1, 3   D. 2, 3

(6) 设有下面两个类定义：

```
class AA {
    void Show() { System.out.println("我喜欢 Java!")};
}

class BB extends AA {
    void Show() { System.out.println("我喜欢 C++!")};
}
```

然后顺序执行如下语句：

```
AA a = new AA();
BB b = new BB();
a.Show();
b.Show();
```

则输出结果为(　　)。

  A. 我喜欢 Java!　　　B. 我喜欢 C++!　　　C. 我喜欢 Java!　　　D. 我喜欢 C++!
    我喜欢 Java!　　　 我喜欢 Java!　　　 我喜欢 C++!　　　 我喜欢 C++!

(7) 有下面的代码：

```
class Parent {                                    // (1)
    private String name;                          // (2)
    public Parent() {}                            // (3)
}                                                 // (4)
public class Child extends Parent {               // (5)
    private String department;                    // (6)
    public Child() {}                             // (7)
    public String getValue() {return name;}       // (8)
    public static void main(String[] srg) {       // (9)
        Parent p = new Parent();                  // (10)
    }                                             // (11)
}                                                 // (12)
```

在这段代码中有错误的行是(　　)。

  A. 第(3)行　　　B. 第(6)行　　　C. 第(7)行　　　D. 第(8)行

(8) 对于如下类定义：

```
class Base {
    public Base() { /*…*/ }
    public Base(int m) { /*…*/ }
    protected void fun(int n) { /*…*/ }
}
public class Child extends Base {
    // member methods
}
```

在下列代码中，可以正确地加入子类中的是(　　)。

  A. private void fun (int n) { /*…*/}　　　B. void fun (int n) { /*…*/}
  C. protected void fun (int n) { /*…*/}　　D. public void fun (int n) { /*…*/}

(9) 对于定义：

```
String s = "hello";
String t = "hello";
char[] c = {'h','e','l','l','o'};
```

在备选答案中可以返回 true 值的表达式为(　　)。

  A. s.equals(t)　　　　　　　　　B. t.equals(c)
  C. s==t　　　　　　　　　　　　D. t.equals(new String("hello"))

(10) 对于下面的代码：

```
public class Sample {
    long length;
    public Sample(long l) {length = 1;}
    public static main(String[] arg) {
        Sample s1, s2, s3;
        s1 = new Sample(21L);
```

```
        s2 = new Sample(21L);
        s3 = s2;
        long m = 21L;
    }
}
```

在下列表达式中,可以返回 true 的为(   )。

    A. s1==s2   B. s2==s3   C. m==s1   D. s1.equals(m)

(11) 下面的程序段抛出的异常是(   )。

```
String friends[] = {"Zhang","Wang","Li"};
```

    A. IndexOutOfBoundsException   B. ArithmeticException
    C. FileNotFoundException   D. EOFException

2. 请列出方法 objBtn_actionPerformed() 执行时有关语句的执行顺序。

```
void objBtn_actionPerformed(ActionEvent e) {
    Child child = new Child();
}
class Base {
    int i = 0;                                           // (1)
    Other baseOther = new Other("init Base Other");      // (2)
    private static int x = 1;                            // (3)
    public Base() {
        System.out.println("init Base");                 // (4)
    }
}

class Child extends Base {
    int a = 0;                                           // (5)
    Other childOther = new Other("init Child Other");    // (6)
    private static int y = 2;                            // (7)
    public Child() {
        System.out.println("init Child");                // (8)
    }
}
```

开发实践

设计下列各题的 Java 程序,并为这些程序设计测试用例。

1. 车分为机动车和非机动车两大类,机动车可以分为客车和货车,非机动车可以分为人力车和兽力车。请建立一个关于车的类层次结构,并设计测试方法。

2. 自己设想一个具有 3 层以上类结构的例子,并用 Java 实现它。

思考探索

1. 下面的程序用来统计狗和猫叫的次数,为此为狗(Dog)和猫(Cat)定义了一个公共超类 Counter,程序代码如下:

```
class Counter {
    private static int count;
    public static void increment() {counte ++ ;}
    public static int getCount() {return counte;}
}
class Dog extends Counter {
    public Dog() {}
    public void woof() {increment();}
}
class Cat extends Counter {
    public Cat() {}
    public void meow() {increment();}
}
public class Ruckus {
    public static void main(String [] args) {
        Dog[] dogs = {new Dog(),new Dog(),new Dog()};
        for (int i = 0; i < dogs.length; i ++ ) dogs[i].woof();
        Cat[] cats = {new Cat(),new Cat()};
        for (int i = 0; i < catss.length; i ++ ) catss[i].meow();
        System.out.printtln(Dog.getCount() + "woofs,");
        System.out.printtln(Cat.getCount() + "meows.");
    }
}
```

请分析这个程序能否如愿？如果不能，找出问题在什么地方，并提出改进方案。

提示：静态方法的特点。

2. 在下面的程序中定义了两个类：类 Point 用于建立一个点的坐标和名字，类 ColorPoint 继承了 Point，为点添加了颜色并重定义了命名 setName()。代码如下：

```
class Point {
    private final int x, y;
    private final String name;
    Point(int x, int y) {
        this.x = x;
        this.y = y;
        name = setName();
    }
    protected String setName() {
        return "[" + x + "," + y + "]";
    }
    @Override
    public final String toString() {
        return name;
    }
}
public class ColorPoint extends Point {
    private final String color;
    ColorPoint(int x, int y, String color) {
```

```
        super(x, y);
        this.color = color;
    }
    @Override
    protected String setName() {
        return super.setName() + ":" + color;
    }
    public static void main(String[] args) {
        System.out.println(new ColorPoint(5,3,"red"));
    }
}
```

请先分析这个程序的执行结果,然后上机验证自己的推断,说明产生这一结果的原因,并提出修改建议。

3. 阅读下面的程序,指出其运行时会出现什么状况,这个状况应如何解决?

```
class Base {
    public String className = "Base";
}
class Derived extends Base {
    private String className = "Derived";
}
public class PrivatMatter {
    public static void main(String[] args) {
        System.out.println(new Derived().className);
    }
}
```

如果不修改类 Base 和 Derived 的定义,在这个程序中如何通过 Derived 的实例访问到 Base 的成员?

4. 指出下面表达式的值,并说明理由。

```
new Integer(5).equals(new Long(5))
```

第6单元 抽象类与接口

抽象类和接口是基于继承的两种组织类的机制。

6.1 圆、三角形和矩形

6.1.1 3个独立的类：Circle、Rectangle 和 Triangle

圆(circle)、矩形(rectangle)和三角形(triangle)可以看作3个独立的类，下面先讨论每个类的描述。

【代码6-1】 Circle类定义。

```java
public class Circle {
    public static final double PI = 3.1415926;          // 定义常量：final 变量
    private double radius;                              // 半径
    public enum Color {red, yellow, blue, white, black};// 定义枚举
    private Color lineColor;                            // 线条色
    private Color fillColor;                            // 填充色

    Circle() {}                                         // 无参构造器
    Circle(double radius) {                             // 有参构造器
        this.radius = radius;
    }

    public void setColor(Color lineColor, Color fillColor) {  // 着色方法
        this.lineColor = lineColor;
        this.fillColor = fillColor;
    }

    public void draw() {                                // 画图形方法
        System.out.println("画圆。");
    }

    public double getArea() {                           // 计算圆面积
        return PI * radius * radius;
    }
}
```

【代码6-2】 Rectangle类定义。

```java
public class Rectangle {
    private double width;                               // 矩形宽
    private double height;                              // 矩形高
```

```
    public enum Color {red, yellow, blue, white, black};        // 定义枚举
    private Color lineColor;                                     // 线条色
    private Color fillColor;                                     // 填充色

    Rectangle() {}                                               // 无参构造器
    Rectangle(double width, double height) {                     // 有参构造器
        this.width = width;
        this.height = height;
    }

    public void setColor(Color lineColor, Color fillColor) {     // 着色方法
        this.lineColor = lineColor;
        this.fillColor = fillColor;
    }

    public void draw() {                                         // 画图形的方法
        System.out.println("画矩形。");
    }

    public double getArea() {                                    // 计算圆面积
        return width * height;
    }
}
```

【代码 6-3】 Triangle 类定义。

```
public class Triangle {
    private double side1;                                        // 边1
    private double side2;                                        // 边2
    private double side3;                                        // 边3
    public enum Color {red, yellow, blue, white, black};         // 定义枚举,见 6.1.2 节
    private Color lineColor;                                     // 线条色
    private Color fillColor;                                     // 填充色

    Triangle() {}                                                // 无参构造器
    Triangle(double side1, double side2, double side3)           // 有参构造器
        this.side1 = side1;
        this.side2 = side2;
        this.side3 = side3;
    }

    public void setColor(Color lineColor, Color fillColor) {     // 着色方法
        this.lineColor = lineColor;
        this.fillColor = fillColor;
    }

    public void draw() {                                         // 画图形的方法
        System.out.println("画三角形。");
```

```
    }
    public double getArea() {                    // 计算三角形面积
        double p = (side1 + side2 + side3)/2;
        double s = Math.sqrt(p * (p - side1) * (p - side2) * (p - side3));
        return s;
    }
}
```

说明：sqrt()是 java.lang.math 类的一个静态方法，用于返回参数的平方根。

6.1.2 枚举

1. 枚举的概念

从字面上看，枚举(enumerate)就是将值逐一列出。在本例中，使用语句

```
public enum Color {red,yellow,blue,white,black};      // 定义枚举
```

就是在定义 enum 类型 Color 时逐一列出了 Color 变量在本问题中的可能取值 red、yellow、blue、white、black，并且每个 Color 变量只能取这些值中的一个。Color 称为一种类型，可以用来定义变量。例如，本例中的语句：

```
private Color lineColor;                              // 线条色
private Color fillColor;                              // 填充色
```

再如定义：

```
enum Sex{male,female};
```

后，将使 Sex 类型的变量只能取 male 和 female 中的一个。这样编写程序比用 char 类型表示安全多了，不至于在输入了非"m"又非"f"的字符后系统无法判断对错。

2. 枚举的使用要点

(1) 枚举类是一个类，它的隐含父类是 java.lang.Enum<E>。

(2) 枚举值是被声明枚举类的自身实例，如 red 是 Color 的一个实例，并不是整数或其他类型。

(3) 每个枚举值都是由 public、static、final 隐性修饰的，不需要添加这些修饰符。

(4) 枚举值可以用==或 equals()进行彼此相等比较。

(5) 枚举类不能有 public 修饰的构造器，其构造器都是隐含 private，由编译器自动处理。

(6) Enum<E>重载了 toString()方法，调用 Color.blue.toString()将默认返回字符串 blue。

(7) Enum<E>提供了一个与 toString()对应的 valueOf()方法。例如，调用 valueOf("blue")将返回 Color.blue。

(8) Enum<E>还提供了 values()方法,可以方便地遍历所有的枚举值。例如:

```
for (Color c: Color.values())
    System.out.println("find value:" + c);
```

(9) Enum<E>还有一个 ordinal()方法,这个方法返回枚举值在枚举类中的顺序,这个顺序根据枚举值声明的顺序而定,例如 Color. red. ordinal()返回 0,Color. blue. ordinal()返回 2。

6.2 抽 象 类

6.2.1 由具体类抽象出抽象类

1. 3 个类中具有的相同成员

第 6.1 节已经定义了 3 个并列的类,现对它们进一步抽象:分析前面的 3 个类,发现它们有以下相同点。

(1) 都有下列成员。

```
public enum Color {red, yellow, blue, white, black};   // 定义枚举
private Color lineColor;                                // 线条色
private Color fillColor;                                // 填充色

public void setColor(Color lineColor, Color fillColor){ // 着色方法
    this.lineColor = lineColor;
    this.fillColor = fillColor;
}
```

(2) 都要在构造器中初始化 lineColor 和 fillColor。

显然,只要将 private 换成 protected,就可以为 3 个类设计一个含有上述成员的父类,让 3 个类继承父类的上述成员,实现部分代码的复用。

2. 3 个类中都具有的名字、参数和返回类型都相同的方法

进一步分析可以看出,3 个类中各有一个 getArea()方法和 draw()方法,特点是名字、参数和类型都相同,只是实现不同。对于这样的方法,显然不能够像 setColor()方法那样写在父类中让子类直接去继承。唯一的办法是写在父类中让子类去覆盖,即在父类中把这两个方法写为方法体空的形式:

```
void draw() {}
double getArea() {}
```

3. 一个父类的代码

【代码 6-4】 由 3 个独立类抽象出的 Shape 类。

```
public class Shape {
    public enum Color {red, yellow, blue, white, black};    // 定义枚举
    protected Color lineColor;                               // 线条色
    protected Color fillColor;                               // 填充色

    protected Shape() {                                      // 无参构造器
        this.lineColor = Color.white;
        this.fillColor = Color.black;
    }
    protected void setColor(Color lineColor, Color fillColor){  // 着色方法
        this.lineColor = lineColor;
        this.fillColor = fillColor;
    }
    protected void draw() {}                                 // 空的画图形方法
    protected double getArea() {}                            // 空的计算面积方法
}
```

有了这个类就可以用它来派生类 Circle、Rectangle 和 Triangle，实现部分代码复用。但是，这样带来了两个问题：

(1) 这里的 draw() 和 getArea() 都是无参方法，要是有参方法，方法体该如何写呢？

(2) 如果用类 Shape 生成对象，调用方法 draw() 或 getArea()，那么该如何执行呢？

抽象类可以很好地解决这两个问题。

4. 定义抽象类

抽象类是用 abstract 修饰的类。在这个类中，要被抽象类的实例类覆盖的方法也用 abstract 修饰为抽象方法，不定义方法体，只定义方法头。这样，抽象类就成为其实例类的一个模板了。

【代码 6-5】 抽象类 Shape 的定义。

```
abstract class Shape {
    public enum Color {red, yellow, blue, white, black};    // 定义枚举
    protected Color lineColor;                               // 线条色
    protected Color fillColor;                               // 填充色

    protected Shape() {                                      // 无参构造器
        this.lineColor = Color.white;
        this.fillColor = Color.black;
    }
    protected void setColor(Color lineColor, Color fillColor){  // 着色方法
        this.lineColor = lineColor;
        this.fillColor = fillColor;
    }
    protected abstract void draw();                          // 抽象画图形方法
    protected abstract double getArea();                     // 抽象计算面积方法
}
```

这样,关键字 abstract 将类 Shape 定义为了抽象类,即它只有象征性意义——相当于设计了一个类的模板,它只能用于派生子类,不能被实例化。

6.2.2 由抽象类派生出实例类

由于子类是超类的实例化,超类是子类的抽象化,有了这个象征性的抽象类就可以派生出其具体类。或者说,抽象类作为类模型,可以按照这个模型生成具体的类——实例类。

1. 由抽象类派生实例类的示例

【代码 6-6】 作为 Shape 派生类的 3 个子类的定义。

```java
// Circle 类的定义
class Circle extends Shape {
    public static final double PI = 3.1415926;        // 定义常量——final 变量
    private double radius;                              // 半径
    Circle() {}                                         // 无参构造器
    Circle(double radius) {                             // 有参构造器
        this.radius = radius;
    }
    @Override
    public void draw() {                                // 画图形的方法
        System.out.println("画圆。");
    }
    @Override
    public double getArea() {                           // 计算圆面积
        return PI * radius * radius;
    }
}

// Rectangle 类的定义
class Rectangle extends Shape {
    private double width;                               // 矩形宽
    private double height;                              // 矩形高
    Rectangle() {}                                      // 无参构造器
    Rectangle(double width, double height) {            // 有参构造器
        this.width = width;
        this.height = height;
    }
    @Override
    public void draw() {                                // 画图形的方法
        System.out.println("画矩形。");
    }
    @Override
    public double getArea() {                           // 计算圆面积
        return width * height;
    }
}
```

```java
}
// Triangle 类的定义
class Triangle extends Shape {
    private double side1;                                        // 边 1
    private double side2;                                        // 边 2
    private double side3;                                        // 边 3

    Triangle() {}                                                // 无参构造器
    Triangle(double side1, double side2, double side3) throws NonTriangleException {
                                                                 // 有参构造器
        if (isATriangle(side1, side2, side3)) {
            this.side1 = side1;
            this.side2 = side2;
            this.side3 = side3;
        }else {
            throw new NonTriangleException("不能组成三角形!");
        }
    }
    private boolean isATriangle(double a, double b, double c) {  // 判断 3 条线能否组成三角形
        if (a + b <= c) {
            return false;
        }else if (a + c <= b) {
            return false;
        }else if (b + c <= a) {
            return false;
        }else
            return true;
    }
    @Override
    public void draw() {                                         // 画图形的方法
        System.out.println("画三角形。");
    }
    @Override
    public double getArea() {                                    // 计算三角形面积
        double p = (side1 + side2 + side3)/2;
        double s = Math.sqrt(p * (p - side2) * (p - side1) * (p - side3));
        return s;
    }
}
public class NonTriangleException extends RuntimeException {     // 自定义异常类
    public NonTriangleException(String str){
        super(str);
    }
}
```

图 6.1 所示为上述程序的类结构图。

注意：只有抽象类中的所有抽象方法都实现为实例方法，才能成为实例类。在子类中重定义父类的抽象方法称为实现。

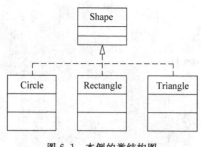

图 6.1 本例的类结构图

2. 本例的测试

测试用例设计要包含如下内容：

（1）三角形组成测试。按照白箱测试，包括以下内容：
- 3 种不能构成三角形的测试数据，例如 {1,2,3}、{2,1,3}、{3,2,1}；
- 能组成三角形的测试，例如{10,8,6}。

（2）各形状在静态绑定和动态绑定情况下的面积计算测试。

（3）测试画图方法。

测试要进行多次，下面是一次测试用的主方法。

【代码 6-7】 代码 6-6 的测试主函数。

```java
public static void main(String[] args) {
    Shape sh = null;                                    // 定义父类引用并初始化
    try {
        Triangle t1 = new Triangle(10, 8, 6);           // 静态绑定
        System.out.println("三角形面积为：" + t1.getArea());  // 输出三角形面积

        sh = new Triangle(10, 8, 6);                    // 指向 Triangle 对象
        System.out.println("三角形面积为：" + sh.getArea());

        sh = new Rectangle(10, 8);                      // 指向 Rectangle 对象
        System.out.println("矩形面积为：" + sh.getArea());

        sh = new Circle(10);                            // 指向 Circle 对象
        System.out.println("圆面积为：" + sh.getArea());

        Triangle t2 = new Triangle(1, 2, 3);            // 不构成三角形的实例
    }catch(NonTriangleException nis) {
        System.err.println("捕获" + nis);
    }
}
```

测试结果如下：

```
三角形面积为：24.0
三角形面积为：24.0
矩形面积为：80.0
圆面积为：314.1592653589793
捕获NoIntoTriangleException：不能组成三角形！
```

其他测试情况略。

6.2.3 抽象类小结

（1）抽象类是用关键字 abstract 声明的类，它不能被用来创建对象，但是可以用来声明引用。例如：

```
Area a;
```

（2）抽象类只关心组成，不关心实现，它允许有一些用 abstract 声明的抽象方法作为成员。这些方法只有声明，没有实现（方法体）。在抽象类中可以没有抽象方法，但有抽象方法的类必须定义为抽象类。

（3）与抽象类相对应的是实例类。一个抽象类的子类只有把父类中的所有抽象方法都重新定义才能成为实例类，只有实例类（不含抽象方法的类）才能被实例化——用于生成对象。如果子类没有完全实现父类中的抽象方法，该子类也必须定义为抽象类。

（4）抽象类存在的首要意义是派生子类，并最后得到抽象方法全被覆盖的实现类。因此，abstract 不能与 final 连用，并且抽象方法和非内部类（见 9.4 节）的抽象类不能用 private 修饰。

（5）用抽象类衍生子类的意义是在类层次中形成动态多态性，而关键字 static 的一个作用是保持静态性，所以抽象方法和非内部的抽象类不能用 static 修饰。

（6）抽象类可以有构造器并且不能定义成抽象的，即要在抽象类中定义构造器必须是非抽象的，否则将出现编译错误。在创建子类的实例时会自动调用抽象类的无参构造器。

6.3 接　　口

6.3.1 接口及其特点

在第 6.2 节中定义了一个抽象类，它有两个抽象方法，即画图方法 draw() 和计算面积的方法 getArea()，这是基于如何为组织圆、矩形和三角形成为一个类体系的考虑。

现在从另外一个角度考虑，这个系统要实现两种服务：计算不同形状的面积和画不同的几何图形。面对任何一个服务，都有需求方和提供方两个方面。如图 6.2 所示，位于需求方和提供方之间的部分称为接口（interface）。从需求方看，接口表达了需求；从提供方看，接口表达了可以提供的服务规范。

图 6.2　接口的概念

在 Java 中,接口是与类并列的类型,是接口类型的简称。作为属性和方法的封装体,接口主要用于描述某些类之间基于服务(或称职责)的共同抽象行为。通常,接口具有如下特点:

(1) 接口的属性都是默认为 final、static、public 的,以供多个实现类共享。

(2) 接口只关心服务的内容,不关心服务如何执行,其所有方法都被隐式声明为 abstract 和 public 的。

(3) 接口用关键字 interface 引出,其前可以使用 public 或 abstract,也可以什么都不写(这时默认的访问权限是 public),但一定不能使用 private 修饰。

(4) 接口必须用实现类来实现其抽象方法。在定义实现类时要用关键字 implements 从接口引用。

【代码 6-8】 计算面积的接口和画图的接口。

```java
interface IArea {                              // 计算面积接口
    double PI = 3.141596;                      // 可加 final
    double getArea();                          // 可加 final static
}

interface IDraw {                              // 画图接口
    public abstract void draw();               // 可加 public 和 abstract
}
```

说明:这里定义的两个接口名前都添加了一个字符"I",以与类名区别。

6.3.2 接口的实现类

1. 单一接口的实现类

接口不能直接使用,只有其实现类才可以直接使用,下面介绍如何从接口定义出某个类。

【代码 6-9】 基于接口的实现计算圆面积的类。

```java
public class Circle implements IArea {
    private double radius;                     // 半径

    Circle() {}                                // 无参构造器
    Circle(double radius) {                    // 有参构造器
        this.radius = radius;
    }
    @override
    public double getArea() {                  // 计算圆面积
        return PI * radius * radius;
    }
}
```

说明:关键字 implements 表明定义的类用于实现一个接口。

三角形和矩形的两个实现类请读者自己完成。

2. 一个类作为多个接口的实现类

一个类可以作为多个接口的实现类,从而实现了类(包括抽象类)所不能实现的多重继承。

【代码 6-10】 基于接口 IArea 和 IDraw 具有多重继承的 Circle 类。

```java
public class Circle implements IArea, IDraw {
    private double radius;

    Circle() {}
    Circle (double radius) {
        this.radius = radius;
    }
    @Override
    public double getArea() {                    // 圆面积的计算
        return PI * radius * radius;
    }
    @Override
    public void draw () {                        // 画圆方法的实现
        System.out.println("画圆。");
    }
}
```

3. 带有父类的接口实现类

接口的实现类也可以在实现接口的同时继承来自父类的成员。

【代码 6-11】 用 Shape 类的派生类 Circle 实现接口 IArea 和 IDraw。

```java
public class Circle extends Shape implements IArea,IDraw {
    private double radius;

    Circle() {}
    Circle(double radius) {
        this.radius = radius;
    }
    @Override
    public double getArea() {                    // 实现圆面积的计算
        return PI * radius * radius;
    }
    @Override
    public void draw() {                         // 画圆方法的实现
        System.out.println("画圆。");
    }
}
```

用类似的代码可以得到实现接口 IArea 和 IDraw 的实现类 Rectangle 和 Triangle。

6.3.3 关于接口的进一步讨论

1. 接口的其他特性

除了上述特性外,接口还有如下特性:
(1) 接口和抽象类一样,不能用来生成自己的实例,但是允许定义接口的引用变量。
(2) 在接口中定义构造器是错误的。
(3) 如果接口的实现类不能全部实现接口中的方法,就必须将其定义为抽象类。
(4) 接口可以建立继承关系,形成复合接口。

【代码 6-12】 复合接口示例。

```
interface IArea {                                      // 面积计算接口
    double PI = 3.141596;                              // 也可加 final
    double getArea();                                  // 可加 final static
}

interface IDraw {                                      // 画图接口
    public abstract void draw();                       // public 和 abstract 可无
}

interface ICalcuDraw extends IArea,IDraw {             // 复合接口
    void Coloring();                                   // 着色
}
```

2. 基于接口的动态绑定

接口类型和抽象类一样可以实现动态绑定——一个接口的引用可以用其不同的实现类构造器初始化,指向不同的实现类对象。下面是一个用于测试 CalcuArea 接口的类。为了表明"动态性",在主方法中使用了随机数,以便读者更容易理解动态绑定发生在程序运行中。

【代码 6-13】 用指向 IArea 的引用计算不同形状的图形面积。

```
import java.util.*;
public class TryCalcuArea {
    public static void main(String[] args) {
        IArea ar = null;                                 // 声明一个接口的引用变量
        Random random = new Random();                    // 创建一个默认随机数产生器
        for (byte i = 0; i < 3; ++ i) {
            int rdm = random.nextInt(3);                 // 生成一个[0,2]区间的随机数
            switch(rdm) {
                case 0:ar = new Circle(10);          break;
                case 1:ar = new Rectangle(10, 8);    break;
                case 2:ar = new Triangle(10, 8, 6); break;
            }
            System.out.println(rdm + ":" + ar.getArea());
        }
    }
}
```

测试结果如下:

```
1:80.0
0:314.15959999999995
2:24.0
```

3. 接口与抽象类的比较

接口可以看作抽象类的变体,它们有如下相同之处:

(1) 它们都是作为下层的抽象。

(2) 它们都可以定义出一个引用,但都不能被直接实例化对象,只能被实例化为具体类后再生成对象。

(3) 它们都可以包含抽象方法。

但是它们又有许多不同。表 6.1 给出了接口与抽象类的比较。

表 6.1 接口与抽象类的不同

比较内容	抽象类	接口
定义关键字	abstract class	[abstract][public]interface
成员方法	可以包含具体方法 抽象方法可以有默认方法体	只能有 public、abstract 方法 所有方法都不能有默认方法体
成员变量	可以含有一般成员变量	只能有 public、static、final 成员变量,必须初始化值,并在执行类中不能改变
构造器	有	无
与子类的关系	为子类提供公共特征的描述	为子类提供公共服务描述,即不同执行标准
子类性质	实例类或抽象类	实例类或接口
派生关键字	extends	implements
支持多继承	一个类只能有一个直接父类	一个类可以实现多个接口
父类性质	其他类或接口	仅为接口
访问权限	各种均可	只能是 public

从抽象的角度看,接口的抽象度最高,只有抽象方法,没有实例变量和静态方法;抽象类中有部分实现,可以实现部分定制,是介于完全实现和完全抽象之间的半成品模型;实例类则是一种全成品的模型。

6.4 知识链接

6.4.1 Java 构件修饰符小结

Java 提供了一些修饰符,用于修饰类、变量和方法。表 6.2 中列出了主要修饰符的意义和用法。

注意:

(1) 顶层类不可用 protected 和 private 修饰。

(2) abstract 不可与 private、final、static 连用。

表 6.2 Java 的主要修饰符及其用法(◎：必须；○：默认；√：可以；×：不可)

类别	修饰符	含义	实例类				抽象类				接口			主方法	局部变量
			类	成员方法	成员变量	构造器	类	抽象方法	成员变量	构造器	接口	成员方法	成员变量		
访问控制	public	公开	√	√	√	√	√	√	√	√	◎	○	○	◎	×
	protected	保护	注	√	√	√	√	√	√	√	×	×	×	×	×
	private	私密	注	√	√	√	×	×	×	×	×	×	×	×	×
	默认	默认	√	√	√	√	√	√	√	√	×	×	×	×	×
抽象	abstract	抽象	×	×	×	×	◎	◎	×	×	○	○	×	×	×
静态	static	静态	×	√	√	×	×	×	√	×	×	×	○	◎	×
不变	final	不可改变	√	√	√	×	×	×	√	×	×	×	○	×	√

6.4.2 对象克隆

1. Java 对象克隆的条件

用户在编程过程中经常会遇到一种情况：假设有一个已知对象 object1，而在某处又需要一个和 object1 一样的实例 object2，但要求 object1 和 object2 是两个独立的实例，这时使用赋值表达式 object2＝object1 是无法达到目的的，因为赋值的结果只是形成了两个指向同一对象实例的引用，如图 6.3 所示。

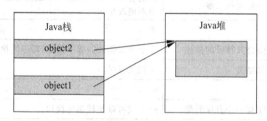

图 6.3 object2＝object1 的结果

克隆对象就是复制对象。Java 对象的克隆有下面 3 个条件：
（1）要克隆对象的类必须实现 Cloneable 接口。
（2）在要克隆对象的类中覆盖 Object 类中的 clone()方法。
（3）重写的 clone()方法应当是 public 或 protected 的，并且返回 super.clone()。

2. Java 对象克隆的基本方法

【代码 6-14】 克隆对象示例。

```java
class Student implements Cloneable {
    private String studName;
    private int studAge;
    
    public Student(String studName, int studAge) {
        this.studName = studNameD;
        this.studAge = studAge;
    }
```

```java
    public void setStudID(String studName){
        this.studName = studName;
    }

    public void setStudAge(int studAge){
        this.studAge = studAge;
    }
    @Override
    public String toString() {
        return "学生:姓名 = " + this.studName + ",年龄 = " + this.studAge;
    }

    @Override
    protected Object clone() throws CloneNotSupportedException {
        return super.clone();
    }
}
public class TestDemo {
    public static void main(String[] args) throws Exception {
        Student student1 = new Student ("张三",20);              // 实例化一个对象
        Student student2 = (Student)student1.clone();           // 克隆一个对象
        System.out.println(student1);
        System.out.println(student2);
    }
}
```

程序执行的结果是得到两个同样的 Student 对象,但在堆中的地址不同:

```
学生:姓名 = 张三,年龄 = 20
学生:姓名 = 张三,年龄 = 20
```

说明:

(1) 接口 Cloneable 中没有任何方法,这种接口称为标识接口。在这里,Cloneable 仅作为复制功能的一个"通行证"。

(2) 要实现对象的复制,需要 Object 类的 clone()方法和 Cloneable 接口配合。若一个类实现了接口 Cloneable,就说明该类的对象可以覆盖 Object 的 clone()方法进行复制;若一个类没有实现接口 Cloneable,则调用 clone()方法时就会抛出 CloneNotSupportedException 异常。

(3) 实现了接口 Cloneable 的类,需要一个公开(public)或保护(protected)的 clone()方法覆盖 Object 类中的 clone()。如果一个实现了接口 Cloneable 的类没有提供这样的 clone()方法覆盖 Object 类中的 clone(),也无法调用 clone()方法。

(4) clone()方法的具体做法是首先创建一个新对象,然后把新对象中的属性值初始化为原对象中对应的属性值。

3. 浅克隆与深克隆

前面介绍的克隆仅仅执行了一个字段的逐一复制,这种复制是基于字节赋值的,当对象

具有引用类型的成员时就会仅仅复制该成员的引用,而没有复制该成员的实体,这种克隆被称为浅克隆(shallow clone)。浅克隆不会适合所有的对象。

如果要做到完全克隆,需要进行深克隆(deep clone),即将所有数据实体都克隆。这样就需要特别的 clone()覆盖方法,并且覆盖可能是递归的。关于这些,请读者参照有关资料,本书不再详细介绍。

习 题 6

概念辨析

1. 从备选答案中选择下列各题的答案,如有可能,设计一个程序验证自己的判断。

(1) 下列是 JDK1.5 中关于类的基础知识的叙述,其中正确的是(   )。

    A. java.lang.Clonable 是类　　　　　　B. java.lang.Runnable 是接口

    C. Double 对象在 java.lang 包中　　　　D. Double a=1.0 是正确的

(2) 下列关于抽象类的描述中错误的是(   )。

    A. 抽象类不能被实例化　　　　　　　　B. 抽象类中必须有抽象方法

    C. 在抽象类中任何方法都可以是抽象的　D. 抽象类可以是 private 的

    E. 抽象类不能是 final 的　　　　　　　F. 抽象类不能是 static 的

(3) 接口中的方法可以使用的修饰符是(   )。

    A. static　　　　B. private　　　　C. protected　　　　D. public

(4) 在下列描述中正确的是(   )。

    A. 用 abstract 修饰的类只能用来派生子类,不能用来创建类对象

    B. 用 abstract 可以修饰任何方法

    C. abstract 和 final 不能同时修饰一个类

    D. abstract 方法只能出现在 abstract 类中,而 abstract 类中可以没有 abstract 方法

(5) 在下面关于抽象类和接口组成的说法中,正确的为(   )。

    A. 接口由构造器、抽象方法、一般方法、常量、变量构成,抽象类由全局常量和抽象方法组成

    B. 接口和抽象类都可由构造器、抽象方法、一般方法、常量、变量构成

    C. 接口和抽象类都只由全局常量和抽象方法组成

    D. 抽象类由构造器、抽象方法、一般方法、常量、变量构成,接口只由全局常量和抽象方法组成

(6) 在下面关于接口和抽象类之间关系的说法中,正确的为(   )。

    A. 接口和抽象类都只有单继承的限制

    B. 接口和抽象类都没有单继承的限制

    C. 接口可以继承抽象类,也允许继承多个接口

    D. 抽象类可以实现多个接口,接口不能继承抽象类

    E. 抽象类由构造器、抽象方法、一般方法、常量、变量构成,接口只由全局常量和抽象方法组成

(7) 下面关于继承的叙述正确的是(   )。

    A. 在 Java 中类不允许多继承

    B. 在 Java 中一个类只能实现一个接口

    C. 在 Java 中一个类不能同时继承一个类和实现一个接口

D. 在 Java 中接口只允许单一继承

(8) 下列类声明正确的是（　　）。

　　A. abstract final class HI{…}　　　　B. abstract private move(){…}

　　C. protected private number;　　　　D. public abstract class Car{…}

2. 判断下列叙述是否正确，并简要说明理由。

(1) 接口是特殊的类，所以接口也可以继承，子接口将继承父接口的所有常量和抽象方法。（　　）

(2) Java 接口方法必须声明成 public。（　　）

代码分析

1. 编译执行下列关于继承抽象类的代码会输出什么？说明原因。

```java
abstract class MineBase {
    abstract void amethod();
    static int i;
}

public class Mine extends MineBase {
    public static void main(String[] args) {
        int[] ar = new int[5];
        for (i = 0; i < ar.length; i ++ )
            System.out.println(ar[i]);
    }
}
```

2. 指出下面程序代码中的错误，并说明原因。

(1)
```java
class A {
    int x = 0;
}
interface IB {
    int x = 1;
}
class C extends A implements IB {
    public void printX(){
        System.out.println(x);
    }
    public static void main(String[] args) {
        C c = new C();
        c.printX();
    }
}
```

(2)
```java
class Test {
    int i;
    public abstract void play() {
        System.out.println("ok!");
    }
    public String what1() {
        return "Test!";
    }
    public abstract void adjust();
    public void what2();
}
```

3. 从备选答案中选择下面程序的运行结果，并说明原因。

```
interface I {
    void foo();
}

class B implements I {
    void print1() {
        print2(this);
    }

    @Override public void foo() {
        System.out.println("Hello");
    }

    void print2(I i) {
        i.foo();
    }

    void print2_this() {
        System.out.println("Surprise");
    }

    public static void main(String[] args) {
        B b = new B();
        b.print1();
    }
}
```

A. Hello   B. Surprise   C. 不能编译   D. "Hello"
E. "Surprise"

4. 如果有如下 enum 定义

```
enum Day {
    first, second;
}
```

下面的代码是否正确？

```
Day d = Day.first;
switch(d) {
...
}
```

5. 有如下接口定义：

```
interface IA {
    int method1(int i, int j){ }
    int method2(int k){ }
}
```

则下列定义中可以实现接口 IA 的实现类 B 是(   )。

A.
```
class B implements IA {
    int method1(int j, int k){ }
    int method2(int i){ }
}
```

B.
```
class B {
    int method1(int i, int j){ }
    int method2(int k){ }
}
```

C.
```
class B extends IA {
    int method1(int i, int j){ }
    int method2(int k){ }
}
```

D.
```
class B implements IA {
    int method1(int j){ }
    int method2(int i){ }
}
```

E.
```
class B implements IA {
    int method1(int i, int j){ }
    int method2(int k);
}
```

F.
```
class B implements IA {
    int method1(int j){ }
    int method3(int i);
}
```

开发实践

1. 设计下列各题的 Java 程序,并为这些程序设计测试用例。

(1) 长途汽车、飞机、轮船、火车、出租车、三轮车都是交通工具,都卖票,请分别用抽象类和接口组织它们。

(2) 蔬菜、水果、肉、水、食油、食盐、食糖、味精等都提供了烹饪服务,请为之设计一个接口,并通过一些类实现。

2. 使用合适的模式设计下列程序结构。

(1) 一个计算器。

(2) 一个图形面积计算器。

思考探索

1. 设法验证:一个类中没有抽象方法,这个类是否能定义成抽象类?若能定义成抽象类,它是否能被实例化?

2. 下面的类欲输出一天中的微秒数与毫秒数之商,请给出程序的执行结果并与程序运行的结果进行比较,分析造成这种差别的原因,提出改进方案。

```java
public class LongDivision {
    public static void main(String[] args) {
        final long MICROS_PER_DAY = 24 * 60 * 60 * 1000 * 1000;
        final long MILLIS_PER_DAY = 24 * 60 * 60 * 1000 ;
        System.out.printtln(MICROS_PER_DAY/MILLIS_PER_DAY);
    }
}
```

提示:注意数据类型的范围和转换。

3. 对于下列 Java 代码:

```java
public class ReadOnlyClass {
    private String name = "hello";
    public String getName() {
        return name;
    }
}
```

能否将 ReadOnlyClass 类的某个对象中 name 属性的值由 hello 改为 world? 如果能,请写出实现代码;如果不能,请说明理由。

4. 克隆有浅克隆与深克隆之分,查找资料,举例说明深克隆时如何写 clone() 的覆盖方法。

第 7 单元　面向对象程序架构优化原则

7.0 引　言

　　好的程序设计思想来自人们长期的摸索和实践的考验。这些用心血总结出的规则几经提炼，变得近乎晦涩。为了便于初学者理解，下面从一个故事说起。

　　王彩同学是计算机软件专业大三的同学，正在学习 Java 程序设计课程。一天，张教授将他请到办公室，说附近一家民营小厂启步信息化，希望能有学计算机软件的同学到厂里帮忙。问他愿意不愿意去。王彩说，我的水平，怕承担不了。教授说，不怕，有问题我帮你解决。王彩只好同意。

　　星期三上午 3、4 节没课，王彩决定先去厂里看看情况。他带着自己的笔记本电脑来到厂里。这时，厂长已经在办公室等候。原来这是一家生产圆柱体部件的小厂。厂里为了计算原料，需要计算柱的体积。计算公式如下：

$$柱(pillar)的体积(volume) = 底(bottom)面积(area) * 高(height)$$

　　厂长说，现在这些都是用手工计算的。有时候算圆（circle）底的面积时会出错，能不能先设计一个计算圆面积的程序？王彩心想："小菜一碟！"。他打开笔记本电脑，三下五除二，马上就设计出来，为了讨厂长喜欢，还增加了一个画图功能。

【代码 7-1】 王彩设计的计算圆面积的 Java 程序。

```java
// circle.java
class Circle{
    private double radius;
    public Circle(double radius){this.radius = radius;}
    public void draw(){System.out.println("画圆。");}
    public double getArea(){return (Math.PI * radius * radius);}
}

// WangcaiTest1.java
public class WangcaiTest1{
    public static void main(String[] args){
        Circle c = new Circle(1.0);
        c.draw();
        System.out.println("圆的面积为" + c.getArea());
    }
}
```

测试结果如下：

圆的面积为 3.141592653589793

厂长看了很高兴。顷刻，12点已经过了。厂长打电话叫送来两盒8元的快餐，在办公室与王彩共进午餐。吃饭间，厂长问王彩：能不能一下子就把圆柱的体积计算出来？王彩眨了眨眼睛说：下午还有两节课，我下课后再来吧！厂长说：这边下午也有客户要来，明天这个时间来如何？王彩想了想说：好的。

下午正好是张教授的课。王彩赶到教室，预备铃已经响过，张教授正在打开投影设备，看见王彩进来，就问：情况如何？王彩简单地说了一下情况。张教授开玩笑地说：你明天中午又有快餐吃了。这时上课铃声响起。王彩要坐到座位上去，张教授说：先给大家说说上午的情况。王彩故弄玄虚地给同学们介绍了他的5分钟杰作，并把代码写在白板上。张教授问他：那圆柱计算你想如何做呢？王彩满不在乎地说：这个更简单，只要由类Circle派生出一个Pillar类，问题就解决了。张教授说：你把Pillar类声明写出来。王彩神气十足地在白板上写出了如下代码。

【代码7-2】 王彩写出的Pillar类声明。

```
class Pillar extends Circle {
    private double height;
    public Pillar (double r, double h){
        super(r);
        height = h;
    }
    @Override public void draw(){System.out.println("画圆柱.");}
    @Override public double getVolume(){return (super.getArea() * height);}
}
```

张教授：先不说你这段程序中有无语法错误，你就先说说你的设计思路吧。

王彩：继承（泛化）是一种基于已知类（父类）来定义新类（子类）的方法，它的最大的好处是带来可重用，而软件重用能节约软件开发成本，真正有效地提高软件的生产效率。

张教授：不错。但除了继承，还有其他重用方式吗？

王彩：……（一下子答不上来）。

张教授：好吧，你先就座吧。

说着，张教授打开投影，投影屏上显示出一行字：合成/聚合优先原则。

7.1 从可重用说起：合成/聚合优先原则

"重用"（reuse）也被称作"复用"，是重复使用的意思，即将已有的软件元素使用在新的软件开发中。这里所说的"软件元素"包括程序代码、测试用例、设计文档、设计过程、需求分析文档甚至领域知识和经验等。通常，可重用的元素称作软构件。构件的大小称为构件的粒度，可重用的软构件越大，重用的粒度越大。使用软件重用技术可以减少软件开发活动中大量的重复性工作，这样就能提高软件的生产率，降低开发成本，缩短开发周期。由于软构件大多经过严格的质量认证，并在实际运行环境中得到校验，重用软构件还有助于改善软件质量。

一般来说，软件重用可分为如下3个层次：

(1) 知识重用（例如软件工程知识的重用）。
(2) 方法和标准的重用（例如面向对象方法或国家制定的软件开发规范的重用）。
(3) 软件成分和架构的重用。

下面主要介绍两种重用机制，即继承重用和合成/聚合重用。

7.1.1 继承重用的特点

继承是面向对象程序设计中的一种传统的重用手段。继承重用的好处是超类的大部分成员都可以通过继承关系自动进入子类，同时修改或扩展继承而来的实现较为容易。但是，继承重用也会带来一些副作用，例如：

(1) 继承重用是透明的重用，又称"白箱重用"，即必须将超类的实现细节暴露给子类才能实现继承，这样就会破坏软件的封装性。

(2) 子类对父类有非常紧密的依赖关系，父类实现中的任何变化都将导致子类发生变化，形成这两种模块之间的紧密耦合。这样，当这种继承下来的实现不适合新的问题时就必须重写父类或用其他适合的类代替，从而限制了重用性。

(3) 由于父类与子类之间的紧密关系，使得模块化的概念从一个类扩展到了一个类层次。随着继承层次的增加，模块的规模不断增大，趋向难以驾驭。

> **程序模块的高内聚与低耦合**
>
> 模块化(modularity, modularization)是人类求解复杂问题、建造或管理复杂系统的一种策略。模块化程序设计可以降低开发过程的复杂性，但只有独立性好的模块才能实现这个目标。模块的独立性可以从内聚(cohesion)和耦合(coupling)两个方面评价。
>
> 内聚又称为块内联系，是模块内部各成分之间相互关联或可分性的度量，模块的内聚性低，表明该模块的可分性高；模块的内聚性高，表明该模块的不可分性高。
>
> 耦合又称为块间联系，是模块之间相互联系程度的度量，耦合性越强，模块间的联系越紧密，模块的独立性越差。

7.1.2 合成/聚合重用及其特点

简而言之，合成或聚合是将已有的对象纳入到新对象中，使之成为新对象的一部分，从而成为面向对象程序设计中的另一种重用手段，这种重用有如下特点：

(1) 由于成分对象的内部细节是新对象所看不见的，所以合成/聚合重用是黑箱重用，它的封装性比较好。

> **is-a 和 has-a**
>
> 这是两种对象间关系的形象说法。
>
> is-a 代表一类对象属于另一类对象，如
>
>   A house is a building.
>
> has-a 代表一类对象包含有另一类对象，如
>
>   A hose has a room.
>
> 在面向对象的程序设计中，is-a 关系可以用派生实现，has-a 关系可以用合成/聚合实现。

(2) 合成/聚合重用所需的依赖较少，在用合成或聚合的时候，新对象和已有对象的交互往往是通过接口或者抽象类进行的，这就直接导致了类与类之间的低耦合，有利于类的扩展、重用、维护等，也带来了系统的灵活性。

(3) 合成/聚合重用可以让每一个新的类专注于实现自己的任务，符合单一职责原则（随后介绍）。

(4) 合成/聚合重用可以在运行时间内动态进行，新对象可以动态地引用与成分对象类型相

同的对象。

7.1.3 合成/聚合优先原则

合成/聚合优先原则也称合成/聚合重用原则（composite/aggregate reuse principle，CARP），其简洁的表述是能使用合成或聚合就不使用继承。因为合成/聚合使得类模块之间具有弱耦合关系，不像继承那样形成强耦合，有助于保持每个类的封装性，并被集中在单个任务上。同时，可以将类和类继承层次保持在较小规模上，不会越继承越大，形成一个难以维护的"庞然大物"。

但是，这个原则也有自己的缺点。因为此原则鼓励使用已有的类和对象来构建新的类的对象，这就导致了系统中会有很多的类和对象需要管理和维护，从而增加了系统的复杂性。同时，也不是说在任何环境下使用合成/聚合重用原则就是最好的。如果两个类之间在符合分类学的前提下有明显的"is-a"的关系，基类能够抽象出子类共有的属性和方法，子类又能通过增加属性和方法来扩展基类，此时使用继承才是一种好的选择。

听了张教授的课后，王彩深有感悟，下课后立即写出了如下代码。

【代码 7-3】 王彩采用合成/聚合方法设计的 Pillar 类。

```java
class Circle {
    private double radius;
    public Circle(double radius){this.radius = radius;}
    public void draw(){System.out.println("画圆。");}
    public double getArea(){return (Math.PI * radius * radius);}
}
class Pillar {
    private Circle bottom;
    private double height;
    public Pillar(Circle bottom, double height){
        this.bottom = bottom;
        this.height = height;
    }
    public void draw(){System.out.println("画圆柱。");}
    public double getVolume(){return (bottom.getArea() * height);}
}

// WangcaiTest2.java
public class WangcaiTest2{
    public static void main(String[] args){
        Circle bottom = new Circle(1.0);
        Pillar pillar = new Pillar(bottom,2.0);
        pillar.draw();
        System.out.println("圆柱体积为" + pillar.getVolume());
    }
}
```

测试结果如下：

画圆柱。
圆柱体积为 6.283185307179586

带着成功的喜悦,王彩神气十足地去找张教授。张教授看了说,不错。不过刚才厂长又来了一个电话说:厂里现在有一批合同,要生产矩形(rectangle)柱体,请你把原来的设计修改一下。明天就先不用去了。你有什么想法?

王彩几乎没有思考地说:那很简单,就再增加一个 Rectangle 类好了。

张教授说:那你回去把代码写出来。

过了几天,又是张教授的课了。王彩惴惴不安地坐在座位上,头也不敢抬,生怕张教授提问自己。因为几天了,厂长交给的那个任务还没有完成,程序增加了一个 Rectangle 类,但是 Pillar 类的修改麻烦得不得了。改了这里,那里出错;改了那里,这里又出错。心想,这就是软件工程中讲的软件维护。看来,设计不容易,维护更困难。

想着,想着,上课铃响了。谢天谢地,张教授没有提问他,讲起了下面的内容。

7.2 从可维护性说起:开-闭原则

7.2.1 软件的可维护性和可扩展性

程序设计的根本目的是满足用户的需求,既要满足用户现在的需求,也要满足用户将来的需求。但是,要做到这一点往往是非常困难的。因此,一个软件不仅在交付之前需要进行一定的修改,在交付之后也需要进行一些修改。这些在软件交付使用之后的修改称为软件的维护。

一般来说,软件维护可以有4种类型,即校正性维护、适应性维护、完善性维护、预防性维护。在这4种维护原因中,除了校正性维护外,其他都可以归结为是为适应需求变化而进行的维护。如图7.1所示,统计表明,软件维护在整个软件开发中的比例占到60%~70%,而完善性维护在整个维护工作中的比例占到50%~60%,其次是适应性维护(占18%~25%)。

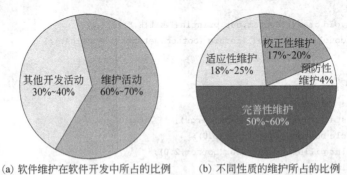

(a) 软件维护在软件开发中所占的比例　　(b) 不同性质的维护所占的比例

图 7.1　软件维护的统计工作量

软件维护的巨大工作量主要来自用户需求的不断变化,并且这些变化往往难以预料。例如:

(1) 软件设计的根据是用户需求,而用户对于自己的需求往往不够明确或不周全,特别是对于新的软件的未来运行情形想象不到,需要在应用中遇到问题时才能提出。

(2) 用户的需求会根据业务流程、业务范围、管理理念等不断变化。

(3) 软件开发者对用户需求有误解,而有些误解往往要到实际运行时才能够被发现。

不让用户有需求的变化是不可能的。早期的结构化程序设计也注意到了这些变化,不过它要求用户在提出需求以后便不能再变化,否则"概不负责",这显然是不符合实际的。这是早期结构化程序设计的局限性。

可维护性软件的维护就是软件的再生,一个好的软件设计既要承认变化,又要具有适应变化的能力,即使软件具有可维护性(maintainability)。在所有的维护工作中,完善性维护的工作量占到一半,反映的是用户需求的增加。为此,可维护性要求新增需求能够以比较容易和平稳的方式加入到已有的系统中,从而使这个系统能够不断"焕发青春",这称为系统的可扩展性(extensibility)。

7.2.2 开-闭原则

开-闭原则(open-closed principle,OCP)由 Bertrand Meyer 于 1988 年提出。开-闭原则中的"开"是指对于软件组件扩展的放开;开-闭原则中的"闭"是指对于原有代码修改的限制。它的原文是"Software entities should be open for extension, but closed for modification",即告诫人们模块应尽量在不修改原来代码的前提下进行扩展。例如,一个用于画图形的程序原来为画圆和三角形设计,后来需要增加画矩形和五边形的功能,就是扩展。若进行这一扩展时不改动原来的代码,就符合了开-闭原则。

开-闭原则可以充分体现面向对象程序设计的可维护、可扩展、可重用和高灵活性,是面向对象程序设计中可维护性重用的"基石",是对一个设计模式进行评价的重要依据。

从软件工程的角度来看,一个软件系统符合开-闭原则至少具有如下好处:

(1) 通过扩展已有的软件系统可以增添新的行为,以满足用户对于软件的新需求,使变化中的软件系统有一定的适应性和灵活性。

(2) 对已有的软件模块,特别是其最重要的抽象层模块不能再修改,这就能使变化中的软件系统有一定的稳定性和延续性。

听到这里,王彩似乎明白了:原来我的程序不符合开-闭原则,怪不得添加一个功能引起了一连串的修改,要是程序规模大一些,修改的工作真不可低估。可是马上又有些迷惑了,于是举起了右手。

张教授看见王彩举手,就问:王彩有什么问题?

"我明白了一点,但是,对修改关闭,是不是有了错误的代码也不能修改?"

张教授笑了:"这里说的修改,是对于正确代码的修改,也是指当需求变化时,是通过修改程序去应对,还是通过扩展程序去应对。"

"原来如此。"王彩想了一下说:"不过,怎么做才能符合开-闭原则呢?"

"说容易,也容易;说复杂,也复杂。一个最基本的方法是,在设计程序时把变与不变相隔离——也有人将隔离称为封装。这里说的变与不变是相对的。例如,对于有的因素是变的,而对于其他因素是不变的。"这时,下课铃声响起,"好了,今天就先讲到这里,具体如何实现开-闭原则,还有一系列原则,我们以后再一一介绍。"

两天之后，又是张教授的课了。渴望如何做到开-闭原则的王彩好像过了很长时间。这节课，王彩早早来到教室，就想知道如何才能做到符合开-闭原则。

张教授今天讲的题目是"面向抽象编程"。

7.3 面向抽象的原则

7.3.1 具体与抽象

抽象的概念可以由某些具体概念的"共性"形成，把具体概念的诸多个性排出，集中描述其共性，就会产生一个抽象性的概念。抽象与具体是相对的。在某些条件下的抽象会在另外的条件下成为具体。在程序中，高层模块是低层模块的抽象，低层模块是高层模块的具体；类是对象的抽象，对象是类的实例；父类是子类的抽象，子类是父类的具体；接口是实现类的抽象，实现类是接口的具体化。

7.3.2 依赖倒转原则

面向抽象原则的原名叫作依赖倒转原则（dependency inversion principle，DIP），它是关于具体（细节）与抽象之间关系的规则。

初学程序设计的人往往会就事论事地思考问题。例如，一个人去学车，教练使用的是夏利车，他就告诉别人"我在学开夏利车。"学完之后，他也一心去买夏利车。人家给他一辆宝马，他不要，说："我学的是开夏利车。"这是一种依赖于具体的思维模式。显然，这种思维模式禁锢了自己。将这种思维模式用于设计复杂系统，设计出来的系统的可维护性和可重用性都是很差的。因为抽象层次包含的应该是应用系统的商务逻辑和宏观的、对整个系统来说重要的战略性决定，是必然性的体现，其代码具有相对的稳定性；而具体层次含有的是一些次要的与实现有关的算法逻辑以及战术性的决定，带有相当大的偶然性选择，其代码是经常变动的。

依赖倒转原则就是要从错误的依赖关系倒转到如下正确的依赖关系上：

（1）抽象不应该依赖于细节，细节应当依赖于抽象。

（2）高层模块不应该依赖于低层模块，高层模块和低层模块都应该依赖于抽象。

7.3.3 面向接口原则

接口用来定义组件对外提供的抽象服务。所谓"抽象服务"是指程序中的接口只用于指定某项职责或服务，而不提供它这些职责和服务的实现，即不说明这些服务具体如何完成。所以接口不能实例化，实例化要由具体的实例类实现。从而形成接口与实现的分离，使一个接口就可以有多个实现类、一个实现类可以实现多个接口。这充分表明接口定义的稳定性和实现类的多样性，从而做到了可重用和可维护之间的统一。

接口只是一个抽象化的概念，是对一类事物的最抽象的描述，体现了自然界"如果是……则必须能……"的概念。例如，在自然界中动物都有"吃"的功能，就形成一个接口。具体如何吃，吃什么，要具体分析、具体定义。

【代码7-4】 一段描述上述情形的Java代码。

```java
public interface 动物 {                              // 声明接口
    public void eat();
}

public class 食肉动物 implements 动物 {              // 接口的实现类1
    @Override public void eat() {                    // 重新定义
        System.out.println("吃肉");
    }
}

public class 食草动物 implements 动物 {              // 接口的实现类2
    @Override public void eat() {                    // 重新定义
        System.out.println("吃草");
    }
}
```

显然，相对于实现，接口具有稳定性和不变性。但是，这并不意味着接口不可扩展。接口也可以继承和扩展，可以从零或多个接口中继承。此外，和类的继承相似，接口的继承也形成了接口之间的层次结构，也形成了不同的抽象粒度。例如，动物的"吃"、人的"吃"、老人的"吃"、小孩的"吃"等，具有了不同的抽象层次和粒度。

应当注意，接口是对具体实现类的抽象，并且层次越高抽象度就应该越高。这里所说的"接口"，泛指从软件架构的角度，在一个更抽象的层面上用于隐藏具体底层类和实现多态性的结构部件。这样，依赖倒转原则可以描述为接口(抽象类)不应依赖于实现类，实现类应依赖接口或抽象类。更加精简的定义就是"面向接口编程"：要针对接口编程，而不是针对实现编程。这样，它在面向对象的编程中意义就更加明确。

7.3.4 面向接口编程举例

例7.1 开发一个应用程序，模拟计算机(computer)对于移动存储设备(mobile storage)的读/写。现有U盘(flash disk)、MP3(MP3 player)、移动硬盘(mobile hard disk) 3种移动存储设备和计算机进行数据交换，以后可能有其他类型的移动存储设备与计算机进行数据交换。不同的移动存储设备的读/写的实现操作不同。U盘和移动硬盘只有读/写两种操作。MP3还有一个播放音乐(play music)操作。

对于这个问题，可以形成多种设计，下面列举两个典型方案。

方案1：定义FlashDisk、MP3Player、MobileHardDisk 3个类，然后在Computer类中分别为每个类写读/写方法，例如为FlashDisk写readFromFlashDisk()、writeToFlashDisk()两个方法，总共6个方法。在每个方法中实例化相应的类，调用它们的读/写方法。

【代码7-5】 方案1的部分代码。

```java
class FlashDisk{
    public FlashDisk(){…}
    public void read(){…}
```

```
        public void write(){…}
}

class MP3Player {
        public MP3Player(){…}
        public void read(){…}
        public void write(){…}
        public void playMusic(){…}
}

class MobileHardDisk {
        public MobileHardDisk(){…}
        public void read(){…}
        public void write(){…}
}

class Computer {
        public Computer(){}
        public void readFromFlashDisk(){
            FlashDisk fd;
            fd.read();
        }
        public void writeToFlashDisk(){
            FlashDisk fd;
            fd.write();
        }
        public void readFrom MP3Player(){…}
        public void writeTo MP3Player(){…}
        public void readFromMobileHardDisk(){…}
        public void writeToMobileHardDisk(){…}
}
```

分析：这个方案直观，逻辑关系简单，但是它的可扩展性差，若要扩展其他移动存储设备，必须对 Computer 进行修改，不符合开-闭原则。此外，该方案的冗余代码多。若有 100 种移动存储，在 Computer 中至少要写 200 个方法，这是人们不能接受的。

方案 2：定义一个接口 IMobileStorage，在里面写抽象方法 read() 和 write()。3 个存储设备继承此抽象类，并重写 read() 和 write()。Computer 类中包含一个类型为 IMobileStorage 的引用，并为其编写 get/set 器。这样 Computer 中只需要两个方法 readData() 和 writeData()，通过动态多态性模拟不同移动设备的读/写。

【代码 7-6】 方案 2 的部分代码。

```
public interface IMobileStorage{                        // 定义接口
    public void read();
    public void write();
}
class FlashDisk implements IMobileStorage {
```

```
    public FlashDisk(){}
    @Override public void read(){…}                     // 重定义
    @Override public void write(){…}                    // 重定义
}

class MP3Player implements IMobileStorage {
    public MP3Player(){}
    @Override public void read(){…}                     // 重定义
    @Override public void write(){…}                    // 重定义
    public void playMusic(){…}
}

class MobileHardDisk implements IMobileStorage {
    public MobileHardDisk(){}
    @Override public void read(){…}
    @Override public void write(){…}
}

class Computer {
    private IMobileStorage ms;
    public Computer(IMobileStorage ms){this.ms = ms;}
    public void set(IMobileStorage ms){this.ms = ms;}
    public void readData(){ms.read();}
    public void writeData(){ms.write();}
}

// 从移动硬盘读的客户端代码
public class MobileStorageDemo {
    public static void main(String[] args){
        IMobileStorage pms;
        pms = new FlashDisk();
        Computer comp = new Computer(pms);
        comp.set(pms);
        comp.readData();
    }
}
```

分析：在这个方案中实现了面向接口的编程。在类 Computer 中把原来需要具体的类的地方都用接口代替,这就解决了代码冗余的问题,不管有多少种移动设备,都可以通过多态性动态地替换,使 Computer 和移动存储器类之间的耦合度大大下降。

听着听着,王彩茅塞顿开,要不是在课堂上,他一定会兴奋地喊着跳起来。这时,解决方案已经在他脑子里形成(如图 7.2 所示)。他心里想,不要说增加一个矩形,再增加一个三角形或其他形状的柱体都不会再修改其他部分了。下课以后,不到 20 分钟,程序就写成并测试成功。

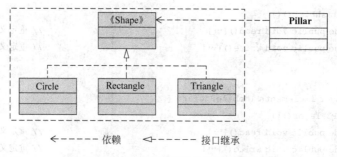

图 7.2 面向抽象的计算圆柱体体积的程序结构

【代码 7-7】 王彩设计的面向抽象的程序。

```java
interface IShape{                                    // 为圆和矩形添加的接口
    public void draw();
    public double getArea();
}

class Circle implements IShape{
    private double radius;
    public Circle(double radius){this.radius = radius;}
    @Override public void draw(){System.out.println("画圆。");}
    @Override public double getArea(){return (Math.PI * radius * radius);}
}

class Rectangle implements IShape{
    private double length;
    private double width;
    public Rectangle(double length, double width){
        this.length = length;
        this.width = width;
    }
    @Override public void draw(){System.out.println("画矩形。");}
    @Override public double getArea(){return (length * width);}
}

class Pillar {
    private IShape bottom;
    private double height;
    public Pillar(IShape bottom, double height){
        this.bottom = bottom;
        this.height = height;
    }
    public void draw(){System.out.println("画柱体。");}
    public double getVolume(){return (bottom.getArea() * height);}
}

// WangcaiTest3.java
```

```
public class WangcaiTest3{
    public static void main(String[] args){
        IShape bottom1 = new Circle(1.0);                    // 用实例类对象初始化接口引用
        Pillar pillar1 = new Pillar(bottom1,10);
        System.out.println("圆柱体体积为: " + pillar1.getVolume());

        Shape bottom2 = new Rectangle(3.0,2.0);              // 用实例类对象初始化接口引用
        Pillar pillar2 = new Pillar(bottom2,10);
        System.out.println("矩形柱体体积为: " + pillar2.getVolume());
    }
}
```

测试结果如下：

```
圆柱体体积为：31.41592653589793
矩形柱体体积为：60.0
```

测试完毕，王彩连蹦带跳地唱着歌激动地来到张教授的办公室。张教授看了他的程序，说了声："不错。不过，"王彩的心情好像从刚才的夏天跳到了寒冬，猛地收缩了起来，眼睛盯着张教授想听后面的教训。

"你现在的画图功能还没有使用。那你的画图是画什么图？是黑白图，还是彩色图？如果原来是画黑白图，现在要增加一个画彩色图，该如何修改？假如除了计算面积、画图，再增加一个其他功能，又该如何修改？"

王彩懵了。看到王彩的囧态，教授说："别急，明天上课告诉你。"

7.4 单一职责原则

7.4.1 对象的职责

通常，可以从3个视角观察对象。

（1）代码视角：在代码层次上观察对象主要关心这些代码是否符合有关语言的描述语法以及用于说明描述对象的代码之间是如何交互的。

（2）规约视角：在规约层次上，对象被看作是一组可以被其他对象调用或自身调用的方法，用于明确怎样使用软件。

（3）概念视角：在概念层次上理解对象，最佳的方式就是将其看作是"具有职责的东西"，即对象是一组职责。

职者，职位也；责者，责任也。职责就是在一个职位上应当履行的责任和做的事。或者说，就是"在其位，谋其政"。在讨论程序构件时可以认为一个对象或构件的职责包括两个方面：一个是自己的岗位，用其属性描述；另一个是如何承担责任，即其应当如何做事，用方法描述。

在现实社会中，每个人各司其职、各尽其能，整个社会才会有条不紊地运转。同样，每一个对象都应该有其自己的职责。对象是由职责决定的，对象能够自己负责自己，因此能大大

地简化控制程序的任务。

7.4.2 单一职责原则的概念

在程序中,一个职责就是一个线索,多个职责会形成多个线索。多个线索相互绞缠,会导致"牵一发而动全身"之患。即当一个职责发生变化时可能会影响其他的职责。另外,多个职责耦合在一起会影响重用性,增加耦合性,削弱或者抑制类完成其他职责的能力,从而导致脆弱的设计。这就好比生活中一个人身兼数职,而这些事情相互关联不大,甚至有冲突,那就无法很好地履行这些职责。

单一职责原则(single responsibility principle,SRP)用一句话描述就是"就一个类而言,应该仅有一个引起它变化的原因。"也就是说,不要把变化原因各不相同的职责放在一起,其基本思想是通过分割职责来封装(分隔)变化。例如在王彩设计的程序中,从接口到实现类都拥有分别用来计算面积和画图形的成员函数 getArea() 和 draw(),这就使它们都有了两个职责,也就有了两个引起变化的原因。当其中一个原因变化时往往会波及无辜的另一方。如果将不同的职责分配给不同的类,实现了单个类的职责单一,就隔离了变化,它们也就不会互相影响了。

听到这里,王彩有些坐不住了,有些跃跃欲试了。教授一眼望穿:"王彩先不要急,等我把下面的一小节讲完。"

7.4.3 接口分离原则

接口分离原则(interface segregation principle,ISP)的基本思想是接口应尽量单纯,不要太臃肿。只有接口单纯,其执行类才会单纯。

例 7.2 设计一个进行工人管理的软件。假设有两种类型的工人,即普通的和高效的,他们都能工作,也需要吃饭。于是,可以先建立一个接口——IWorker,然后派生出两个实现类,即 Worker 类和 SuperWorker 类。

【代码 7-8】 用一个接口管理工人的部分代码。

```java
interface IWorker {
    public void work();
    public void eat();
}

class Worker implements IWorker {
    @Override public void work() {
        // …工作
    }

    @Override public void eat() {
        // …吃午餐
    }
}

class SuperWorker implements IWorker{
```

```
    @Override public void work() {
        // …卓越工作
    }
    @Override public void eat() {
        // …吃午餐
    }
}

class Manager {
    private IWorker worker;
    public void setWorker(IWorker worker) {
        this.worker = worker;
    }

    public void manage() {
        worker.work();
        worker.eat();
    }
}
```

分析：这样一段代码似乎没有问题，并且在 Manager 类中应用了面向接口编程的原则。但是，如果引进了一批机器人，就有问题了。因为机器人只工作，不吃饭。这时，仍然使用接口 IWorker 就有问题了。为机器人定义的 Robot 类将被迫实现 eat() 函数，因为接口中的纯虚函数必须在实现类中全部实现。尽管可以让 eat() 函数的函数体空，但这会对程序造成不可预料的结果，例如管理者可能仍然为每个机器人都准备一份午餐。问题就在于接口 IWorker 企图扮演多种角色。由于每种角色都有对应的函数，所以接口就显得臃肿，称为胖接口（fat interface）。而胖接口的使用往往会强迫某些类实现它们用不着的一些方法，这种现象称为接口的污染。消除接口污染的方法是对接口中的方法进行分组，即对接口进行分离。在本例中就是把 IWorker 分离成两个接口。

【代码 7-9】 符合接口分离原则的工人管理程序的部分代码。

```
interface IWorkable {
    public void work();
}

interface IFeedable{
    public void eat();
}

class Worker implements IWorkable, IFeedable {                    // 双继承
    @Override public void work() {
        // …工作
    }
    @Override public void eat() {
        // …吃午餐
    }
```

```java
}
class SuperWorker implements IWorkable, IFeedable {
    @Override public void work() {
        // …卓越工作
    }
    @Override public void eat() {
        // …吃午餐
    }
}

class Robot implements IWorkable{
    @Override public void work() {
        // …工作
    }
}

class Manager {
    private IWorkable worker;
    public void setWorker(IWorkable worker) {
        this.worker = worker;
    }
    void manage() {
        worker.work();
    }
}
```

这段代码解决了前面提出的问题。解决的办法就是分离接口,使每个接口都比较单纯,也不再需要 Robot 类被迫实现 eat()方法。

接口分离原则有一些不同的描述,但把它们概括起来就是一句话:应使用多个专门的接口,而不要使用一个多功能的总接口,即客户端不应该依赖那些它不需要的接口。再通俗一点就是:接口应尽量细化,尽量使一个接口仅担当一种角色,使接口中的方法尽量少。

"教授,那接口分离原则不就是单一职责原则的一个具体化吗?"王彩忍耐不住自己的表现欲,还使用了一个专业术语。

"是的,"教授微笑着说"接口分离原则和单一职责原则是有些相似,不过在审视角度上它们不甚相同:单一职责原则注重的是职责,是业务逻辑上的划分;而接口分离原则是针对抽象、针对程序整体框架的构建约束接口,要求接口的角色(函数)尽量少,尽量单纯、有用(针对一个模块)。"

"好了,今天就讲到这里。王彩好像有了新想法,把你的新设计思路画给大家看看。"

"好!"王彩早就等着这一机会了,马上走到讲台上,画出了自己设计的 UML 类图(见图 7.3)。

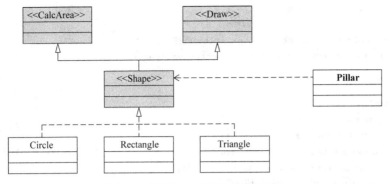

图 7.3 符合接口分离原则的程序结构

【代码 7-10】 符合接口分离原则的王彩程序代码的计算部分。

```
interface IArea{                                    // 计算面积的接口
    public double getArea();
}

interface IDraw{                                    // 画图接口
    public void draw();
}

interface IShape extends IArea, IDraw{}             // 空接口,接口继承用"extends"

class Circle implements IShape{
    private double radius;
    public Circle(double radius){this.radius = radius;}
    @Override public void draw(){System.out.println("画圆。");}
    @Override public double getArea(){return (Math.PI * radius * radius);}
}

class Rectangle implements IShape{
    private double length;
    private double width;
    public Rectangle (double length, double width){
        this.length = length;
        this.width = width;
    }
    @Override public void draw(){System.out.println("画矩形。");}
    @Override public double getArea(){return (length * width);}
}

class Pillar {
    private IShape bottom;
    private double height;
    public Pillar(Shape bottom, double height){
        this.bottom = bottom;
```

```java
        this.height = height;
    }
    public void draw(){System.out.println("画柱体。");}
    public double getVolume(){return (bottom.getArea() * height);}
}

// WangcaiTest4.java
public class WangcaiTest4{
    public static void main(String[] args){
        IShape bottom1 = new Circle(1.0);                    // 用实例类对象初始化接口引用
        Pillar pillar1 = new Pillar(bottom1,10);
        System.out.println("圆柱体体积为: " + pillar1.getVolume());

        IShape bottom2 = new Rectangle(3.0, 2.0);            // 用实例类对象初始化接口引用
        Pillar pillar2 = new Pillar(bottom2, 10);
        System.out.println("矩形柱体体积为: " + pillar2.getVolume());
    }
}
```

从与厂长第一次见面到把一个完整的柱体开发设计平台完成,王彩用了一周多的时间。

这一天,他给厂长打了个电话后就带着自己的笔记本电脑到厂里交差。去了一看,厂长、副厂长、总工、技术科长、财务科长都在场。王彩一进来,大家鼓掌欢迎。请坐、倒茶后,厂长请王彩演示。后来大家七嘴八舌地进行了提问,王彩都一一回答,并把大家问到的部分又重新演示了一次。所有人都很满意。末了,厂长笑着对王彩说:"我们后面还要开会,今天就不留你吃午餐了。行吗?"

"没关系,只要你们觉得好用就行。或者,用起来还有什么问题,我都会随叫随到的。"王彩嘴上这么说,心里却想:事情做完了,连8块钱的盒饭也没有了,……。王彩正想着,突听厂长说:"办好了?"王彩还以为厂长在问自己。抬头一看,只见厂长正在与站在他身边的财务科长讲话。财务科长递给厂长一片纸,说:"办好了。"这时,厂长对王彩说:"我看你这台笔记本电脑也该淘汰了,为了感谢你的辛劳,厂里决定给你奖励一台笔记本电脑。这是一张支票,你可以用它买一台一万元左右的笔记本电脑。"

王彩一听,意外惊喜,但一想,这是张教授交给的任务,怎么能要人家的报酬呢?连说:"这样不合适。我是张教授……",王彩还没有说完,厂长打断他说:"你来之前,我已经和张教授说好了。"但王彩还是死活不要。

第二天上午第3、4节还是张教授的课。第1、2节没有课,王彩早早来到图书馆,找了几本关于设计模式的书看。九点半左右,手机震动,张教授发来一条短信,要王彩到他的办公室一趟。

张教授办公室的门开着,王彩走到门口,喊了声"报告",张教授没有答应。只见张教授正聚精会神地盯着计算机屏幕。他又大声喊了一次,张教授才示意让他进来。

"教授忙?"

"没有,在看电视剧。"

"教授还有时间看电视剧?"

"很有意思,"这时屏幕上正演着安嘉和(冯远征饰)失态的画面(见图7.4)"是梅婷、冯远征、王学兵和董晓燕主演的《不要和陌生人说话》。这和一会儿要给你们讲的课有关。"

王彩奇怪地想,程序设计还与爱情剧有关?只见张教授正在关机、收拾公文包。

"快上课了,我们一起走吧。刚才叫你来,是厂长把那张支票送来了,你还是收了吧,也是你的劳动所获嘛!"

说着,说着,到了教室。上课了,张教授打开投影,果真显示的题目是"不要和陌生人说话"。

图7.4 《不要和陌生人说话》剧照

7.5 不要和陌生人说话

"不要和陌生人说话"也是一条程序设计的基本原则,称最少知识原则(least knowledge principle,LKP)或迪米特法则(law of demeter,LoD)。它来自1987年秋天美国 Northeastern University 的 Ian Holland 主持的项目 Demeter。它有如下一些描述形式:

(1) 一个软件实体应当尽可能少地与其他实体发生相互作用。

(2) talk only to your immediate friends,即只与直接朋友交流,或不与陌生人说话。

(3) 如果两个类不必彼此直接通信,那么这两个类就不应该发生直接的相互作用。如果其中的一个类需要调用另一个类的某一个方法,可以通过第三者转发这个调用。

(4) 每一个软件单位对其他单位都只有最少的知识,并且仅限于那些与本单位密切相关的软件单位。

迪米特法则还有狭义和广义之分。

7.5.1 狭义迪米特法则

狭义迪米特法则要求每个类尽量减少对其他类的依赖,由于类之间的耦合越弱越有利于重用,同时一个类的修改不会波及其他有关类。使用迪米特法则的关键是分清"陌生人"和"朋友"。对于一个对象来说,出现在成员变量、方法的输入/输出参数中的类称为成员朋友类;而出现在方法体内部的类不属于朋友类,是"陌生人"。下面是"朋友"的一些例子。

- 对象本身,即可以用 this 指称的实体。
- 以参数形式传入到当前对象成员方法的对象。
- 当前对象的成员对象。
- 当前对象创建的对象。

遵循类之间的迪米特法则会使一个系统的局部设计简化,因为每一个局部都不会和远距离的对象有直接的关联。但是,应用迪米特法则有可能造成的一个后果就是:系统中存在大量的中介类,这些类之所以存在完全是为了传递类之间的相互调用关系,与系统的商务逻辑无关。这在一定程度上增加了系统全局上的复杂度,也会造成系统的不同模块之间的通信效率降低,使系统的不同模块之间不容易协调。

7.5.2 广义迪米特法则

广义迪米特法则也称为宏观迪米特法则,主要用于控制对象之间的信息流量、流向以及影响,使各子系统之间是脱耦核心思想还是隔离变化。

例7.3 一个系统有多个模块,当多个用户访问系统时形成图7.5(a)所示的情形,显然这不符合迪米特法则。按照迪米特法则对系统进行重组,可以得到图7.5(b)所示的结构。重组是靠增加一个Facade(外观),这个Facade模块就是一个"朋友",利用它使得"用户"对子系统访问时的信息流量进行控制。通常,一个网站的主页就是一个Facade模块。Facade模块形成一个系统的外观形象,采用这种结构的设计模式称为外观模式。

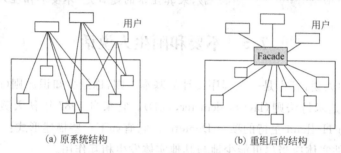

图7.5 多个用户访问系统内的多个模块时迪米特法则的应用

例7.4 一个系统有多个界面类和多个数据访问类,它们形成了图7.6(a)所示的关系。由于调用关系复杂,导致了类之间的耦合度很大,信息流量也很大。改进的办法是按照迪米特法则增加一些中介者(mediator)模块,形成如图7.6(b)所示的中介者模式。

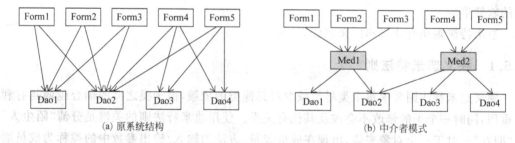

图7.6 具有多个界面类和多个数据类的系统中迪米特法则的应用

利用迪米特法则控制流量过载时可以考虑如下策略:
(1) 优先考虑将一个类设置成不变类。
(2) 尽量降低一个类的访问权限。
(3) 尽量降低成员的访问权限。

下课了,王彩飞快地走到教授面前:"教授,真是妙不可言!原来以为学了Java就可以设计程序了,现在才知道没有这些原则是设计不出好程序的。这些天,我感觉思想升华了不少。"

"这一段时间,你的进步的确不小。不过,这些原则要用好也不是这么简单。比如,你的设计还不太完美。"说着,教授从包中拿出一本书,"这本书送给你,好好钻研一下,对于改进你的程序大有好处。"王彩深深地给教授鞠了一躬,接过书一看,书名是 *Design Patterns: Elements of Reusable Object-Oriented Software*,作者是 Erich Gamma、Richard Helm、Ralph Johnson 和 John Vlissides。

习 题 7

概念辨析

1. 从备选答案中选择下列各题的答案,如有可能,设计一个程序验证自己的判断。

(1) 下列属于面向对象基本原则的是(　　)。
  A. 继承　　　　　　B. 封装　　　　　　C. 里氏代换　　　　D. 以上都不是

(2) 开-闭原则的含义是一个软件实体应当(　　)。
  A. 对扩展开放,对修改关闭　　　　　　B. 对修改开放,对扩展关闭
  C. 对继承开放,对修改关闭　　　　　　D. 对静态多态性关闭,对动态多态性开放

(3) 要依赖于抽象,不要依赖于具体。即针对接口编程,不要针对实现编程,是(　　)的表述。
  A. 开-闭原则　　　B. 接口隔离原则　　C. 里氏代换原则　　D. 依赖倒转原则

(4) "不要和陌生人说话"是(　　)原则的通俗表述。
  A. 接口隔离　　　　B. 里氏代换　　　　C. 依赖倒转　　　　D. 迪米特

(5) 对于违反里氏代换原则的两个类,可以采用的候选解决方案错误的是(　　)。
  A. 创建一个新的抽象类 C 作为两个具体类的超类,将 A 和 B 共同的行为移动到 C 中,从而解决 A 和 B 行为不完全一致的问题
  B. 将 B 到 A 的继承关系改成委派关系
  C. 区分是"is-a"还是"has-a"。如果是"is-a",可以使用继承关系,如果是"has-a",应该改成委派关系
  D. 以上方案都不对

(6) 下列关于继承的表述中错误的是(　　)。
  A. 继承是一种通过扩展一个已有对象的实现来获得新功能的复用方法
  B. 泛化类(超类)可以显式地捕获那些公共的属性和方法,特殊类(子类)则通过附加属性和方法来进行实现的扩展
  C. 继承破坏了封装性,因为这会将父类的实现细节暴露给子类
  D. 继承本质上是"白盒复用",对父类的修改不会影响到子类

(7) 下列关于依赖倒转的表述中错误的是(　　)。
  A. 依赖于抽象而不依赖于具体,也就是针对接口编程
  B. 依赖倒转的接口并非语法意义上的接口,而是一个类对其他对象进行调用时所知道的方法集合
  C. 从选项 B 的角度看,一个对象可以有多个接口
  D. 实现了同一接口的类对象之间可以在运行期间顺利地进行替换,而且不必知道所用的对象是哪个实现类的实例
  E. 此题没有正确答案

2. 在下列各题中的空白处填上合适的内容。
(1) 面向对象的 6 条基本原则包括开-闭原则、里氏代换原则、合成/聚合原则以及_____、_____、_____。

（2）在存在继承关系的情况下，方法向_____方向集中，而数据向_____方向集中。

（3）适配器模式分为类的适配器和对象的适配器两种实现，其中类的适配器采用的是_____关系，而对象适配器采用的是_____关系。

开发实践

1. 一个计算机系统由硬件和软件两个部分组成，而硬件和软件又各有自己的成员。请先分别定义硬件和软件类，然后在此基础上定义计算机系统。

2. 电子日历上显示时间，又显示日期。请设计一个电子日历的 Java 程序。

3. 定义一个 Person 类，除姓名、性别、身份证号码属性外还包含一个生日属性，而生日是一个 Date 类的数据，Date 类含有年、月、日 3 个属性。

4. 某信息系统需要实现对重要数据（如用户密码）的加密处理，为此系统提供了两个不同的加密算法类，即 CipherA 和 CipherB，可以实现不同的加密算法。在这个系统中还定义了一个数据操作类 DataOperator，在 DataOperator 类中可以选择系统提供的一个实现的加密算法。某位同学设计了如图 7.7 所示的结构。请重构这个软件，使之符合里氏代换原则。

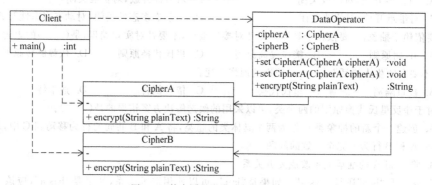

图 7.7 某个同学设计的加密系统结构

5. 某图形界面系统提供了各种不同形状的按钮，客户端可以应用这些按钮进行编程。在应用中，用户常常会要求改变按钮形状。图 7.8 所示为某同学设计的软件结构，请重构这个软件，使之符合开-闭原则。

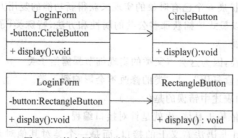

图 7.8 某个同学设计的图形界面系统结构

6. 某信息系统提供一个数据格式转换模块，可以将一种数据格式转换为其他格式。现系统提供的源数据类型有数据库数据（DatabaseSource）和文本文件数据（TextSource），目标数据格式有 XML 文件（XMLTransformer）和 XLS 文件（XLSTransformer）。某位同学设计的数据转换模块结构如图 7.9 所示，请重构这个软件，使之符合依赖转换原则。

7. 在某基于 C/S 的系统中，登录功能通过如图 7.10 所示的登录类 Login 实现。该图中忽视了类的属性，只给出了主要方法，这些方法的功能如下。

- init()：初始化按钮、文本框等界面控件。

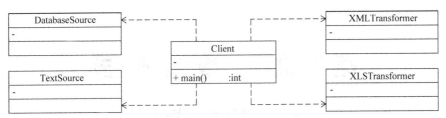

图 7.9　某个同学设计的数据转换模块结构

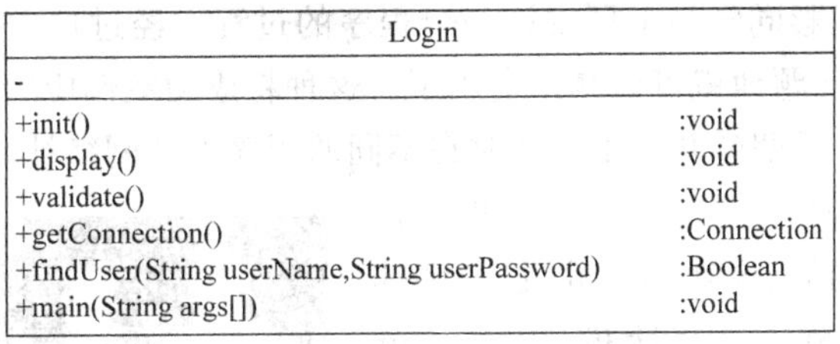

```
Login
-
+init()                                          :void
+display()                                       :void
+validate()                                      :void
+getConnection()                                 :Connection
+findUser(String userName,String userPassword)   :Boolean
+main(String args[])                             :void
```

图 7.10　某个同学设计的 Login 类

- display()：向界面容器中增添控件并显示。
- validate()：由登录按钮的事件处理方法调用，并调用与数据库相关的方法完成登录处理。如果登录成功，就进入主界面，否则提示错误信息。
- getConnection()：获取数据库的连接对象。
- findUser()：用于查询数据库中有无要求登录的用户，有则返回 true，无则返回 false。
- main()：系统入口——主方法。

请对这个登录部分进行重构，使之符合单一职责原则。

8. 图 7.11 展示了一个拥有多个客户的系统，指出这个结构的不足之处，并进行系统重构，使之符合接口隔离原则。

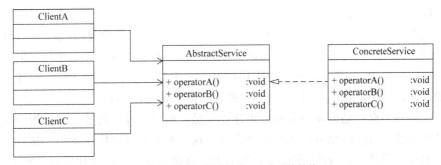

图 7.11　某个同学设计的多客户系统结构

9. 假如有一个 Door，它有 lock、unlock 功能，另外，可以在 Door 上安装一个 Alarm 使其具有报警功能。用户可以选择一般的 Door，也可以选择具有报警功能的 Door。请设计一个符合接口分离原则的程序，先用 UML 描述，再用 Java 代码模拟。

10. 一个电脑可以让中年人用于工作，可以让老年人用于娱乐，也可以让孩子用于学习。请设计一个符合接口分离原则的程序，先用 UML 描述，再用 Java 代码模拟。

11. 手机现在有语音通信功能，还有照相功能、计算器功能、上网功能等，而且可以增添新的功能。请设计一个模拟的手机开发系统。

第8单元 设计模式

8.1 设计模式概述

上一单元介绍了王彩同学为工厂设计一个程序的过程。经过这次摸索,王彩积累了不少经验,以后再碰到类似问题他就可以拿来套用了。这种将成功案例应用于以后的开发的情况,早在20世纪80年代中后期就开始了。那时在不同的程序设计网络社区中聚集了一批程序设计爱好者,互相交流、总结经验,形成并积累了许多可以简单方便地复用的、成功的经验、设计和体系结构,人们将它们称为"设计模式"(design pattern)。1990—1992年,GoF(gang of four,四人帮,指 Erich Gamma、Richard Helm、Ralph Johnson 和 John Vlissides,见图8.1)开始收集程序设计中的模式,从中总结出了面向对象程序设计领域的23种经典的设计模式,把它们分为创建型(creational pattern)、结构型(structural pattern)和行为型(behavioral pattern)三大类,并给每一个模式起了一个形象的名字,发表在1995年他们出版

图 8.1 "四人帮"与他们的"设计模式"

的著作 Design Patterns: Elements of Reusable Object-Oriented Software(《设计模式:可重用的面向对象软件的要素》)中。

需要说明的是,GoF 的23种设计模式是成熟的、可以被人们反复使用的面向对象设计方案,是经验的总结,也是良好思路的总结。但是,这23种设计模式并不是可以采用的设计模式的全部。可以说,凡是可以被广泛重用的设计方案都可以称为设计模式。有人估计已经发表的软件设计模式已经超过100种,此外还有人在研究反模式。

在第7单元中介绍的面向对象程序设计原则是人们对于设计模式进行分析、总结、提炼出来的基本思想,反过来,也可以认为设计模式是这些原则的经典应用案例。这一单元介绍几个简单的设计模式及其应用,使读者可以从中领略面向对象程序设计原则的意义。

8.2 设计模式举例——诉讼代理问题

涉讼是粘上官司,要与法院打交道的事情。一位涉讼者有许多事情要做,但最重要的是在法院开庭之前提交证据,在法院开庭时要出庭进行辩护。

8.2.1 无律师的涉讼程序设计

在涉讼过程中,涉讼者有可能自己承担所有过程。对于这样一类人,可以定义涉讼者

类、诉讼涉场景类。

【代码 8-1】 涉讼者类定义。

```
class Litigant {
    private String litigantName;
    public Litigant(String litigantName){
        this.litigantName = litigantName;
    }
    public void submitEvidence(){
        System.out.println(this.litigantName + "提交证据。");
    }

    public void appearInCourt() {
        System.out.println(this.litigantName + "出庭。");
    }
}
```

【代码 8-2】 诉讼涉场景类。

```
public class Client{
    public static void main(String[] args){
        Litigant litigant = new Litigant("张三");
        System.out.println("——开庭之前：");
        litigant.submitEvidence();
        System.out.println("——开庭时：");
        litigant.appearInCourt();
    }
}
```

这个诉讼问题的程序结构如图 8.2 所示。程序的执行结果如下：

```
开庭之前：
张三提交证据。
开庭时：
张三出庭。
```

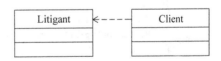

图 8.2 无律师代理的诉讼程序结构

8.2.2 请律师代理的涉讼程序设计

一般来说，诉讼者本身懂得的法律知识甚少，往往没有精力应付复杂而烦琐的法律程序，为此人们不得不请律师(lawyer)作为自己的诉讼代理。

在无律师代理的诉讼程序中只有一个诉讼主体角色，即涉讼者自己。在有律师代理的诉讼程序中有两个诉讼主体角色，即真实涉讼者(real litigant)和代理涉讼者(proxy litigant——律师)。这两个角色有相同的职责(提交证据和出庭)，有不同的实现方法(一个是自己完成，另一个是替别人完成)。于是，可以达到图 8.3 所示的程序结构：一个接口 ILitigant，两个实现类 RealLitigant 和 Lawyer。

下面考虑程序代码的设计。

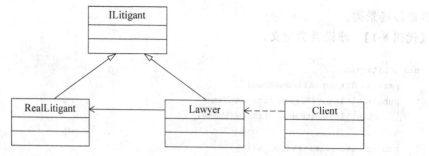

图 8.3　有律师代理的诉讼程序结构

【代码 8-3】　涉讼者接口代码。

```java
public interface ILitigant {
    public void submitEvidence();
    public void appearInCourt();
}
```

【代码 8-4】　真实涉讼者类代码。

```java
public class RealLitigant implements ILitigant{
    private String realLitigantName;

    public RealLitigant(String realLitigantName){
        this.realLitigantName = realLitigantName;
    }

    public String getRealLitigantName(){
        return this.realLitigantName;
    }

    @Override
    public void submitEvidence(){
        System.out.println(this.realLitigantName + "提交证据。");
    }

    @Override
    public void appearInCourt() {
        System.out.println(this.realLitigantName + "出庭。");
    }
}
```

【代码 8-5】　代理涉讼者——律师类代码。在这个类中,律师进行的提交证据与出庭都是代替真实诉讼者进行的。实现这种代理类的一般方法是以真实诉讼类对象作为属性,并在其所执行的方法中引用真实诉讼者类的同一方法。请注意下面类中的代码写法。

```java
public class Lawyer implements ILitigant{
    private RealLitigant reallitigant = null;          // 声明一个诉讼接口引用

    public Lawyer(String realLitigantName){
```

· 188 ·

```java
            this.reallitigant = new RealLitigant(realLitigantName);
                                                        // 让诉讼接口引用指向真实诉讼者对象
        }

        @Override
        public void submitEvidence(){
            System.out.print("我是" + this.reallitigant.getRealLitigantName() + "的律师,代理");
            this.litigant.submitEvidence();             // 引用真实诉讼类对象的同名方法
        }

        @Override
        public void appearInCourt() {
            System.out.println("我是" + this.reallitigant.getRealLitigantName() + "的律师。");
            this.litigant.appearInCourt();              // 引用真实诉讼类对象的同名方法
        }
}
```

【代码 8-6】 诉讼场景类。

```java
public class Client{
    public static void main(String[] args){
        ILitigant litigant = new RealLitigant("张三");     // 定义一位诉讼者
        ILitigant lawyer = new Lawyer("张三");             // 定义诉讼者的代理律师

        System.out.println("——开庭之前:");
        lawyer.submitEvidence();                          // 律师提交证据
        System.out.println("——开庭时:");
        lawyer.appearInCourt();                           // 律师出庭
    }
}
```

程序执行结果如下:

```
——开庭之前:
我是张三的律师,代理张三提交证据。
——开庭时:
我是张三的律师。
张三出庭。
```

8.2.3 关于代理模式

上述请律师代理诉讼程序设计中采用了代理模式(proxy pattern)。

委托代理(agency by agreement)是广泛存在于现代社会中的一种机制,它是由于信息、知识、经验或者能力不对称等原因形成的一个主体(委托方)依赖于另一个主体(代理方)的现象。例如,经济领域内的东家与掌柜、股东会与董事会、董事会与经理之间的关系;行政领域内的国家与公务员、领导与秘书之间的关系;日常生活中的病人与医生、诉讼人与律师等关系,都是委托代理关系。在技术领域内,一个组织的网络客户与所设置的代理服务器也是委托代理关系。

在面向对象的程序设计中,代理模式定义为 Provide a surrogate or placeholder for another object to control access to it(为其他对象提供代理或替代以控制对它的访问)。

1. 代理模式的结构

在一般情况下,代理模式包含下面 3 个角色。

(1) RealSubject(真实主体角色):真实主体角色也称具体主体角色或委托角色、被代理角色,它是具体业务逻辑承担者和实际执行者。例如在诉讼活动中的证据的认可和出庭行为的承担者。

(2) Proxy(代理主体角色):代理主体角色也称被委托角色,它是真实主体的代理者、控制者或辅助行为者。它负责在需要的时候创建和删除真实主体对象,并对真实主体对象的使用和访问加以约束;可以在任何时候替代真实主体;通常在客户端调用所引用的真实主体前后做一些预处理和善后事务,例如自我介绍等。

(3) Subject(抽象主体角色):抽象主体角色可以是抽象类,也可以是接口。它作为真实主体角色和代理主体角色的抽象,以便客户端可以实现针对抽象的编程,使任何需要使用真实主体对象的地方都可以用代理主体对象代替。

这 3 种角色之间的关系如图 8.4 所示。

2. 代理模式的特点

代理模式可以协调调用者和被调用者,在一定程度上降低了系统中的耦合度;但是由于在客户端与真实主体之间增加了代理主体对象,会增加一些额外工作,并降低系统运行的效率。

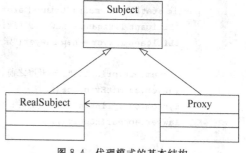

图 8.4 代理模式的基本结构

8.3 设计模式举例——商场营销问题

某商场采用如下营销策略收款:
(1) 正常收款(cash normal)销售策略。
(2) 打折收款(cash discount)策略,例如商品按照牌价打 9 折。
(3) 返利收款(cash rebate)策略,例如满 200 返 70。
要求程序能便于增加一些新的营销策略。

8.3.1 不用策略模式的商场营销解决方案

【代码 8-7】 不同模式的商场收款代码。

```java
class Price {
    /**
     * @param goodsPrice : 按原价收款额
     * @param cashType   : 营销类型
     * @return           : 应收款额
     */
    public double quote(double goodsPrice, String cashType){
        if("打折收款".equals(cashType)){
            System.out.println(cashType + ",按照 9 折收款。");
            return goodsPrice * 0.9;
        }
        else if("返利收款".equals(cashType)){
            System.out.println(cashType + ",若满 200 返 70。");
            if(goodsPrice > 200)
                return goodsPrice - 70;
            else
                return goodsPrice;
        }
        else{
            System.out.println("正常收款,按照原价收款。");
            return goodsPrice;
        }
    }
}
```

讨论：在 quote()方法中包含了所有收款算法,使得这个方法比较庞杂,难以维护,最简单的改进是将每个计价算法各用一个独立方法实现。

【代码 8-8】 每个计价算法用一个方法实现的商场收款代码。

```java
class Price {
    /**
     * @param goodsPrice : 按原价收款额
     * @param cashType   : 营销类型
     * @return           : 应收款额
     */
    public double quote(double goodsPrice, String cashType){
        if("打折收款".equals(cashType)){
            return this.priceForDiscount(goodsPrice);
        }else if("返利收款".equals(cashType)){
            return this.priceForRebate(goodsPrice);
        }else
            Return goodsPrice;
    }

    private double priceForDiscount(double goodsPrice){
        System.out.println("打折销售,按照 9 折收款。");
        return goodsPrice * 0.9;
    }
```

```java
private double priceForRebate(double goodsPrice){
    System.out.println("返利销售,若满 200 返 70。");
    if(goodsPrice > 200)
        return goodsPrice - 70;
    else
        return goodsPrice;
}
}
```

讨论：代码 8-8 与代码 8-7 相比有了很大改进。它首先将一个包罗了各种算法的方法改为一个方法封装一个算法；其次是用一个 quote() 方法进行算法选择，使得客户端不直接访问封装算法的代码。如果要增添一个新的算法，只需在 Price 类中添加一个新的方法。

但是，这个代码仅仅是把复杂性转移到了 Price 类。从 Price 类的角度看，它包含了多个算法方法，就是承担了多个职责，不论是修改一个方法，还是扩充一个新的算法，都有"牵一发而动全身"之患，显然不符合开-闭原则。因为商场的营销策略不是一成不变的，往往需要根据市场情况采取不同的营销策略，不仅需要在几种策略之间进行切换，还需要修改每种营销策略的计算方法。例如，当推行一段时间的打折策略，顾客对这个策略厌倦之后，改用返利策略，而且与上次的返利计算方法有所不同。概括地说，这是一类实现一组算法的可维护、可扩展和可动态地相互切换问题。对于这类问题，一种有效的解决方案是采用策略模式(strategy pattern)。

8.3.2 策略模式的定义

1. 策略模式的基本思路

策略模式的基本思想是要设计一个独立的策略类和一个背景类。

(1) 一个独立的策略类——concrete strategy 用于封装一组算法。这些策略类具有共同的接口——abstract strategy。这种策略(算法)层次结构使得所有算法的实现是同一接口的不同实现，地位是平等的，从而有助于实现开-闭原则，有利于算法的互换、扩展和改变。abstract strategy 可以是接口，也可以是抽象类，具体要看其中是否有抽取出来的具体策略类的共同属性和行为。

(2) 背景类——context 对象的引入使每个算法(策略)都能独立于使用它的客户端，使程序可以针对不同的背景、环境或上下文以及算法效率或用户选择，做出的相应反映、产生的相应行为，为用户选择一种最佳算法。通常，上下文类不负责决定具体使用哪个算法，只负责持有算法，把选择算法的职责交给客户端，由客户端选择好具体算法后设置到上下文对象中，让上下文对象持有该算法。这样，用户选择了需要的算法，就可以在满足开-闭原则的情况下由上下文对象调用到相应的算法。

2. 策略模式的结构

策略模式属于对象的行为模式。行为模式关注的问题是在系统运行过程中各个对象不是孤立存在的，系统的很多复杂功能是在对象之间相互通信、相互作用、相互协作中完成的。

图 8.5 所示为策略模式的结构图。

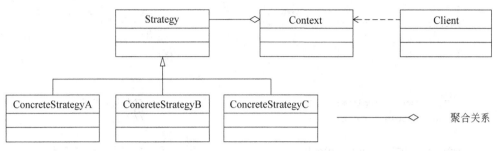

图 8.5 策略模式的基本结构

策略模式涉及如下 3 种角色。

(1) 抽象策略(abstract strategy)角色：一个抽象角色,角色给出所有的具体策略类所需要的接口,通常是一个接口或抽象类。

(2) 具体策略(concrete strategy)角色：具体策略的一种实现,即具体方法的实现。

(3) 背景(context)角色：进行策略配置,维护一个抽象策略类的引用,用于指向一个具体策略,并可以把任意数量的不同参数传递给相应的算法。

采用上述结构就可以支持算法的互换、扩展和改变,使程序可以针对不同的背景、环境或上下文(context)以及算法效率或用户选择,做出的相应反应、产生的相应行为,为用户选择一种最佳算法。

8.3.3　采用策略模式的商场营销解决方案

1. 程序设计

考虑采用策略模式。参照图 8.5,对于商场营销问题可以得到图 8.6 所示的类结构。

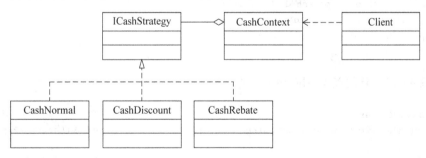

图 8.6 使用策略模式的商场营销的类结构

根据上述结构可以写出如下代码。

【代码 8-9】 收款策略代码。

```
interface ICashStrategy {                    // 收款接口
    public abstract double acceptCash(double money);
}
```

```java
class CashNormal implements ICashStrategy {             // 正常收款子类
    @Override
    public double acceptCash(double money) {
        return money;
    }
}

class CashDiscount implements ICashStrategy {           // 打折收款子类
    private double discountRate;                        // 打折率

    public CashDiscount(double dr) {                    // 构造器传入打折率
        this.discountRate = dr;
    }

    @Override
    public double acceptCash(double money) {
        return money * discountRate;
    }
}

class CashRebate implements ICashStrategy {             // 返利收款子类
    private double rebateCondition;                     // 返利条件
    private double rebateAmount;                        // 返利额度

    public CashRebate(double rc, double ra) {           // 构造器传入条件和额度
        this.rebateCondition = rc;
        this.rebateAmount = ra;
    }

    @Override
    public double acceptCash(double money) {
        return money - rebateAmount;
    }
}
```

【代码 8-10】 环境类 CashContext 的代码。

```java
class CashContext {
    private ICashStrategy cashStrategy = null;          // 声明接口 ICashStrategy 引用

    public CashContext(ICashStrategy cs) {              // 构造器传入具体策略对象
        this.cashStrategy = cs;
    }

    public double getCash(double money) {
        return cashStrategy.acceptCash(money);
    }
}
```

【代码 8-11】 环境类（客户端）的主要代码。

```java
import java.util.Scanner;
public class CashTest {
    public static void main(String[] args) {
        CashContext cc = null;
        Scanner sc = new Scanner(System.in);
        double unitPrice = 0.0;                              // 商品单价
        int productQuantity = 0;                             // 商品数量
        double amountReceivable = 0.0;                       // 应收金额
        double amountPaid = 0.0;                             // 实收金额

        System.out.println("请输入商品定价和数量:");
        unitPrice = sc.nextDouble();
        productQuantity = sc.nextInt();
        amountReceivable = unitPrice * productQuantity;

        int choice = 0;
        do {                                                 // 形成菜单
            System.out.println("1:正常收款");
            System.out.println("2:打折收款");
            System.out.println("3:返利收款");
            System.out.println("请选择(1~3):");
            choice = sc.nextInt();
        }while (choice < 1 || choice > 3);

        switch (choice) {                                    // 判断逻辑
            case 1:
                cc = new CashContext(new CashNormal());
                break;
            case 2:
                cc = new CashContext(new CashDiscount(0.9));
                break;
            case 3:
                cc = new CashContext(new CashRebate(200,70));
                break;
        }
        amountPaid = cc.getCash(amountReceivable);
        System.out.println("应收金额:" + amountReceivable + ",实收金额:" + amountPaid);
    }
}
```

2. 测试

（1）正常收费测试情形。

```
请输入商品定价和数量：
12  5↵
1:正常收款
2:打折收款
3:返利收款
请选择(1～3)：
1↵
应收金额：60.0,实收金额：60.0
```

(2) 打折收费测试情形。

```
请输入商品定价和数量：
12  10↵
1:正常收款
2:打折收款
3:返利收款
请选择(1～3)：
2↵
应收金额：120.0,实收金额：108.0
```

(3) 返利收费测试情形。

```
请输入商品定价和数量：
12  20↵
1:正常收款
2:打折收款
3:返利收款
请选择(1～3)：
3↵
应收金额：240.0,实收金额：170.0
```

3. 讨论

(1) 就技术而言，策略模式是用来封装算法的，但在实践中它几乎可以封装任何类型的规则，只要在分析过程中发现有在不同的时间应用不同的业务规则的情形都可以使用策略模式，例如画不同的图形等。

(2) 分别封装算法减少了算法类与使用算法类之间的耦合，使得算法的扩展变得方便，只要增加一个策略子类(Context 和客户端要同时修改)即可。这也简化了单元测试，使每个算法类都可以单独测试。

(3) 策略模式将算法的选择与算法的实现相分离，这意味着必须将策略类所需要的信息传递给它们。其最基本的情况是选择的具体实现职责要由客户端承担，再将选择转给Context。这就要求客户端必须知道所有策略类，了解每一个算法，并能自行选择，这对于客户端造成了很大压力。

8.4 设计模式举例——图形对象的创建问题

代码 7-10 已经实现了面向接口的编程,也在一定程度上实现了开-闭原则。为什么说是"一定程度"呢？分析一下它的客户端代码可以看到,主要内容是对象生成操作和对象应用操作。而正是这些内容使得它不满足另外一个重要原则——知识最少原则。因为,就在对象创建的过程中需要把接口及其实现类之间的关系暴露给客户端;也通过调用实现类及其相关类的构造器把这些类的部分结构(成员)暴露给客户端。或者说,客户端必须知晓这些知识才能够编写客户端应用程序。也或者说,它把使用对象和创建对象混淆在了一起,就像一位要开汽车的人必须知道如何制造汽车一样。

GoF 的创建型模式关注对象的创建过程,其基本思想是将创建对象的具体过程屏蔽隔离起来,使对象实例的创建与其使用相分离,并达到可维护、可扩展、提高灵活度的目的。

8.4.1 简单工厂模式

1. 简单工厂模式的引入

简单工厂(simple factory)模式并非 GoF 中的一种设计模式,但是它对于理解创建型模式提供了帮助,也是一种非常便于使用的设计模式。它的基本思想是把程序中要用到的对象都集中到一个"工厂"去"制造",以实现对象的创建与使用的分离,实现知识最少原则。为了说明简单工厂模式的思想,下面仅考虑图形对象的建立。

【代码 8-12】 生产图形的简单工厂模式代码。

```java
import java.util.Scanner;
interface IShape{
    public void draw();
}

class Circle implements IShape{
    @Override
    public void draw(){System.out.println("画圆。");}
}

class Rectangle implements IShape{
    @Override
    public void draw(){System.out.println("画矩形。");}
}

class ShapeFactory{                                                    // 图形对象生产工厂
    public static Shape productShape(String type) throws Exception{   // 图形生产静态方法
        IShape shape = null;
        if (type.equalsIgnoreCase("circle")) {
            shape = new Circle();
        }
```

```
        else if (type.equalsIgnoreCase("rectangle")){
            shape = new Rectangle();
        }
        else {
            throw new Exception("对不起,暂不生产这种图形!");
        }
        return shape;
    }
}
public class Client{
    public static void main(String[] args){
        Scanner scan = new Scanner(System.in);
        System.out.println("请输入需要的形状: ");
        String shapeType = scan.next();
        try {
            Shape shape = ShapeFactory.productShape(shapeType);    // 由工厂中的方法创建
            shape.draw();
        }
        catch(Exception ex){
            System.out.println(ex.getMessage());
        }
    }
}
```

下面是3次测试情况。

(1) 测试1：

请输入需要的形状：
circle ↵
画圆。

(2) 测试2：

请输入需要的形状：
Rectangle ↵
画矩形。

(3) 测试3：

请输入需要的形状：
triangle ↵
对不起,暂不生产这种图形!

说明：之所以将productShape()方法定义成静态的是为了直接用类名(ShapeFactory)调用,因为简单工厂类没有实例化的必要。这样,就把简单工厂类作为一个工具类了。由于简单工厂类的方法是静态的,所以简单工厂也称为静态工厂方法(static factory method)模式。若为了进一步防止客户端随意创建简单工厂的实例,还可以将简单工厂类的构造器定义成私密的,只允许其在成员方法中创建实例。

2. 简单工厂模式的结构与角色

代码 8-12 中所有类之间的关系如图 8.7 所示。

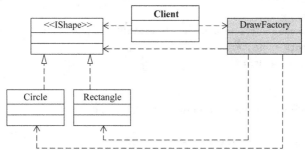

图 8.7 代码 8-12 中的类关系

可以看出,简单工厂模式包含如下 3 种角色。

(1) 抽象产品角色:抽象产品角色作为具体产品继承的父类或者实现的接口,在 Java 程序中由接口或者抽象类来实现,如本例中的 IShape 类。

(2) 具体产品角色:具体产品角色在 Java 程序中由一些具体类实现,如本例中的 Circle 类和 Rectangle 类。

(3) 工厂类角色:作为简单工厂模式的核心,工厂类角色的职责是根据传入的参数创建对应的产品类的实例,在 Java 程序中它往往由一个具体类实现,如本例中的 ShapeFactory 类。为了在众多的产品类中生成其中一种,工厂类角色要含有一定的业务逻辑和判断逻辑。

3. 采用简单工厂模式的王彩程序

【代码 8-13】 王彩程序的简单工厂模式版本。

```
import java.util.Scanner;
interface IArea{                                    // 计算面积的接口
    public double getArea();
}

interface IDraw{                                    // 画图接口
    public void draw();
}

interface IShape extends IArea, IDraw{}             // 空的接口

class Circle implements IShape{                     // 圆执行类
    private double radius;
    public Circle(double radius){this.radius = radius;}
    @Override
```

```java
        public void draw(){System.out.println("画圆。");}
        @Override
        public double getArea(){return (Math.PI * radius * radius);}
    }

    class Rectangle implements IShape{                                    // 矩形执行类
        private double length;
        private double width;
        public Rectangle(double length, double width){
            this.length = length;
            this.width = width;
        }
        @Override
        public void draw(){System.out.println("画矩形。");}
        @Override
        public double getArea(){return (length * width);}
    }

    class Pillar {
        private IShape bottom;
        private double height;
        public Pillar(){}
        public Pillar(Pillar pillar){
            this.bottom = pillar.bottom;
            this.height = pillar.height;
        }
        public Pillar(IShape bottom, double height){
            this.bottom = bottom;
            this.height = height;
        }
        public void draw(){System.out.println("画柱体。");}
        public double getVolume(){return (bottom.getArea() * height);}
    }

    class ShapeFactory{                                                   // 对象生产工厂
        public static IShape productBottom(String type) throws Exception{ // 生产静态方法
            Scanner scan = new Scanner(System.in);
            IShape bottom = null;
            if (type.equalsIgnoreCase("circle")) {
                System.out.println("请输入圆的半径：");
                double radius = scan.nextDouble();
                bottom = new Circle(radius);
            }
            else if (type.equalsIgnoreCase("rectangle")){
                System.out.println("请输入矩形的长和宽：");
                double length = scan.nextDouble();
                double width = scan.nextDouble();
                bottom = new Rectangle(length,width);
```

```java
            }
            else {
                throw new Exception("对不起,暂不生产这种柱体!");
            }
            return bottom;
        }
        public static Pillar productPillar(String type, double height)throws Exception {
            try {
                return new Pillar(productBottom(type),height);
            }
            catch (Exception e){
                throw e;
            }
        }
    }
    public class Client{
        public static void main(String[] args){
            Scanner scan = new Scanner(System.in);
            System.out.println("请输入柱体底的形状和高: ");
            String shapeType = scan.next();
            double height = scan.nextDouble();
            try {
                Pillar pillar = ShapeFactory.productPillar(shapeType,height);
                System.out.println("柱体的体积为: " + pillar.getVolume());
            }
            catch(Exception ex){
                System.out.println(ex.getMessage());
            }
        }
    }
```

下面是代码 8-13 的 3 次执行情况。

执行情况 1：

```
请输入柱体底的形状和高：
circle 10 ↵
请输入圆的半径：
10 ↵
柱体的体积为：3141.5926535897934
```

执行情况 2：

```
请输入柱体底的形状和高：
rectangle 10 ↵
请输入矩形的长和宽：
5  10 ↵
柱体的体积为：500.0
```

执行情况 3：

请输入柱体底的形状和高：
yuan 20 ↵
对不起，暂不生产这种柱体！

说明：简单工厂类对所创建的对象没有限制，任何对象都可以在其中创建，例如代码 8-2 中的 Shape 接口的实例类对象和 Pillar 类的对象都是在简单工厂中创建的，所以简单工厂又称为"万能工厂"。

4. 简单工厂模式的优点和缺点

（1）从客户端（client）看，免除了直接创建产品对象的责任，仅仅负责使用产品，实现了最少知识原则和部分单一职责原则。这样可以带来以下好处：

- 客户端不必知道其使用对象的具体所属类，只需知道它们所期望的接口。
- 一个对象可以很容易地被（实现了相同接口的）另一个对象所替换。
- 对象间的连接不必硬绑定（hardwire binding）到一个具体类的对象上。
- 系统不应当依赖于产品类实例如何被创建、组合和表达的细节。

（2）从服务器端看，由两套相互关联的类体系组成，一套是图形系统，一套是工厂系统。图形系统由接口 Shape 及其派生出的子类组成，实现了面向接口编程的原则——当需要增加一种图形产品时只要派生一个相应的子类即可，在一定程度上符合 OCP 原则。

但是在工厂系统中，采用静态方法创建产品对象（不需要生成工厂对象就可以创建），甚至采用私密的构造器，因而无法通过派生子类来改变接口方法的行为。若需要增加产品，就要修改相应的业务逻辑或者判断逻辑，不符合 OCP 原则。特别是当产品种类增多或产品结构复杂时，将会使工厂类难承其重。

8.4.2 工厂方法模式

1. 工厂方法模式及其基本结构

工厂方法模式又称多态性工厂（polymorphic factory）模式或虚拟构造器（virtual constructor）模式。它与简单工厂模式的不同之处在于，把产品看作不是直接来自工厂，而是直接来自供应商（supplator）。供应商的产品来自工厂方法（factory method）。当然，供应商也可以来自分供应商，分供应商的产品也来自相应的工厂方法。所以，工厂方法模式也可以称为供应商模式（supplator pattern）。图 8.8 为采用工厂方法模式的图形程序简化结构。

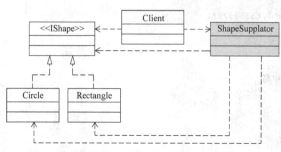

图 8.8 采用工厂方法模式的图形程序简化结构

【代码 8-14】 工厂方法及客户端代码。

```java
class ShapeSupplator {                                              // 供应商类
    public void supply(String type)throws Exception{
        IShape shape;
        try {
            shape = shapeFactoryMethod(type);
        }
        catch (Exception e){
            throw e;
        }
        shape.draw();
    }

    protected IShape shapeFactoryMethod(String type) throws Exception{  // 非静态方法
        IShape shape = null;
        if (type.equalsIgnoreCase("circle")) {
            shape = new Circle();
        }
        else if (type.equalsIgnoreCase("rectangle")){
            shape = new Rectangle();
        }
        else {
            throw new Exception("对不起,暂不生产这种图形!");
        }
        return shape;
    }
}

public class Client{                                                // 客户端
    public static void main(String[ ] args){
        try {
            ShapeSupplator supplator = new ShapeSupplator();
            supplator.supply("circle");
        }
        catch (Exception ex){
            System.out.println(ex.getMessage());
        }
    }
}
```

讨论：分析代码 8-14，与代码 8-12 相比，除了 shapeFactoryMethod()不是静态方法外，其他没有什么区别。但是,就是这种非静态性的工厂方法,它与简单工厂模式相比有很大的不同。

(1) 在工厂方法模式中,一般不(但也可以)把工厂方法暴露给客户端,就像一般供应商不肯把自己的供货渠道泄露给客户一样。在工厂方法模式中,提供给客户端的是另一个方法 supply()。这个方法负责接收客户端的参数,并将参数传递给有关工厂方法,并接收工厂方法创建的对象,完成有关操作。

(2) 这种非静态的工厂方法在功能扩展时很有用。

2. 工厂方法的扩展

【代码 8-15】 通过扩展 ShapeSupplator 类增加三角形对象的创建。

```java
class ShapeSupplator {                                              // 供应商
    public void supply(String type){
        IShape shape = null;
        try {
            shape = shapeFactoryMethod(type);
        } catch (Exception e) {
            e.printStackTrace();
        }
        shape.draw();
    }
    public IShape shapeFactoryMethod(String type) throws Exception{  // 非静态方法
        IShape shape = null;
        if (type.equalsIgnoreCase("circle")) {
            shape = new Circle();
        }
        else if (type.equalsIgnoreCase("rectangle")){
            shape = new Rectangle();
        }
        else {
            throw new Exception("对不起,暂不生产这种图形!");
        }
        return shape;
    }
}

class TriangleSupplator extends ShapeSupplator {                     // 派生三角形供应商
    public IShape shapeFactoryMethod(String type) throws Exception{
        IShape shape = null;
        if (type.equalsIgnoreCase("triangle")) {
            shape = new Triangle();
        }
        else {
            shape = supper.shapeFactoryMethod(type);
        }
        return shape;
    }
}

public class client{                                                 // 客户端
    public static void main(String [] args){
        ShapeSupplator supplator = new TriangleSupplator();
        supplator.supply("三角形");
    }
}
```

测试结果:

画三角形。

讨论:从这个代码可以看出,其客户端调用的是 TriangleSupplator 类中从其父类 ShapeSupplator 中继承的方法 supply()。这就体现出工厂方法模式的本质——先选择由哪个子类实现,而不是像简单工厂那样直接在工厂类中选择实现。

3. 采用平行类层次结构的工厂方法

分析代码 8-14、代码 8-15 可以发现,ShapeSupplator 类及其工厂方法中承载了较多职责,不符合单一职责原则和面向抽象编程的原则。为此可以将类 ShapeSupplator 设计成抽象类,按照与产品对应的关系派生具体类,形成与产品类平行的工厂类层次结构,如图 8.9 所示。

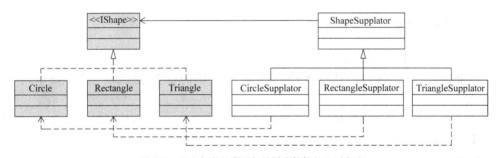

图 8.9 具有与产品类平行的层次结构的工厂方法

【代码 8-16】 与 IShape 接口层次平行的 ShapeSupplator 类层次。

```
abstract class ShapeSupplator {                    // 供应商抽象化
    public void supply(String type){
        IShape shape = shapeFactoryMethod();
        shape.draw();
    }
    public abstract Shape shapeFactoryMethod();
}

class CircleSupplator extends ShapeSupplator {     // 圆供应商
    @Override
    public IShape shapeFactoryMethod() {
        IShape shape = new Circle(radius);
        return shape;
    }
}

class RectangleSupplator extends ShapeSupplator {  // 矩形供应商
    @Override
    public IShape shapeFactoryMethod() {
        IShape shape = new Rectangle();
```

```
        return shape;
    }
}

class TriangleSupplator extends ShapeSupplator {         // 三角形供应商
    @Override
    protected IShape shapeFactoryMethod(String type) throws Exception{
        IShape shape = new Triangle();
        return shape;
    }
}
```

讨论：从这个代码可以看出，采用平行的类体系结构可以把原来属于一个类的职责分别委托给不同的类实现，形成许多职责单一的子类。就像一个供应商，随着业务的扩大，需要形成许多专门的部门或子公司，每个子公司都担负专门的工作，把工作做精、做细。

4．工厂方法模式中的角色

一个工厂方法模式中都包含如下 4 种角色。

（1）抽象产品角色：它是具体产品类共同继承的抽象类或者接口，如本例中的 Shape 类。

（2）具体产品角色：这类角色是具体产品的抽象，在 Java 中由执行类来实现，如本例中的 Circle 类、Rectangle 类和 Triangle 类。

（3）具体工厂角色：这类角色由应用程序调用以创建具体产品角色的实例，含有和具体业务逻辑有关的代码，在 Java 中由实例类来实现，一般与具体产品角色有一一对应的关系，如本例中的 CircleSupporator 类、RectangleSupporator 类和 TriangleSupporator 类。

（4）抽象工厂角色：这类角色是具体工厂角色的抽象，即是具体工厂角色的共同接口或者必须继承的父类。抽象工厂角色由抽象类或者接口来实现，如本例中的 ShapeSupporator 类。作为工厂方法模式的核心，它与客户端无关。

5．关于工厂模式的进一步讨论

（1）在简单工厂模式中，产品部分符合 OCP 原则，但工厂部分不符合 OCP 原则。工厂方法模式使得工厂部分也能符合 OCP 原则。

（2）简单工厂模式的工厂中包含了必要的判断逻辑，而工厂方法模式又把这些判断逻辑移到了客户端代码中。这似乎又返回到没有采用模式的情况，还多了一个中间环节。但是，这正是工厂方法和没有采用模式的不同之处，它暴露给客户的不是如何生产对象的方法，而是如何去找工厂的方法。

（3）工厂方法模式会形成产品对象与工厂方法的耦合，这是其中的一个缺点。

（4）工厂方法模式适合于下面的情况：

- 客户程序使用的产品对象存在变动的可能，在编码时不需要预见创建哪种产品类的实例。
- 开发人员不希望将对象创建的细节信息暴露给外部程序。

8.4.3 策略模式与简单工厂模式结合

采用策略模式会使客户端的负担很重，一个解决方法是把客户端的判断逻辑移到 CashContext 类中，在 CashContext 类中生成有关算法对象，这相当于在 CashContext 类中添加简单工厂的一些职责。

1. 修改后的 CashContext 类代码

【代码 8-17】 修改后的环境类 CashContext 代码。

```java
public class CashContext {
    private ICashStrategy cashStrategy = null;          // 声明 cashStrategy 引用

    public CashContext(int strategyType) {              // 构造器传入策略类型
        switch(strategyType) {                          // 判断逻辑
            case 1:
                cashStrategy = new CashNormal();
                break;
            case 2:
                cashStrategy = new CashDiscount(0.9);
                break;
            case 3:
                cashStrategy = new CashRRebate(200,70);
                break;
        }
    }

    public double getCash(double money) {
        return cashStrategy.acceptCash(money);
    }
}
```

2. 修改后的客户端代码

【代码 8-18】 修改后的客户端主要代码。

```java
public class CashTest {
    public static void main(String[] args) {
        Scanner sc = new Scanner(System.in);
        douboe unitPrice = 0.0;                         // 商品单价
        int commodityNumber = 0;                        // 商品数量
        douboe amountNormal = 0.0;                      // 应收金额
        douboe amountActual = 0.0;                      // 实收金额

        System.out.println("请输入商品定价和数量:");
        unitPrice = sc.nextDouble();
        commodityNumber = sc.nextInt();
```

```
            amountNormal = unitPrice * commodityNumber;

            int choice = 0;
            do {                                              // 形成菜单
                System.out.println("1:正常收款");
                System.out.println("2:打折收款");
                System.out.println("3:返利收款");
                System.out.println("请选择(1~3):");
                choice = sc.nextInt();
            }while (choice < 1 || choice > 3);

            CashContext cashContext = new CashContext(choice);
            amountActual = cashContext.getCash(amountNormal);
            System.out.println("应收金额:" + amountNormal + ",实收金额:" + amountActual);
        }
    }
```

3. 测试

(1) 正常收费测试情况。

```
请输入商品定价和数量:
12  5↵
1:正常收款
2:打折收款
3:返利收款
请选择(1~3):
1↵
应收金额:60.0,实收金额:60.0
```

(2) 打折收费测试情况。

```
请输入商品定价和数量:
12  10↵
1:正常收款
2:打折收款
3:返利收款
请选择(1~3):
2↵
应收金额:120.0,实收金额:108.0
```

(3) 返利收费测试情况。

```
请输入商品定价和数量:
12  20↵
1:正常收款
2:打折收款
3:返利收款
请选择(1~3):
3↵
应收金额:240.0,实收金额:170.0
```

4. 关于策略模式的讨论

(1) 在单纯的策略模式中,客户端除了要了解 Context 类外,还要了解所有策略(算法)类——这是一些实现类,并没有完全实现"面向接口,而不是面向实现的编程"。采用简单工厂与策略相结合的模式,客户端只需了解 Context 类,基本实现了面向接口的编程。

(2) 模式要灵活应用,针对不同问题,不仅要很好地选择或设计合适的模式,还可能要为一个模式选择一些其他模式进行补充。

8.5 知 识 链 接

8.5.1 类文件与类加载

1. 类文件

如前所述,每个 Java 程序编写以后,首先要编译成一种"与平台无关"的格式——以字节码文件形式保存,在执行时才交 JVM 进行解释式执行。但是,一个应用程序的 Java 字节码文件不是以程序为单位,而是以类为单位进行组织——每个类编译为一个字节码文件,所以字节码文件的扩展名为.class。

基于安全的考虑,JVM 不是靠文件的扩展名来识别一个文件是否为类文件,而是先取文件的头 4 个字节来辨别。人们把这作为文件类型标识的头 4 个字节称为 Magic Number——魔数。带有浪漫色彩的是,.class 文件的魔数值为 0xCAFEBABE(咖啡宝贝)。

2. JVM 的类加载机制

加载是将程序文件由外存调入内存的过程。粗略地说,JVM 对于类的加载包含如下 3 个方面的内容。

(1) 把保存在外存的.class 文件的描述类的二进制数据读入到内存方法区。

(2) 将描述类的静态数据结构转换为方法区的运行时可直接引用的数据结构。

(3) 在堆区生成一个代表这个类的 java.lang.Class 类的对象作为程序访问方法区中该类数据的外部入口。

8.5.2 Class 对象

1. Class 对象——类型信息档案

Class 类是一个特殊的类,它的实例可以存储 Java 程序运行时所有类型(包括每个类、接口、数组、基本类型和 void)的有关信息和语义,被称为 Java"第一类"(first-class)。每个运行的 Java 类型都有一个相应的 Class 对象,用来封装该类型运行时的状态。

用这些对象中的档案信息可以进行基本的类型查询、表示对类的引用以及创建该类型的对象。

注意:

(1) 基本的 Java 类型(boolean、byte、char、short、int、long、float 和 double)和关键字

void 也都对应一个 Class 对象。

(2) 每个数组属于被映射为 Class 对象的一个类,所有具有相同元素类型和维数的数组都共享该 Class 对象。

(3) Class 没有公开的构造器,当 JVM 装载一个类时,装载器就会自动为这个被装载类产生一个独一无二的 Class 对象,形成一份该类的"档案"。运行程序时,JVM 首先检查所要加载的类对应的 Class 对象是否已经加载。如果没有加载,JVM 就会根据类名查找 .class 文件,并将其 Class 对象载入。

2. Class 对象的获得

与任何对象的操作一样,要使用 Class 对象,首先要获取这个对象,然后才能使用有关方法进行操作。但是,Class 没有公开构造器,所以不能显式地声明一个 Class 对象。Class 对象是在加载类时由 Java 虚拟机以及通过调用类加载器中的 defineClass 方法自动构造的。那么,怎样获得 Class 对象呢?

获取 Class 对象有如下 3 种方法可选。

(1) 使用 Object 的 getClass() 方法获取一个对象所属类的 Class 对象。在第 5.5.1 节中介绍了 Object 类的方法 getClass()。由于所有类都继承了 Object 类,所以这个方法可以在任何类中使用,其功能是返回调用对象所关联的 Class 对象。例如,对于任何一个类 ClassX,可以生成对象:

```
ClassX x1 = new ClassX();
ClassX x2 = new ClassX();
```

可以用对象调用方法 getClass() 获得它们的 Class 实例:

```
Class class1 = x1.getClass();
Class class2 = x2.getClass();
```

这时,输出语句

```
System.out.println(class1 == class2);
```

将输出 true,因为 JVM 对于一个类只生成一个 Class 实例。

注意:由于抽象类和接口不能实例化,所以不能用这种方法获得抽象类和接口的 Class 对象。

(2) 使用类名+".class"的方式获取相关联的 Class 实例。一个类的 Class 对象保存在该类的 .class 文件中,因此用类名+".class"的方式可以获得相关联的 Class 实例。例如:

```
Class class1 = ClassX.class;
Class class2 = int.class;
Class class3 = double.class;
```

(3) 用 Class 类的静态方法 forName(),将类的完整限定名(包含包名)作为参数取得相关联的 Class 实例。

方法 forName() 是 Class 类中使用频率最高的方法,其定义如下:

```
public static Class forName(String className)throws ClassNotFoundException
```

这个方法可以根据字符串参数所指定的类或接口名获取与之关联的 Class 对象。如果该类还没有装入,该方法会将该类装入。当无法获取需要装入的类时将抛出 ClassNotFoundException 异常。常用的代码如下:

```
try {
    Class class = Class.forName("org.myClass.ClassX");
    // …
}catch(ClassNotFoundException e) {
    e.printStackTrace();
}
```

注意:forName()要求的是类全名的字符串参数。

此外,对于基本数据类型的包装类,可以通过.TYPE 获取对应基本类型的 Class 实例。

【代码 8-19】 验证 Class 对象的获取方法。

```
public class ClassA {
    public static void main(String[] args) {
        ClassB c = new ClassB();
        Class c1 = c.getClass();
        System.out.println(c1.getName());                    // 验证方法(1)
        Class c2 = ClassB.class;
        System.out.println(c2.getName());                    // 验证方法(2)
        Class c3 = int.class;
        System.out.println(c3.getName());                    // 验证方法(2)
        Class c4 = Integer.class;
        System.out.println(c4.getName());                    // 验证方法(2)
        try {
            Class c5 = Class.forName("ClassB");
            System.out.println(c5.getName());                // 验证方法(3)
        }catch(ClassNotFoundException e) {
            e.printStackTrace();
        }
        Class c6 = Integer.TYPE;System.out.println(c8.getName()); // 验证方法(4)
    }
}

class ClassB {
    int x,y;
    public void output() {
        System.out.println(x + "," + y);
    }
}
```

编译运行结果如下:

```
ClassB
ClassB
int
java.lang.Integer
ClassB
int
```

说明：printStackTrace()是一个专门用来将异常信息送到输出流的方法。

3. Class 类的常用方法

Class 类位于 java.lang 包中，与任何 Java 类一样继承自 Object 类。Object 类内声明了在所有 Java 类中可以被改写的方法 hashCode()、equals()、clone()、toString()、getClass()等，其中 getClass()返回一个 Class 类。除此之外，Class 还包含了大量提供类信息的方法。表 8.1 中列出了其中几个常用方法，这些方法都是 public 的。

表 8.1 Class 类中用于提供类信息的常用方法

方　　法	说　　明
String getName()	返回完整的包.类的名称
Package getPackage()	返回此 Class 对象所描述实体所在的包名
Constructor[] getConstructors() throws SecurityException	返回存放该类全部构造器的数组
Class[] getInterfaces()	返回存放该类所实现的全部接口的数组
Class getSuperclass()	返回该类的父类
Field[] getDeclaredFields(String name) throws SecurityException	返回存放仅在该类定义的全部属性的数组
Field[] getFields() throws SecurityException	返回存放该类全部(包括继承来的)属性的数组
Method[] getMethods() throws SecurityException	返回存放该类全部公开方法的数组
Object newInstance() throws InstantiationException, IllegalAccessException	创建该 Class 对象所表示类的一个新实例
boolean isArray()	判定此 Class 对象是否表示一个数组类

上面这些方法多数不难理解，下面仅介绍一下 newInstance()方法的用法。

newInstance()方法是 Class 类的实例方法，多用于事先不知道类名称的情况下创建类的对象，也就是说，在代码中可以动态创建类的对象。例如 x.getClass.newInstance()可以创建一个和 x 类型一样的新实例。

与用 new 关键字创建对象可以自由选择构造器相比，使用 newInstance()方法创建对象时只能调用类中的无参构造器。如果一个类的所有构造器都有参数，那么就会出现异常。

【代码 8-20】 利用 newInstance()方法创建一个对象。

```
import java.lang.reflect.*;
public class ClassA {
    public static void main(String[] args) {
        try {
            Class c = Class.forName("ClassB");
            ClassB b = (ClassB)c.newInstance();
```

```
            b.output();
    }catch(Exception e) {
        e.printStackTrace();
    }
  }
}
```

8.5.3 反射 API

反射(reflection)是一种自然现象,表达受刺激物对刺激物作用的一种逆反应现象。一般来说,反射机制应当具备两大基本要素,即开放(open)和原因连接(causally-connected)。这些是接受刺激和对刺激逆反应的必要条件。可以说,实现了反射机制的系统都具有开放性,但具有开放性的系统并不一定采用了反射机制。在不同的学科领域,反射的概念有不同的解释,但是都具备上述两个基本要素。

1982 年,Smith 首先将反射的概念引入到计算机领域,目的是使计算机系统可以通过采用某种机制来实现对自己行为的描述(self-representation)和监测(examination),并能根据自身行为的状态和结果调整或修改应用所描述行为的状态和相关的语义。

在 Java 中,反射成为构建模块化程序的有力工具。它允许程序的第一个模块使用其他模块中定义的类,即只要获取了对象名就可以获取生成这个对象的类的全部信息,包括类的全部属性、方法、所实现的接口、所在的包等。所以在程序设计界流传着一句话:"反射,反射,程序员的快乐"。说明这个机制对于程序员非常重要。

Java 的反射机制支持在运行状态中动态地获取类的信息,提供动态地调用对象的能力。

1. 反射 API 概述

在程序包 java.lang.reflect 中定义了一个类集来对 Class 对象完整地提供信息和操作。这个类集被称为反射 API,它包括 Constructor(构造器类)、Field(成员变量类)、Method(方法类)、Modifier(访问修饰符类)和 Array(数组类)。这些类作为工具提高了访问 Class 类的能力和有效性。具体来说,它有如下功能:

- 获取一个对象的类信息。
- 获取一个类的访问权限符、成员、方法、构造器以及基类的信息。
- 检获属于一个接口的常量和方法声明。
- 在不知道类名的情况下创建类的实例,类名在运行的时候动态获取。
- 在不知道名称的情况下设置或获取对象属性的值,名称在运行的时候动态获取。
- 在不知道名称的情况下调用对象的方法。
- 创建新的数组,其大小和元素数据类型都是在运行的时候动态获取的。

2. 反射 API 的使用

使用反射 API 一定要导入 java.lang.reflect 包,一般遵循 3 个步骤:
① 获得想操作类的 java.lang.Class 对象。

② 调用有关方法，例如 getDeclaredMethods 等。
③ 使用反射 API 来操作这些信息。

【代码 8-21】 找出类的方法。这是一个非常有价值，也是非常基础的反射用法。

```java
import java.lang.reflect.*;
public class C {
    private int fun(Object p,int x) throws NullPointerException {
        if (p == null)
            throw new NullPointerException();
        return x;
    }

    public static void main(String[] args) {
        try {
            Class cls = Class.forName("C");                        // 取得C的描述
            Method methlist[] = cls.getDeclaredMethods();          // 获取全部成员方法列表
            for (Method m : methlist) {
                System.out.println("方法名: " + m.getName());        // 输出一个方法名
                System.out.println("所在类: " + m.getDeclaringClass()); // 输出方法所在类名字
                Class pvec[] = m.getParameterTypes();              // 获取方法参数类型列表
                for (int j = 0; j < pvec.length; j ++ )
                    System.out.println("参数 # " + j + ": " + pvec[j]); // 输出参数的类型
                Class evec[] = m.getExceptionTypes();              // 获取参数异常类型列表
                for (int j = 0; j < evec.length; j ++ )
                    System.out.println("异常 # " + j + ": " + evec[j]); // 输出参数异常类型
                System.out.println ("返回类型: " + m.getReturnType()); // 输出方法返回类型
                System.out.println ("* * * * * *");
            }
        } catch(Throwable e) {
            System.err.println(e);
        }
    }
}
```

编译运行结果如下：

```
方法名: fun
所在类: class C
参数 # 0: class java.lang.Object
参数 # 1: int
异常 # 0 class java.lang.NullPointerException
返回类型: int
* * * * * *
方法名: main
所在类: class C
参数 # 0: class java.lang.String;
返回类型: void
* * * * * *
```

Java反射机制和Java的多态性可以让程序更加具有灵活性,特别是在进行大型项目开发时利用反射机制可以很好地进行并行开发,即不是一个程序员等到另一个程序员写完以后再去书写代码,而是先设计接口,让实现接口的程序员和调用接口的程序员都针对接口进行编程。这样,一个程序员和另一个程序员可以分头书写代码,互不影响地实现各自的功能。

8.5.4 使用反射的工厂模式

在第8.4.1节和第8.4.2节中讨论了简单工厂模式与工厂方法模式,希望做到"对扩展开放,对修改关闭"(OCP)和"高聚合、低耦合",但是结果并不理想。在简单工厂模式中,新产品的加入要修改工厂角色中的判断逻辑;而在工厂方法模式中,要么将判断逻辑留在抽象工厂角色中,要么在客户程序中将具体工厂角色写死(就像上面的例子一样)。这种判断逻辑的存在把几种不同的产品条件耦合在一起,例如要添加一个新产品(图形,例如五边形),必须修改工厂类中的判断逻辑,增加一个分支。而用反射机制解决这个问题,在"工厂"中就不用判断逻辑了。

【代码8-22】 采用反射机制的DrawFactory类。

```
class DrawFactory {
    public static Draw getDrawInstance(String type) {
        Draw draw = null;
        try { ②用反射机制获得类名
            draw = (Draw)Class.forName("org.zhang.DrawFactoryTest." + type).newInstance();
        } catch (InstantiationException e) {          // 自动生成catch块
            e.printStackTrace();
        } catch (IllegalAccessException e) {          // 自动生成catch块
            e.printStackTrace();
        } catch (ClassNotFoundException e) {          // 自动生成catch块
            e.printStackTrace();
        }
        ③赋值
        return draw;
    }                                  ①调用           画图类做参数
}
```

【代码8-23】 客户端代码。

```
public class DrawFactoryTest {
    public static void main(String[] args) {
        Draw draw = DrawFactory.getDrawInstance("Triangle");
        if (draw! = null) {                     // 反射成功
            draw.draw();
        }else {
            System.err.println("无此类型的图形……");    // 失败
        }
    }
}
```

在这个时候，比如除要画圆、矩形和三角形外，还要画五边形，就不需要去修改画图工厂类 DrawFactory 了，只要添加一个相应的 Pentagon 子类，并将在客户端的语句"Draw draw = DrawFactory.getDrawInstance("Triangle");"中的"Triangle"改为"Pentagon"即可。这样，也就实现了开-闭原则（OCP）。

8.5.5 使用反射+配置文件的工厂模式

使用反射机制还可以采用配置文件进行整合。下面针对代码 8-13 中设计的接口 IDraw，考虑如何使用反射技术和配置文件设计一个工厂类返回 IDraw 的执行类对象。

> **配置文件**
>
> 配置文件是一种用于保存系统运行参数的文件，使用配置文件可以使一个系统灵活地针对不同的需求运行。配置文件有多种类型，有机器级的，也有应用程序级的。例如用户配置文件就是在用户登录时定义系统加载所需环境的设置和文件的集合，包括用户专用的配置设置，如程序项目、屏幕颜色、网络连接、打印机连接、鼠标设置及窗口的大小和位置；应用程序配置文件可以让程序用户根据不同的情况变更设定值，而不需要重新编译应用程序。
>
> 配置文件的格式非常简单。每一行都包括一个关键字，以及一个或多个参数。实际上，绝大多数行都只包括一个参数。

【代码 8-24】 工厂类——生产接口的执行类对象。在工厂模式中单独定义一个工厂类来实现对象的生产，注意这里返回的接口的执行类对象。

```java
import java.io.IOException;
import java.io.InputStream;
import java.util.Properties;

public class DrawFactory {
    private static Properties pops = new Properties();       // 创建 Properties 对象
    static {                                                  // 静态代码块
        InputStream in
            = DrawFactory.class.getResourceAsStream("file.txt");// 加载配置文件
        try {
            pops.load(in);
        } catch (IOException e) {
            e.printStackTrace();
        } finally {
            try {
                in.close();
            } catch (IOException e) {
                e.printStackTrace();
            }
        }
    }
    private static DrawFactory factory = new DrawFactory();
    private DrawFactory() {}
    public static DrawFactory getFactory() {
        return factory;
```

```
    }
    public IDraw getDrawInstance() {
        IDraw draw = null;                          // 定义接口引用
        try {
            String classInfo
                = pops.getProperty("ClassName");    // 按配置文件中的关键字获取类的全路径
            Class c = Class.forName(classInfo);     // 用反射生成 Class 对象
            Object obj = c.newInstance();           // 用该 Class 对象创建 Object 对象
            draw = (IDraw)obj;                      // 将 Object 对象强制转换为接口引用
        } catch(Exception e) {
            e.printStackTrace();
        }
        return draw;                                // 返回指向执行类对象的接口引用
    }
}
```

讨论：

（1）Properties 是 java.util 包中的一个类，该类主要用于读取项目（以 .properties 结尾的和 XML 文件）的配置文件。Properties 的构造方法有两个，一个不带参数，另一个使用一个 Properties 对象作为参数。此外，Properties 提供的主要公开方法还有下面两个。

- String getProperty(String key)：用指定的关键字在此属性列表中搜索属性。
- void load(InputStream inStream) throws IOException：从输入流中读取属性列表（关键字和元素对）。

（2）在方法 getDrawInstance() 中首先定义了一个接口引用，然后利用反射，不是直接把类的全路径写出来，而是通过关键字 className 从配置文件中获得类的全路径，进一步利用反射生成 Class 对象，再用其创建 Object 对象，并将这个 Object 对象转换为对接口 IDraw 的引用指向的对象。这样，就有了很大的灵活度，只要改变配置文件里的内容，就可以改变调用的接口实现类，而代码不需要做任何改变。例如，配置文件可以分别为 test=drawFactory.Circle、test=drawFactory.Rectangle、test=drawFactory.Triangle，在程序运行中动态地向方法 getDrawInstance() 传递类的全路径信息，以便最后返回指向相应接口 IDraw 的实现类对象。

（3）对照代码 8-13 可以看出，不使用反射技术时存在判断逻辑，这种判断逻辑把一些可以独立的操作混在了一起，形成分支判断耦合，当要进行修改时会牵一发而动全身。使用反射技术后，去除了这些分支判断耦合。

【代码 8-25】 客户端（调用方）代码。

```
public class DrawFactoryTest {
    public static void main(String[] args) {
        DrawFactory factory = DrawFactory.getFactory();
        IDraw dr = factory.getDrawInstance();
        dr.draw();
    }
}
```

讨论：

(1) 分析上面的代码就可以发现，调用方也是通过接口调用，甚至可以连这个接口实现类的名字都不知道，并且在调用的时候根本没有管这个接口定义的方法要怎么样去实现它，只知道该接口定义的这个方法起什么作用就行了，完全实现了针对接口编程。

(2) 运行结果要根据配置文件来定。如果配置文件里的内容是 test=drawFactory.Rectangle，就表示在调用类 drawFactory.Rectangle 中实现画图方法，于是显示"画矩形"；如果配置文件里的内容是 test=drawFactory.Circle，就表示在调用类 drawFactory.Circle 中实现画图方法，于是显示"画圆"；如果配置文件里的内容是 test=drawFactory.Triangle，就表示在调用类 drawFactory.Triangle 中实现画图方法，于是显示"画三角形"。

习 题 8

概念辨析

从备选答案中选择下列各题的答案。

(1) 下列方法中属 Class 类成员的是(　　)。
  A. getConstructors()　　　　　　B. getPrivateMethods()
  C. getDeclaredFields()　　　　　D. getImports()
  E. setField()

(2) (　　)可以使用 Class 类 newInstance()方法的反射机制进行对象的实例化操作。
  A. 在仅定义有有参构造器的情况下
  B. 在定义有无参构造器的情况下
  C. 在无定义有有参构造器的情况下
  D. 任何情况下都

(3) Java 反射机制主要提供了功能(　　)。
  A. 在运行时判断任意一个对象所属的类
  B. 在运行时构造任意一个类的对象
  C. 在运行时判断任意一个类所具有的成员变量和方法，通过反射甚至可以调用 private 方法
  D. 在运行时调用任意一个对象的方法
  E. 生成动态代理

(4) Class 类的对象可以使用的实例化方式有(　　)。
  A. 通过 Object 类的 getClass()方法　　B. 通过"类.class"的形式
  C. 通过 Class.forName()方法　　　　　D. 通过 Constructor 类

(5) 通过反射机制可以取得(　　)。
  A. 一个类所继承的父类　　　　　　B. 一个类中所有方法的定义
  C. 一个类中的全部构造器　　　　　D. 一个类中的所有属性

代码分析

假定 Tester 类有 test 方法 public int test(int p1, Integer p2)，以下代码中能正确地动态调用一个 Tester 对象的是(　　)。

A.

```
Class classType = Tester.class;
Object tester = classType.newInstance();
Method addMethod = classType.getMethod("test",new Class[]{int.class,int.class});
Object result = addMethod.invoke(tester,new Object[]{new Integer(100),new Integer(200)});
```

B.

```
Class classType = Tester.class;
Object tester = classType.newInstance();
Method addMethod = classType.getMethod("test", new Class[]{int.class, int.class});
int result = addMethod.invoke(tester, new Object[]{new Integer(100), new Integer(200)});
```

C.

```
Class classType = Tester.class;
Object tester = classType.newInstance();
Method addMethod = classType.getMethod("test", new Class[]{int.class, Integer.class});
Object result = addMethod.invoke(tester, new Object[]{new Integer(100), new Integer(200)});
```

D.

```
Class classType = Tester.class;
Object tester = classType.newInstance();
Method addMethod = classType.getMethod("test", new Class[]{int.class, Integer.class});
Integer result = addMethod.invoke (tester, new Object [] {new Integer (100), new Integer (200)});
```

开发实践

1. 领导做报告有两种情况，即无秘书和有秘书。无秘书时，领导要亲自商定报告时间并亲自写报告草稿；有秘书时，则商定报告时间和写报告草稿的工作由秘书完成，领导只需到时间去念报告即可。请设计模拟这两种情况下的程序。

2. 客户上网有两种形式，即直接上网和通过代理服务器上网。请用 Java 程序模拟该两种情况。

3. 一个书店为了促销采取了如下策略：所有计算机类图书(computer book)给予 10% 折扣；所有语言类图书(language book)给予每本两元的优惠；所有小说类图书(novel book)每满 100 元给予 10 元的返利。请用策略模式为该书店设计一个促销程序。

4. 为了对重要数据进行加密，某信息管理系统根据数据的机密性分别采用不同的加密算法(如凯撒加密算法、AES 加密算法和 RSA 加密算法)。请为该系统设计一个选择加密算法的程序。

5. 采用工厂模式为公交车设计一个报站器。

6. 采用工厂模式为信息化小区设计一个呼叫器，可以呼叫保安、医疗站、餐厅等。

思考探索

1. 完善本单元各有关代码，组织成完整的程序，并给出测试结果。

2. 全班同学采用抽签方法，每人学习一种 GoF 设计模式，写一个使用这种模式的应用程序，说明自己学习的这种设计模式应用了哪几个面向对象程序设计原则，并评价这种设计模式的优点和缺点；然后开辟一个微博社区进行设计模式的应用交流，互相进行评价。最后，每个同学写一个学习总结。

3. 你能总结出一些新的设计模式吗？

第3篇 基于 API 的应用开发

　　学习程序设计是为了进行思维训练,更是为了应用。从设计的角度看,在 Java 程序中一切皆缘于类。但是,程序中需要的类并非都要程序员自己设计。基于"减少开发健壮代码所需的时间以及困难"的设计目标,Java 作为一个开发平台,预定义了一些类和接口,并使它们几乎可以承载应用程序中所有的常见职责。使用这些已经被打包的类可以简化程序设计过程,提高程序设计效率。这些被打包的类称为 Java API(Java Application Programming Interface,Java 应用编程接口)。

　　基于 API 的程序开发是高效的程序开发。一般来说,API 的使用有两种方式,一种是直接使用 API 定义的类来生成对象;另一种是使用 API 的类或接口派生出更适合的类。无论哪种方式,都需要了解 Java 提供了什么样的 API——接口或类。熟练的程序员是非常熟悉 API 结构的。

　　Java 应用开发有两个基本方面,即桌面开发和 Web 开发。不管哪个开发方向,都离不开网络开发和数据库开发,所以本篇主要介绍这两种开发的基本技术。另外,目前以 Java Web 开发作为 Java 开发的主流,Java Web 已经被作为一门单独的课程介绍。本篇主要介绍一些在 Java 程序开发中常用的技术,例如 Java 网络编程、JDBC、JavaBean、Javadoc、Annotation、Java 程序配置和程序的打包与发布。

第9单元 Java 网络程序设计

当初定位在网络程序开发的 Java 毋庸置疑地提供了一系列网络开发 API。这一单元介绍其 3 个系列：基于 IP 地址的 API、基于 Socket 的 API 和基于 URL 的 API。

9.1 IP 地址与 InetAddress 类

Internet 也称互联网，从技术角度看，它是一个由成千上万个网络连接起来的网络（见图 9.1），每一个网络中又具有成千上万台主机。因此，要解决这个网络中的通信问题，首先要解决如何定位一台计算机的问题。

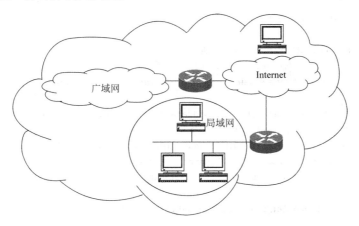

图 9.1 Internet 结构

9.1.1 IP 协议与 IP 地址

IP（Internet Protocol，网际协议）是关于网际间数据传输的协议，主要解决数据从源主机出发如何到达目的主机的问题。为此，IP 首先要规定 IP 地址的格式。

先前广为采用的 IP 协议是 IPv4，它用一个 32b（下一代的 IPv6 为 128b）的码表示主机地址。通常将每 8b 作为一组用十进制表示，并且 4 个十进制数之间用圆点分隔，例如 23.9.1.120。IP 地址也可以由 DSN 系统转换成域名形式表示，称为主机名。

IP 其次要规定从一个网络向其他网络传输中如何"走"的细节——路由。

9.1.2 InetAddress 类

为了满足网络程序设计的需要，Java 在其 java.net 包中定义了一个 InetAddress 类，用于封装 IP 地址。这个类没有定义构造器，只能通过调用它提供的静态方法来获取实例或数据成员。表 9.1 所示为 InetAddress 的一些主要方法。

表 9.1 InetAddress 的主要方法

方　法	说　明
byte[] getAddress()	获取 IP 地址
static InetAddress[] getAllByName(String host)	获取主机的所有 IP 地址
static InetAddress getByName(String host)	通过主机名获取其 IP 地址
String getHostAddress()	获取主机的点分十进制形式的 IP 地址
String getHostName()	获取主机名
static InetAddress getLocalHost()	获取本地 InetAddress 对象
Boolean isMulticastAddress()	判断是否为多播地址

【代码 9-1】 获取 www.sohu.com 的全部 IP 地址。

```java
import java.net.InetAddress;
import java.io.IOException;
public class InetAddressTest {
    void display() {
        byte buf[] = new byte[60];
        try {
            System.out.print("请输入主机名：");
            int lnth = System.in.read(buf);
            String hostName = new String(buf, 0, lnth - 2);

            InetAddress addrs[] = InetAddress.getAllByName(hostName);
            System.out.println();
            System.out.println("主机" + addrs[0].getHostName() + "有如下 IP 地址：");
            for(int i = 0; i < addrs.length; i ++ ) {
                System.out.println(addrs[i].getHostAddress());
            }
        }catch(IOException ioe) { System.out.println(ioe);}
    }

    public static void main(String[] args) {
        InetAddressTest iat = new InetAddressTest();
        iat.display();
    }
}
```

执行结果如下：

请输入主机名：
www.sohu.com↵
主机 www.sohu.com 有如下 IP 地址：
61.135.131.12
61.135.131.13
61.135.132.13
61.135.132.14
61.135.133.189
61.135.134.12

9.2 Java Socket 概述

9.2.1 Socket 的概念

图 9.2 为 Internet 工作模型。其核心部分是 TCP/UPD 和 IP 协议,一般简称为 TCP/IP 协议。这些协议规定了应用进程在这些层次上通信时的相互标识、数据格式以及通信规程。例如在 TCP 传输时,如何经过 3 次握手进行可靠连接的规程。这些对于应用程序的编写是极为复杂的内容。为此,UNIX 在为用户提供网络编程 API 时按照其"一切皆文件"的哲学将每个通信进程看作一个文件,对它们可以像文件一样进行"打开—读/写—关闭"操作,并将之称为 Socket。如图 9.3 所示,Socket 就是在应用层与传输层之间的一个抽象层。

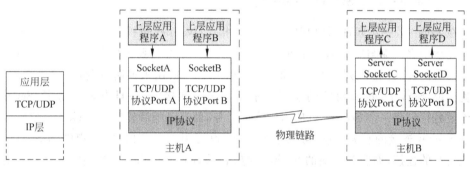

图 9.2 Internet 工作模型   图 9.3 网络应用程序与网络应用编程接口

Java 奉行"一切皆对象,一切来自类"的哲学,它将 UNIX 中的 Socket 定义成了一组 Socket 类(在 java.net 包中),用来为用户提供 API。

9.2.2 客户端/服务器工作模式

任何资源系统都由供给和需求两个方面组成。同样,网络系统也是由供给方和需求方组成的,供给方称为服务器,需求方称为客户。

客户端/服务器结构的工作过程如下:

(1) 客户端/服务器系统的工作总是从客户端发起请求开始的,在此之前(即初始状态)是服务器端处于监听状态。例如,某个客户端的用户在浏览器上单击某个链接,浏览器就会将其作为一个请求发送给某个服务器。

(2) 服务器监听到浏览器的请求开始处理客户请求,有时还需要查找资源。

(3) 服务器响应请求。

从客户向服务器发出请求到服务器响应客户请求并返回结果的过程也称为客户端与服务器之间的一次会话。

客户端与服务器两种实体之间合理分工、协同工作,形成一般服务性系统内部实现对其用户提供应用服务的一种基本模式,称为客户端/服务器计算模式或客户端/服务器计算模式,简称 C/S 模式。

C/S模式工作有如下两大特点：

(1) 客户端与服务器端可以分别编程，协同工作。

(2) 客户端的主动性和服务器的被动性。也就是说，在C/S模式中客户端和服务器不是平等工作的，一定是先由客户端主动发出服务请求，服务器被动地响应。这也是区分客户端与服务器的一条原则，看谁先发起通信，谁就是客户端。这种工作模式特别适合TCP/UDP。

客户端与服务器并非通常意义上的硬件或系统，而是进程。它们可以运行在一台计算机中，也可以运行在网络环境中的两台或多台计算机上。如图9.3所示，在客户端与服务器通信时各端都要维护各自的Socket。

9.3 面向TCP的Java Socket程序设计

9.3.1 Socket类和ServerSocket类

在Java中，一切职责都由相应的对象承担。java.net包提供了Socket和ServerSocket两个类承担客户端与服务器端之间的通信。为此，要先在服务器端生成一个ServerSocket对象，开辟一个连接队列保存(不同)客户端的套接口，用来侦听、等待来自客户端的请求。也就是说，ServerSocket对象的职责是不停地侦听和接收，一旦有客户请求，ServerSocket对象便另行创建一个Socket对象担当会话任务，而自己继续监听。Socket对象则用来封装一个Socket连接的有关信息，可用于客户端，也可用于服务器端；客户端的Socket对象表示欲发起的连接，而服务器端的Socket对象表示ServerSocket对象侦听到客户端的连接请求后建立的实现Socket会话的对象。这两种套接字统称为流套接字。

Socket对象和ServerSocket对象的活动用各自的方法进行，表9.2所示为ServerSocket类的常用公开方法。

表 9.2 ServerSocket类的常用公开方法

方法名	说明
ServerSocket()	构造器：建立未指定本地端口的侦听套接口
ServerSocket(int port)	构造器：建立指定本地端口的侦听套接口
ServerSocket(int port, int backlog)	构造器：建立指定本地端口和队列大小的侦听套接口
ServerSocket(int port, int backlog, InetAddress bindAddr)	构造器：建立指定本地端口、队列大小和IP地址的侦听套接口
Socket accept()	阻塞服务进程，启动监听，等待客户端连接请求
void bind(SocketAddress endpoint)	绑定本地套接口地址，若已绑定或无法绑定，则抛出异常
void close()	关闭服务器套接口
boolean isClosed()	测试服务器套接口是否已经关闭
InetAddress getInetAddress()	获取服务器套接口的IP地址
int getLocalPort()	获取服务器套接口的端口号
boolean isBound()	测试服务器套接口是否已经与一个本地套接口地址绑定

说明：

(1) 队列大小是服务器可以同时接收的连接请求数，默认的大小为50。队列满后，新的连接请求将被拒绝。

(2) 在选择端口时必须小心。每一个端口提供一种特定服务，只有给出正确的端口才能获得相应的服务。0~1023 的端口号为系统保留，例如，http 服务的端口号为 80，telnet 服务的端口号为 23，FTP 服务的端口号为 21，一般选择一个大于 1023 的数用于会话性连接，以防止发生冲突。

(3) 如果在创建 Socket 时发生错误，将产生 IOException 异常，必须在程序中对其进行处理，所以在创建 ServerSocket 对象或 Socket 对象时必须捕获或抛出异常。

表 9.3 所示为 Socket 类的常用公开方法。

表 9.3 Socket 类的常用公开方法

方 法 名	说 明
Socket()	构造器：建立未指定连接的套接口
Socket(String host, int port)	构造器：建立套接口，并绑定服务器主机和端口
Socket(InetAddress bindAddr, int port)	构造器：建立套接口，并绑定服务器 IP 地址和端口
Socket(String host, int port, InetAddress localAddressndAddr, int localPort)	构造器：建立套接口，并绑定服务器主机和端口、本地 IP 地址和端口
Socket(InetAddress bindAddr, int port, InetAddress localAddressndAddr, int localPort)	构造器：建立套接口，并绑定服务器 IP 地址和端口、本地 IP 地址和端口
void bind(SocketAddress endpoint)	绑定指定的套接口地址，若已绑定或无法绑定，则抛出异常
boolean isBound()	测试套接口是否已经与一个套接口地址绑定
InetAddress getInetAddress()	获取被连接服务器的 IP 地址
int getPort()	获取被连接服务器的端口号
InetAddress getLocalInetAddress()	获取本地 IP 地址
int getLocalPort()	获取本地的端口号
boolean isConnected()	测试套接口是否被连接
InputStream getInputStream()	获取套接口输入流
OutputStream getOutputStream()	获取套接口输出流
void shutdownInput()/void shutdownOutput()	关闭输入/输出流
boolean isInputShutdown()/boolean isOutputShutdown()	测试输入/输出流是否已经关闭
void close()	关闭服务器套接口
boolean isClosed()	测试套接口是否已经被关闭

9.3.2 TCP Socket 通信过程

TCP 是一个可靠的、有连接的传输协议。在程序中实现客户端与服务器端之间的通信大致分为 3 个阶段，即 Socket 连接建立阶段、会话阶段、通信结束阶段。

1. Socket 连接建立阶段

这个阶段的工作大致有如下 3 个步骤：

① 服务器创建侦听的 ServerSocket 对象，等待客户端的连接请求。

② 客户端创建连接用的 Socket 对象，指定 IP 地址、端口号和使用的通信协议，试图与服务器建立连接。

③ 服务器的 ServerSocket 对象侦听到客户端的连接请求，创建一个会话用的 Socket 对象接受连接，并与客户端进行通信。这个功能由服务器端 Socket 的 accept() 实现。accept() 是一个阻塞函数，该方法被调用后将使服务器端进程处于等待状态，等待客户的请求，当有一个客户套接口启动并请求连接到相应的端口成功后，accept() 就返回一个对应于客户的会话套接口对象。

这里需要明白的一个问题是，为什么服务器端要先创建一个监听套接口，再创建一个会话套接口，而客户端不要呢？因为只有这样服务器端才能为多个客户端提供服务。在这种情况下，侦听套接口的端口号是固定的，而会话套接口的端口号是临时分配的。

2. 会话阶段

在取得 Socket 连接后，客户端与服务器端的工作是对称的，主要是创建 InputStream 和 OutputStream 两个流对象，通过这两个流对象将 Socket 连接看成一个 I/O 流对象进行处理，即通过输入、输出流读/写套接口进行通信。

3. 通信结束阶段

该阶段的任务是进行一些必要的清理工作，先关闭输入、输出流，最后关闭 Socket。上述过程可以简要地用图 9.4 描述。

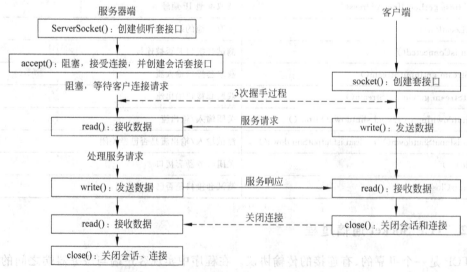

图 9.4 客户端与服务器的一次通信过程

9.3.3 TCP Socket 程序设计

1. 服务器端 TCP Socket 程序设计

如前所述,服务器端程序应当包含如下内容。

(1) 创建 ServerSocket 对象。这时必须有一个协议端口,以便明确其提供的服务,否则无法确定客户端的连接请求是否应该由 ServerSocket 对象接收。协议端口可以作为 ServerSocket 构造器的参数提供,例如:

```
ServerSocket sServer = new ServerSocket(8080);
```

若创建服务器监听套接口使用的是无参构造器,则必须用 bind() 方法另行绑定,例如:

```
ServerSocket sServer = new ServerSocket();
sSocket.bind(8080);
```

对于大型程序,特别是对于由多人开发的程序,为了确认服务器监听套接口是否已经与一个协议端口绑定,可以使用 isBound() 方法进行测试。

(2) 阻塞服务进程,启动监听进程。创建 ServerSocket 对象只是创建了服务器进程,其他什么也没做。只有 ServerSocket 对象调用 accept() 方法才开始启动监听,这时服务器进程被阻塞(即停顿),等待客户端的连接请求。一旦客户端连接请求到来,建立连接,才唤醒 accept() 方法,返回一个 Socket 对象,用于双方会话。例如:

```
Socket sSocket = sServer.accept();
```

(3) 创建流,读/写数据。Socket 类提供的 getInputStream() 方法用于获得输入字节流对象。一旦得到输入字节流对象,要先用 InputStreamReader 将其转换为字符流对象,再用缓冲流 BufferedReader 对其进行包装,以加快流速度。使用 BufferedReader 类对象的 readLine() 方法每次读入一行数据,例如:

```
BufferedReader sReader = new BufferedReader(new InputStreamReader(sSocket.getInputSream()));
```

Socket 类提供的 getOutputStream() 方法用于获得输出流对象。一旦得到输出流对象,就可以使用 PrintWriter 类对其进行包装。例如:

```
PrintWriter sWriter = new PrintWriter(sSocket.getOutputStream(),true);
```

(4) 善后处理——关闭流,关闭连接,关闭套接口。

在上述过程的基础上加上创建两种套接口时的异常处理,就可以得到如下服务器端程序代码。

【代码 9-2】 具有回送(收到后回送)功能的服务器代码。

```java
import java.io.*;
import java.net.*;
public class EchoServer {
    public static final int port = 8087;                    // 定义监听端口
    public static void main(String[] args) throws IOException {
        ServerSocket sServer = null;
        Socket sSocket = null;
        try {
            try {
                sServer = new ServerSocket(port);           // 创建服务器监听套接口
                System.out.println("服务器启动: " + sServer.getLocalPort());
            }catch(IOException ioe) {
                System.out.println("不能侦听,出现错误: " + ioe);
            }

            try {…
                System.out.println("阻塞服务器进程,等待客户连接请求");
                System.out.println("客户连接请求到: " + sServer.getLocalPort());
                sSocket = sServer.accept();                 // 启动监听
            } catch(IOException ioe) {
                System.out.println("错误: " + ioe);
            }
            System.out.println("建立连接: " + sSocket.getInetAddress());

            // 获得 sSocket 输入流并用 BufferReader 包装
            BufferedReader sReader = new BufferedReader
            (new InputStreamReader(sSocket.getInputStream()));
            // 获得 sSocket 输出流
            PrintWriter sWriter = new PrintWriter(sSocket.getOutputStream(),true);

            // 循环读入并回送
            while(true) {
                String string = sReader.readLine();
                if(string.equals("end")) break;
                System.out.println("来自客户端: " + string);
                sWriter.println(string);
            }

            sReader.close();
            sWriter.close();
        }catch(IOException ioe) {
            System.out.println("错误: " + ioe);
        }
        finally {
            System.out.println("关闭连接");
            sSocket.close();
            System.out.println("关闭服务器");
```

```
            sServer.close();
        }
    }
}
```

运行结果如下：

```
F:\workspace\chapter11\bin>java EchoServer
服务器启动：8087
阻塞服务器进程，等待客户连接请求
客户连接请求到：8087
建立连接：/127.0.0.1
来自客户端：welcome
关闭连接
关闭服务器
```

2. 客户端 TCP Socket 程序设计

客户端要在服务器端开始侦听之后才向服务器发送连接请求，连接成功才开始与服务器端进行会话。所以，客户端的工作比较简单，程序内容只需要包含如下 3 个部分。

（1）创建一个 Socket 对象，这个对象要指定服务器主机和预定的连接端口。例如：

```
String hostname = "www.Javazhang.cn";
int port = 8080;
Socket cSocket = new Socket(hostname,port);
```

程序一旦用 new 创建了 Socket 对象，就认为成功地进行了连接。
（2）通过流来读/写数据。
（3）善后处理——关闭套接口。

【代码 9-3】 具有回送（收到后回送）功能的客户端代码。

```
import java.io.*;
import java.net.*;
public class EchoClient {
    public static final String hostname = "localhost";      // 定义服务器主机名称
    private static final int port = 8087;                   // 定义服务器的服务端口
    public static void main(String[] args) throws IOException {
        Socket cSocket = null;
        try {
            cSocket = new Socket(hostname, port);
            System.out.println("客户端启动：" + cSocket);
            BufferedReader cReader = new BufferedReader
                (new InputStreamReader(cSocket.getInputStream()));  // 获得 cSocket 输入流
            PrintWriter cWriter
                = new PrintWriter(cSocket.getOutputStream(), true); // 每写一行就清空缓存
            BufferedReader cLocalReader =
                new BufferedReader(new InputStreamReader(System.in)); // 获得输入流
```

```
            String msg = null;
            while((msg = cLocalReader.readLine())!= null) {
                cWriter.println(msg);                              // 把读得的数据写入输出流
                System.out.println("来自服务器: " + cReader.readLine());
                if(msg.equals("end"))break;
            }
        }catch(IOException ioe) {ioe.printStackTrace();         }
        finally {
            System.out.println("关闭连接");
            try {
                cSocket.close();
            } catch(IOException ioe) {ioe.printStackTrace();}
        }
    }
}
```

运行结果如下:

```
F:\workspace\chapter11\bin>java EchoClient
客户端启动: Socket[addr = localhost/127.0.0.1, port = 8087
welcome
来自服务器: welcome
end
来自服务器: null
关闭连接
```

说明: printStackTrace()是在 Throwable 类中定义的一个方法。Throwable 类是所有错误类和异常类的父类,它继承自 Object 类并实现了 Serializable 接口。printStackTrace()方法用于在标准设备上打印堆栈轨迹。如果一个异常在某函数内部被触发,堆栈轨迹就是该函数被层层调用过程的轨迹。

9.4 面向 UDP 的 Java 程序设计

UDP 传输不需要连接,一个报文的各个分组会按照网络的情形"各自为政"地选择合适的路径传输。不需要连接,问题就简单多了,可以按照"想发就发"的原则传输。为此,只要解决两个问题:

(1) 各个分组(packet)的封装。
(2) 分组的传输。

上述这两个职责分别由不同的类对象担当,这两个类分别为 DatagramPacket 和 DatagramSocket。DatagramPacket 在 Java 程序中用于封装数据报,DatagramSocket 用其 send()方法和 receive()方法发送和接收数据。在发送信息时,Java 程序要先创建一个包含了待发送信息的 DatagramPacket 实例,并将其作为参数传递给 DatagramSocket 类的 send()方法;在接收信息时,Java 程序要先创建一个 DatagramPacket 实例,该实例中预先分配了一些空间(一个字节数组 byte[]),并将接收到的信息存放在该空间中。然后把该实例作为参数传递给 DatagramSocket 类的 receive()方法。

除此之外,Java还为UDP传输提供了MulticastSocket类,用于多点传送。

这3种套接字都称为自寻址套接字,并分别称为自寻址包封装套接字、自寻址包传输套接字和自寻址多点传送套接字。它们都位于java.net包内,这里重点介绍前两种。

9.4.1 DatagramPacket 类

1. DatagramPacket 类的构造器

对于不同的数据报传输,可以用不同参数的 DatagramPacket 类的构造器创建不同的 DatagramPacket 实例对象。DatagramPacket 类构造器的参数如下。

(1) 字节数组——byte[]:DatagramPacket 处理报文首先要将报文拆分成字节数组。数据报的大小不能超过字节数组的大小。TCP/IP 规定数据报的最大数据量为 65 507B,大多数平台能够支持 8192B 的报文。

(2) 数据报的数据部分在字节数组中的起始位置:一般用 int offset 表示,在接收数据时用于指定数据报中的数据部分从字节数组的哪个位置开始放起,在发送时用于指定从字节数组的哪个位置开始发送。

(3) 发送数据时要传输的字节数或接收数据时所能接收的最多字节数:一般用 int length 表示。length 参数应当比实际的数据字节数大,否则在接收时将会把多出的数据部分抛弃。

(4) 目标地址——目标主机地址:一般用 InetAddress address 表示。

(5) 目标端口号:一般用 int port 表示。

在不同情况下,可以使用上述不同参数的重载构造器。其中,接收数据报的构造器与发送数据报的构造器是两种最基本的类型,前者不需要目的主机地址和目的端口号;后者由于自寻址的需要一定要有这两个参数。如果没有这两个参数,需要用下面介绍的方法进行设置或修改。

2. DatagramPacket 类的一般方法

DatagramPacket 还提供了两类方法,一类用来为数据报设置、修改参数或数据内容,其形式为 setXxx(相关参数);另一类用来获取数据报的有关参数或数据内容,其形式为 getXxx()。例如:

```
InetAddress getAddress()
void setAddress(InetAddress address)
int getPort()
void setPort(int port)
SocketAddress getSocketAddress()
void setSocketAddress(SocketAddress sockAddr)
```

9.4.2 DatagramSocket 类

1. DatagramSocket 类的构造器

DatagramSocket 类用于创建数据报(自寻址传输)的套接口实例。每个 DatagramSocket

对象会绑定一个服务端口,这个端口可以是显式设置的,也可以是隐式设置由系统自行分配的。显式设置时,DatagramSocket 的构造器最多需要端口号(int port)和主机地址(InetAddress iAddress)两个参数。下面是其几种形式:

```
public DatagramSocket()throws SocketException                              // 隐式设置
public DatagramSocket(int port)throws SocketException
public DatagramSocket(int port, InetAddress iAddress)throws SocketException
public DatagramSocket(SocketAddress sAddress)throws SocketException
```

隐式设置后,还可以使用 bind(SocketAddress sAddress)方法进行显式绑定。

2. DatagramSocket 类的几个重要方法

(1) public void send(DatagramPacket dp)throws IOException 方法:用于从当前套接口发送数据报,它需要一个 DatagramPacket 对象作为参数。

【代码 9-4】 send()方法的使用。

```
try {
    int port = 8008;                                           // 定义本端服务端口号
    DatagramSocket dSocket = new DatagramSocket(port);         // 创建套接口,默认本机地址

    String sendData = "新概念 Java 大学教程";                    // 发送数据
    byte[] sendbuf = new byte[sendData.length()];              // 按发送数据长度定义缓冲区
    sendData.getBytes(0, sendData.length(), sendbuf,0);        // 将数据转换为字节序列
    SocketAddress remoteIP = InetAddress.getByName("www.Javazhang.cn");
                                                               // 将主机名转换为 InetAddress 对象
    DatagramPacket sendPacket = new DatagramPacket(
        sendbuf,sendbuf.length, remoteIP, port);               // 创建一个数据报对象
    dSocket.send(sendPacket);                                  // 用套接口发送数据报对象
}catch(IOException ioe) {ioe.printStackTrace();}
```

注意:与 Socket 类不同,DatagramSocket 实例在创建时并不需要指定目的地址,只绑定本端地址和服务端口。因为在进行数据交换前 TCP 套接字必须跟特定主机和另一个端口号上的 TCP 套接字建立连接,直到连接关闭,则该套接字只能与相连接的那个套接字通信。而 UDP 套接字在进行通信前不需要建立连接,目的地址在创建数据报对象时才指定,这样就可以使数据报发送到不同的目的地或接收于不同的源地址。

(2) public void receive (DatagramPacket dp)throws IOException 方法:用于从当前套接口接收数据报,它需要一个 DatagramPacket 对象作为参数。注意,接收缓冲区的大小不是像发送那样可以按照要发送的数据计算,因为接收端无法知道对方发送的数据量,这时可按照常规确定。

【代码 9-5】 receive()方法的使用。

```
try {
    int port = 8008;
    DatagramSocket rcvSocket = new DatagramSocket(port);
    DatagramPacket rcvPacket = new DatagramPacket(new byte[1024], 1024);
```

```
        rcvSocket.receive(rcvSocket);
}catch(IOException ioe) {ioe.printStackTrace();}
```

说明：这个方法的调用会阻塞当前进程，直至收到数据报为止。此外，这里设定的缓冲区为 1024B，当接收的数据报大于 1024B 时容易丢失数据。

(3) public void close()方法：关闭数据报套接口。

(4) DatagramSocket 类的其他方法。

3. DatagramSocket 类的其他方法

DatagramSocket 类还有许多方法可以调用，这些方法可以分为如下两类。

(1) 获取 UDP 套接口有关参数的 getXxx()类方法：调用这些方法可以获取当前套接口的本地主机地址、本地端口号、所连接的对端主机地址、对端端口号、发送端缓冲区大小等。

(2) 其他：例如设置或获得是否启动广播机制、设置接收缓冲区大小等。

9.4.3　UDP Socket 程序设计

UDP 提供了不保证顺序的用户数据报传输服务。在比较简单的应用中，客户端常常只用单个 UDP 报文来发送请求，服务器也用单个报文回送应答。在这种情况下，UDP 服务器和客户端间的交互程序采用循环结构是非常有利的。图 9.5 所示为 UDP 方式下客户端与服务器的通信过程。

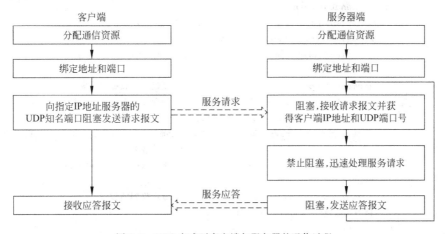

图 9.5　UDP 方式下客户端与服务器的通信过程

1. UDP 客户端 Socket 程序设计

一个典型的 UDP 客户端主要包括以下 3 步：

① 创建一个 DatagramSocket 实例，可以选择对本地地址和端口号进行设置。
② 使用 DatagramSocket 类的 send()/receive()方法发送/接收 DatagramPacket 实例。
③ 通信完成后，使用 DatagramSocket 类的 close()方法销毁该套接字。

【代码 9-6】　具有回送功能的客户端代码。这个程序发送一个带有回送字符串的数据报文,并打印出从服务器收到的所有信息。

```java
import java.net.DatagramSocket;
import java.net.DatagramPacket;
import java.net.InetAddress;
import java.net.InetSocketAddress;
import java.io.BufferedReader;
import java.io.IOException;
import java.io.InputStreamReader;

public class UDPEchoClient {
    private DatagramSocket clientSocket;
    public static final int port = 8008;
    public UDPEchoClient()throws IOException {
        clientSocket = new DatagramSocket(port + 1);
        System.out.println("客户端启动……");
    }

    public void startClient()throws IOException {
        try {
            InetAddress remoteIP
                = InetAddress.getByName("localhost"); // 将主机名转换为 InetAddress 对象
            BufferedReader bufReader = new BufferedReader
            (new InputStreamReader(System.in));    // 将用户输入存入缓冲区,读用户标准输入数据
            String sendData = null;
            while((sendData = bufReader.readLine())!= null) {
                byte[] sendbuf =sendData.getBytes();
                DatagramPacket sendPacket = new DatagramPacket
                (sendbuf,sendbuf.length, new InetSocketAddress
                (remoteIP, port));            // 创建一个数据报对象
                clientSocket.send(sendPacket);      // 用套接口发送数据报对象
                System.out.println("发出数据报");
                DatagramPacket rcvPacket = new DatagramPacket(new byte[1024], 1024);
                                        // 创建缓冲区
                ClientSocket.receive(rcvPacket);   // 接收数据放入 rcvPacket
                System.out.println
                (new String(rcvPacket.getData())); // 显示收到的数据
                if(sendData.equals("end")) break;
            }
        } catch(IOException ioe) {ioe.printStackTrace();}
        finally {
            clientSocket.close();
        }
    }

    public static void main(String[] args)throws IOException {
        new UDPEchoClient().startClient();
    }
}
```

运行结果如下:

```
F:\workspace\chapter11\bin>java UDPEchoClient
客户端启动……
hello↵
发出数据报
from server:hello
```

2. UDP 服务器端 Socket 程序设计

与 TCP 服务器一样,UDP 服务器也是被动地等待客户端的数据报。但 UDP 是无连接的,其通信要由客户端的数据报初始化。典型的 UDP 服务器程序包括以下 3 步:

① 创建一个 DatagramSocket 实例,指定本地端口号,并可以指定本地 IP 地址。此时,服务器已经准备好从任何客户端接收数据报文。

② 使用 DatagramSocket 类的 receive()方法接收一个 DatagramPacket 实例。当 receive()方法返回时,数据报文就包含了客户端的地址,这样就可以知道回复信息应该发送到什么地方。

③ 使用 DatagramSocket 类的 send()和 receive()方法来发送和接收 DatagramPacket 实例进行通信。

【代码 9-7】 具有回送(收到后回送)功能的服务器代码。这个服务器非常简单,它不停地循环,接收数据报文后将相同的数据报文返回给客户端。

```java
import java.net.DatagramSocket;
import java.net.DatagramPacket;
import java.io.IOException;

public class UDPEchoServer {
    private DatagramSocket serverSocket;

    public UDPEchoServer()throws IOException {
        serverSocket = new DatagramSocket(8008);
        System.out.println("服务器启动……");
    }

    public void startServer()throws IOException {
        while(true) {
            try {
                DatagramPacket rcvPacket
                = new DatagramPacket(new byte[1024],1024);      // 创建缓冲区
                System.out.println("等待接收数据……");
                serverSocket.receive(rcvPacket);        // 若有接收数据放入 rcvPacket,否则阻塞
                String sendData = new String(rcvPacket.getData(),
                0,rcvPacket.getLength());               // 将接收到的字节数组转换成字符串
                System.out.println("From " + rcvPacket.getAddress() + ":" + sendData);
                rcvPacket.setData(("from server:"
                + sendData).getBytes());                // 将字符串转换为字节数组放入 rcvPacket
```

```
                serverSocket.send(rcvPacket);               // 发送
            }catch(IOException ioe) {ioe.printStackTrace();}
        }
    }
    public static void main(String[] args)throws IOException {
        new UDPEchoServer().startServer();
    }
}
```

运行结果如下：

```
F:\workspace\chapter11\bin>java UDPEchoServer
服务器启动……
等待接收数据……
From localhost/127.0.0.1:hello
```

9.5 网络资源访问

9.5.1 URI、URL 和 URN

1989 年 Tim Berners-Lee 发明了 Web 网——全球互相链接的实际和抽象资源的集合，并按需求提供信息实体。通过互联网访问，实际资源的范围从文件到人，抽象的资源包括数据库查询。由于要通过多样的方式识别资源，需要一个标准的资源途径识别记号。为此，Tim Berners-Lee 引入了标准的识别、定位和命名的途径，即 URI(uniform resource identifier，统一资源标识符)、URL(uniform resource locator，统一资源定位符) 和 URN (uniform resource name，统一资源名称)。

1. URI

URI 是互联网的一个协议要素，用于定位任何远程或本地的可用资源。这些资源通常包括 HTML 文档、图像、视频片段、程序等。URI 一般由下面 3 个部分组成：
- 访问资源的命名机制。
- 存放资源的主机名(有时也包括端口号)。
- 资源自身的名称，由路径表示。

上述部分的组成格式如下：

| 协议:[//][[用户名[:密码]@]主机名[:端口号]][/资源路径] |

例如，URI

http://www.webmonkey.com.cn/html/html40/

表明这是一个可通过 HTTP 协议访问的资源，位于主机 www.webmonkey.com.cn 上，通过路径/html/html40 访问。

有时为了用 URI 指向一个资源的内部,要在 URI 后面添加一个用"#"引出的片段标识符(anchor 标识符)。例如,下面是一个指向 section_2 的 URI:

```
http://somesite.com/html/top.htm#section_2
```

在 URI 中,默认的端口号可以省略。

2. URL 和 URN

URL 和 URN 是 URI 的两个子集。一个 URL 由下列 3 个部分组成:
(1) 协议(或称为服务方式)。
(2) 存有该资源的主机 IP 地址(有时也包括端口号)。
(3) 主机内资源的具体地址,例如目录和文件名等。

第 1 部分和第 2 部分之间用"://"符号隔开,第 2 部分和第 3 部分用"/"符号隔开。第 1 部分和第 2 部分是不可缺少的,第 3 部分有时可以省略。

在用 URL 表示文件时,服务器方式用 file 表示,后面要有主机 IP 地址、文件的存取路径(即目录)和文件名等信息。有时可以省略目录和文件名,但"/"符号不能省略。例如

```
file://ftp.yoyodyne.com/pub/files/abcdef.txt
```

代表存放在主机 ftp.yoyodyne.com 上的 pub/files/目录下的一个文件,文件名是 abcdef.txt。而

```
file://ftp.xyz.com/
```

代表主机 ftp.xyz.com 上的根目录。

在使用超级文本传输协议 HTTP(稍后介绍)时,URI 提供超级文本信息服务资源。例如

```
http://www.peopledaily.com.cn/channel/welcome.htm
```

表示计算机域名为 www.peopledaily.com.cn,这是人民日报社的一台计算机。超文本文件(文件类型为.html)在目录/channel 下的 welcome.htm。

URN 是 URL 的一种更新形式,URN 不依赖于位置,并可能减少失效连接的个数。但因为它需要更精密软件的支持,流行还需一些时日。

注意:Windows 主机不区分 URL 大小写,但是 UNIX/Linux 主机区分大小写。

9.5.2　URL 类

为了将 URL 封装为对象,在 java.net 中实现了 URL 类,同时提供了一组方法用于对 URL 操作。

(1) URL 类的构造器:URL 类提供了创建各种类形式的 URL 实例构造器。
- public URL(String spec)
- public URL(URL context, String spec)

- public URL(String protocol, String host, String path)
- public URL(String protocol, String host, int port, String path)
- public URL(String protocol, String host, int port, String path, URLStreamHandler handler)
- public URL(URL context, String spec, URLStreamHandler handler)

参数说明：
- spec：URL 字符串。
- context：spec 为相对 URL 时解释 spec。
- protocol：协议。
- host：主机名。
- port：端口号。
- path：资源文件路径。
- handler：指定上下文的处理器。

【代码 9-8】 通过 URL 类的构造器来构造 URL 对象。

```
URL urlBase = new URL("http://www.263.net/");        // 通过 URL 字符串构造 URL 对象
URL net263 = new URL("http://www.263.net/");         // 通过基 URL 构造 URL 对象
URL index263 = new URL(net263, "index.html");        // 通过相对 URL 构造 URL 对象
```

注意：URL 类的构造器都声明抛出非运行时异常（MalformedURLException），因此在生成 URL 对象时必须要对这一异常进行处理。

（2）getXxx()形式的 URL 类方法：通过这些方法可以获取 URL 实例的属性，例如协议名、主机名、端口号、文件名、URL 的相对位置、路径、权限信息、用户信息、锚和查询信息等。

（3）URL 的其他方法：例如 InputStream openStream()可以读取指定的 WWW 资源。

9.5.3 URLConnection 类

URLConnection 类也在包 java.net 中定义，用它的方法可以实现如下功能：

（1）与 URL 所标识的资源的连接（connect()）。

（2）获取 URL 的内容（getContent()）、内容编码（getContentEncoding()）、内容长度（getContentLength()）、内容类型（getContentType()）、创建日期（getContentDate()）、终止时间（getExpiration()）、连接的输入流/输出流（getInputStream()/getOutputStream()）、最后修改时间（getModified()）等。

注意：与输出流建立连接时，首先要在一个 URL 对象上通过方法 openConnection()生成对应的 URLConnection 对象。

9.6 知识链接

9.6.1 字节流与字符流

根据流的组成单位，Java 流可以分为字节流与字符流两大类。

字节流是以字节(Byte,8b)为单位的流,即把数据看成一个一个字节组成的序列。这种流可以处理任何类型的数据,包括二进制数据和文本数据。这也是一个较低层次的流。

字符流是以字符(Unicode 码,char,16b)为单位的流,即把数据看成一个一个字符组成的序列。这种流可以处理字符数据和文本信息。但是,使用这种流时往往会遇到在 Unicode 码与本地字符(如 ASCII 码)之间的转换问题,需要进行编码/解码处理。

由于流具有单向性,所以每种流都要分为输入流与输出流两种。这样就形成图 9.6 所示的 4 种基本流。在 Java 中,字节输入流、字节输出流的基类分别是 InputStream、OutputStream,它们都有后缀 Stream;字符输入流、字符输出流的基类分别是 Reader、Writer。这 4 个都是抽象类。

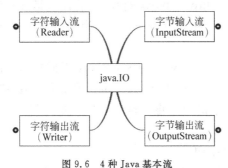

图 9.6　4 种 Java 基本流

1. InputStream 类

1) InputStream 类的主要方法

(1) public int read (byte[] b,int off,int len) throws IOException:从输入字节流中读取 len 个字节,存储到字符数组 b 中从 off 开始的位置。返回的是实际读入的字节数;如果到达流尾部,没有字节可读,返回 −1。

代码 9-9　read()方法应用实例。

```
InputStream is = null;                       // 定义一个输入字节流实例的引用 is
byte[] buffer = new byte[8];                 // 声明大小为 8 的字节数组 buffer
try {
    is = new FileInputStream("test.txt");    // 将 is 指向一个输入文本流对象
    is.read(buffer, 1, 3);                   // 在 is 上执行 read()方法
    for (byte b : buffer) {                  // 逐字节输出 buffer 中的内容
        System.out.println((char)b);         // 将各字节转换为字符后输出
    }
    System.out.println((char)buffer[1]);
    // 其他代码
```

说明:
- 文本流 FileInputStream 是 InputStream 的一个实现类。
- 如果 off>(b.length−1)或者 off 是负数,或者(off+len)>b.length,则会出现数组越界。
- 该方法还有如下两种重载形式:

public int read(byte[] b) throws IOException：按照 b 大小读取多个字节。

public abstract int read() throws IOException：读取下一个字节,但留给子类实现。

(2) public long skip(long n) throws IOException：试图跳过当前流的 n 个字节,返回实际跳过的字节数。如果 n 为负数,返回 0。当然子类可能提供不能的处理方式。n 只是我们的期望,至于具体跳过几个,则不受我们控制,比如遇到流结尾。

(3) public void mark(int readLimit)：在流的当前位置做个标记,参数 readLimit 指定这个标记的"有效期",如果从标记处往后已经获取或者跳过了 readLimit 个字节,则这个标记失效,不允许再重新回到这个位置(通过 reset 方法)。也就是"想回头就不能走得太远"。

(4) public void reset() throws IOException：将读入指针复位到前面标记过的位置。

(5) public Boolean markSupported()：检测当前流对象是否支持标记,如果是,返回 true;否则返回 false。

(6) public int available() throws IOException：返回在输入流中可以读取的字符数。

(7) public void close() throws IOException：关闭当前流,释放与该流相关的资源,防止资源泄露。在带资源的 try 语句中将被自动调用。若关闭流之后还试图读取字节,会出现 IOException 异常。

2) InputStream 类层次结构

InputStream 类是一个抽象类,它派生了一系列实现类,形成如图 9.7 所示的层次结构。

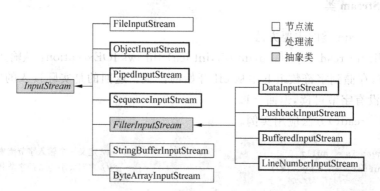

图 9.7　InputStream 类层次结构

2. OutputStream 类

1) OutputStream 类的主要方法

(1) public void write(byte b[], int off, int len) throws IOException：将字节数组 b 中从位置 offset 开始的 len 字节送到输出流。这个方法的另外两个重载方法如下：

public void write(byte b[]) throws IOException：相当于 write(b, 0, b.length)。

public abstract void write(int b) throws IOException：抽象方法,每次输出一个字节。

注意：write(int b)的参数为 int,即 32b,但只取 8b,即取值 0~255。若提供一个超出此范围的参数,会自动忽略高 24b,即进行计算 b% 256。将这个结果写入输出流后,如何解释取决于目的端,例如对于控制台,往往会解释为 ASCII 码。

(2) public void close():关闭输出流。

2) OutputStream 类层次结构

OutputStream 类是一个抽象类,它派生了一系列实现类,形成如图 9.8 所示的层次结构。

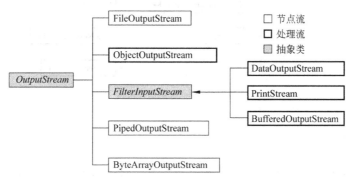

图 9.8　OutputStream 类层次结构

3. Reader 类

1) Reader 类的主要方法

Reader 类是处理所有字符流输入类的父类,它定义有如下一些方法。在这些方法中,除了处理单位是 char 而不是 byte 外,其他与 InputStream 中的方法类似。

(1) 读取字符:

```
public int read() throws IOException;                // 读取一个字符,返回值为读取的字符
public int read(char cbuf[]) throws IOException;
                            // 读取一系列字符到数组 cbuf[]中,返回值为实际读取的字符的数量
public abstract int read(char cbuf[],int off,int len) throws IOException;
                            // 读取 len 个字符,从数组 cbuf[]的下标 off 处开始存放,返回值为
                            // 实际读取的字符数量,该方法必须由子类实现
```

(2) 标记流:

```
public boolean markSupported();                // 判断当前流是否支持做标记
public void mark(int readAheadLimit) throws IOException;
                            // 给当前流做标记,最多支持 readAheadLimit 个字符的回溯
public void reset() throws IOException;        // 将当前流重置到做标记处
```

(3) 关闭流:

```
public abstract void close() throws IOException;
```

2) Reader 类层次结构

Reader 类是一个抽象类,它派生了一系列实现类,形成如图 9.9 所示的层次结构。

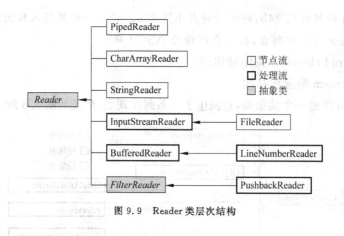

图 9.9 Reader 类层次结构

4. Writer 类

1) Reader 类的主要方法 Writer 类是处理所有字符流输出类的父类。它定义有如下一些方法。在这些方法中，除了处理单位是 char 而不是 byte 外，其他与 OutputStream 中的方法类似。

（1）向输出流写入字符：

```
public void write(int c) throws IOException;          // 将整型值 c 的低 16 位写入输出流
public void write(char cbuf[]) throws IOException;    // 将字符数组 cbuf[]写入输出流
public abstract void write(char cbuf[],int off,int len) throws IOException;
                // 将字符数组 cbuf[]中的从索引为 off 的位置开始的 len 个字符写入输出流
public void write(String str) throws IOException;     // 将字符串 str 中的字符写入输出流
public void write(String str,int off,int len) throws IOException;
                // 将字符串 str 中从索引 off 开始处的 len 个字符写入输出流
flush();        // 刷空输出流，并输出所有被缓存的字节
```

（2）关闭流：

```
public abstract void close() throws IOException;
```

2) Writer 类层次结构

Writer 类是一个抽象类，它派生了一系列实现类，形成如图 9.10 所示的层次结构。

5. 节点流与处理流

流按照是否直接与特定的地方（如磁盘、内存、设备等）相连，分为节点流和处理流两类。节点流可以从或向一个特定的地方（节点）读/写数据。

处理流也称过滤流，是对一个已存在流的连接和封装，通过封装改变或提高流的性能。例如后面要介绍的 BufferedReader 是一个处理流，它可以提高流的处理效率。简单地说，处理流的构造方法总是要带一个其他的流对象做参数。

节点流是最根本的流。一个流对象经过其他流的多次包装称为流的链接。

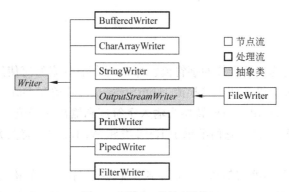

图 9.10 Writer 类层次结构

9.6.2 缓冲流与转换流

1. 缓冲流

java IO 通过缓冲流来提高读/写效率,普通的字节流、字符流都是一个字节或一个字符地读取的,而缓冲流则是将数据先缓冲起来,然后一起写入或者读取出来。经常使用的是 readLine()方法,表示一次读取一行数据。

Java 有 4 个缓冲流,即 BufferedInputStream、BufferedOutputStream、BufferedReader 和 BufferedWriter,如图 9.6~图 9.9 所示,两个缓冲字节流是分别间接派生自 InputStream 和 OutputStream 两个抽象类,两个缓冲字符流分别直接派生自 Reader 和 Writer 两个抽象类。

4 个缓冲流具有继承或覆盖了它们父类的有关方法,还各有两个如下形式的构造器:

```
BufferedXxxx (Xxxx yy, int sz);
BufferedXxxx (Xxxx yy);
```

由这两种格式可以看出,缓冲流是用顶层流的引用作为参数创建的,或者说是对于它们顶层类的包装。其中,Xxxx 表示其顶层类名,yy 表示顶层类引用,sz 表示缓冲区大小。在省略形式下,缓冲区大小默认为 32B。

在这 4 个缓冲流中,常用的是两个缓冲字符流,因为它们各定义了一个用于行操作的方法:

```
String readLine ();      // 定义在 BufferedReader 类中,整行读取字符,直到遇到换行符
void newLine ();         // 定义在 BufferedWriter 类中,按照操作系统规定创建一个换行符
```

注意:

(1) 在不同的操作系统中,换行符的规定不同。例如在 Windows 中是"\r\n",而在 Linux 中是"\n"。

(2) 关闭了缓冲区对象实际也关闭了与缓冲区关联的流对象。

2. 转换流

1) 转换流概述

在缓冲流中,常用的是两个缓冲字符流。那么两个字节流如何使用缓冲技术来提高处理效率呢? 为此,Java 提供了两个转换流 InputStreamRead 类和 OutputStreamWriter 类分别用于将输入字节流和输出字节流转换为输入字符流和输出字符流。它们分别是 Read 类和 Writer 类的实现类。所以,它们继承了 Read 类和 Writer 类的有关方法。

2) 转换格式

使用这两个类进行转换很简单,就是用字节流的引用作为它们构造器的参数,或者说是对于字节流的包装。在包装时可以指定字符编码集,也可以使用默认字符编码集,形成如下 4 种形式。

(1) 构造一个默认编码集的 InputStreamReader 类对象:

```
InputStreamReader isr = new InputStreamReader(InputStream in);
```

(2) 构造一个指定编码集的 InputStreamReader 类对象:

```
InputStreamReader isr = new InputStreamReader(InputStream in,String charsetName);
```

(3) 构造一个默认编码集的 OutputStreamWriter 类对象:

```
OutputStreamWriter osw = new OutputStreamWriter(OutputStream out);
```

(4) 构造一个指定编码集的 OutputStreamWriter 类对象:

```
OutputStreamWriter osw = new OutputStreamWriter(OutputStream out,String charsetName);
```

3) 参数说明

(1) charsetName 用于指定字符集编码。常用的字符编码有下列几种:
- GB/GB2312:国标中文编码,前者包含简体中文和繁体中文,后者仅有简体中文。
- ISO 8859-1:国际通用码,可以表示任何文字。
- Unicode:十六进制编码,可以准确地表示出任何语言文字。
- UTF-8:部分 Unicode,部分 ISO 8859-1,适合网络传输。

(2) in 是一个输入字节流对象,可以通过如下形式获取。
- 通过读取键盘上的数据:InputStream in =System.in。
- 从文件获取:InputStream in =new FileInputStream(String fileName)。
- 通过 Socket 获取。

(3) out 是一个输出字节流,可以通过如下形式形成:
- 通过 InputStream out =System.out 显示到控制台上。
- 通过 InputStream out =new FileOutputStream(String fileName)输出到文件中。
- 通过 Socket 获取。

关于缓冲流和转换流的应用实例,请参考代码 9-2。

9.6.3 PrintWriter 类

1. PrintWriter 及其构造器

PrintWriter 是 Writer 的一个实现类，是一种过滤流。它既可以处理输出字节流，也可以处理输出字符流，所以构造器既可以用输出字节流作为参数，也可以处理输出字符流作为参数，形成如下两种基本的构造形式，每一种又可以按照带不带自动刷新分为两种：

(1) 由 OutputStream 创建新 PrintWriter。

```
PrintWriter(OutputStream out);                                    // 不带自动刷新
PrintWriter PrintWriter(OutputStream out, boolean autoFlush);     // 带自动刷新
```

(2) 由 Writer 创建新 PrintWriter。

```
PrintWriter(Writer out);                              // 不带自动刷新
PrintWriter(Writer out, boolean autoFlush);           // 带自动刷新
```

参数 autoFlush 为 true 是能自动刷新。

此外，还有两大类 4 种通过数据文件创建对象的构造器，这里不再介绍。

2. PrintWriter 的主要方法

1) 返回类型为 PrintWriter 的方法

append(参数)：将指定数据添加到该 PrintWriter 对象。参数可以是
- char c：将指定字符添加到此 Writer。
- CharSequence csq：将指定的字符序列添加到此 Writer。
- CharSequence csq, int start, int end：将指定字符序列的子序列添加到此 Writer。

2) 返回类型为 void 的方法

println(Object obj)：显示 obj，可以是基本数据类型或对象，并换行。

print(Object obj)：同上，但不换行。

write(参数)：写入字符。参数可以是：
- char c：写入字符。
- char[] buf：写入字符数组。
- char[] buf, int off, int len：写入字符数组的某一部分。
- String s：写入字符串。
- String s, int off, int len：写入字符串的某一部分。

void close()：关闭该流并释放与之关联的所有系统资源。

void flush()：执行更新。

3) 返回类型为 boolean 类型的方法

checkError()：刷新流并检查其错误状态。

关于 PrintWrite 的应用实例，请参考代码 9-2。

习 题 9

概念辨析

从备选答案中选择下列各题的答案,如有可能,设计一个程序验证自己的判断。

(1) 在 TCP/IP 中,处理主机之间通信的是( )。
    A. 网络层   B. 应用层   C. 传输层   D. 数据链路层

(2) 在下面 4 组语句中,能够建立一个主机地址为 201.113.77.158、端口为 2002、本机地址为 214.55.113.88、端口为 8008 的套接口的是( )。
    A. Socket socket = new Socket("201.113.77.158", 2002);
    B. InetAddress addr = InetAddress.getByName("214.55.113.88");
       Socket socket = new Socket("201.113.77.158", 2002, addr, 8008);
    C. InetAddress addr = InetAddress.getByName("201.113.77.158");
       Socket socket = new Socket("214.55.113.88", 8008, addr, 2002);
    D. Socket socket = new Socket("214.55.113.88", 8008);

(3) 在下面 4 组语句中,只有( )可以建立一个地址为 201.113.6.88、侦听端口为 2002、最大连接数为 10 的 ServerSocket 对象。
    A. ServerSocket socket = new ServerSocket(2002);
    B. ServerSocket socket = new ServerSocket(2002, 10);
    C. InetAddress addr = InetAddress.getByName("localhost");
       ServerSocket socket = new ServerSocket(2002, 10, addr);
    D. InetAddress addr = InetAddress.getByName("201.113.6.88");
       ServerSocket socket = new ServerSocket(2002, 10, addr);

(4) 下列说法中不正确的是( )。
    A. 阻塞好像是一个动作不执行,其他动作都不能执行
    B. 在 C/S 模式下,服务器是主动通信方,客户端是被动通信方
    C. TCP 提供自寻址服务,UDP 提供面向连接的服务
    D. 套接口仅仅是 IP 地址 + 端口号

(5) Socket 的工作流程包含了下面 4 项内容,正确的流程是( )。
① 打开连接到 Socket 的输入/输出
② 按某个协议对 Socket 进行读/写操作
③ 创建 Socket
④ 关闭 Socket
    A. ①③②④   B. ②①③④   C. ①②③④   D. ③①②④

(6) 下列有关套接字的说法中正确的是( )。
    A. 套接字(Socket)在直白意义上来说就是 IP 地址
    B. Java 中的套接字有两个类,即 Socket 和 ServerSocket,其中 Socket 用于客户端,ServerSocket 用于服务器端
    C. 调用 ServerSocket 类中的 accept()方法可以接收客户机的连接请求
    D. 关闭一个 Socket 实例可以直接调用 close()方法,为了确保能够关闭,通常将 close()放在 try 的 finally 语句块中

开发实践

1. 编写一个 Java Socket 程序，实现在客户端输入圆的半径，在服务器端计算圆的周长和面积，再将结果返回客户端。

2. 编写一个程序，查找并显示 www.yahoo.com 的 IP 地址，同时显示本机的主机名和 IP 地址。

3. UDP 协议会导致数据报文丢失，即客户端的回送请求信息和服务器端的响应信息都有可能在网络中丢失。在 TCP 中，回送客户端发送了一个回送字符串后，可以使用 read() 方法阻塞等待响应。但是，如果在 UDP 的回送客户端上使用相同的策略，数据报文丢失后，客户端就会永远阻塞在 receive() 方法上。为了避免这个问题，在客户端使用 DatagramSocket 类的 setSoTimeout() 方法来指定 receive() 方法的最长阻塞时间。如果超过了指定时间仍未得到响应，客户端就会重发回馈请求。请按照这个方法编写一个客户端回送程序。

4. 编写一个客户端/服务器程序，用于实现下列功能：客户端向服务器发送 10 个整数，服务器计算这 10 个数的平均值，将结果返回客户端。

5. 编写一个客户端/服务器程序，用于实现下列功能：客户端向服务器发送字符串，服务器接收字符串，并以单词为单位进行拆分，然后送回客户端。

6. 设计一个多人聊天的程序。

第 10 单元　JDBC

数据库(data base，DB)是一种极为重要、应用广泛、发展迅速的计算机技术，几乎任何信息管理系统都离不开数据库。作为应用极为广泛的 Java 程序，也经常要与数据库"打交道"。JDBC(Java database connectivity，Java 数据库连接)就是实现 Java 应用程序与数据库通信的一套规范和编程接口。

10.1　JDBC 概述

10.1.1　JDBC 的组成与工作过程

1. JDBC 的基本组成

JDBC 是一种实现 Java 应用程序对数据库进行操作的机制。那么，如何实现这个机制呢？

首先要考虑的是用 Java 语言无法直接对数据库进行操作。数据库的标准操作语言是 SQL，它与 Java 语言具有不同的语法、语义和语用。如果要用 Java 语言操作数据库，需要实现两种语言之间的转换。承担这种功能的部件称为 JDBC 数据库驱动。

其次要考虑的是 Java 语言中没有直接进行数据库操作的语句。为了进行数据库操作，需要使用系统提供的 API，即 JDBC API。

因此，一个 JDBC 要由 Java 应用程序、JDBC API、JDBC 数据库驱动和数据源 4 部分组成。

2. JDBC 的基本工作过程

JDBC 的基本工作过程如图 10.1 所示。

(1) 加载 JDBC 驱动：每个 JDBC 驱动都是一个独立的可执行程序。它一般被保存在外存中。加载就是将其调入内存，以便随时执行。

(2) JDBC 是 Java 应用程序与数据库之间的桥梁。连接数据库实际上就是建立 JDBC 驱动与指定数据源(库)之间的连接。

(3) 在当前连接中向 JDBC 驱动传递 SQL，进行数据库的数据操作。

(4) 处理结果：即要把 JDBC 返回的结果数据转换为 Java 程序可以使用的格式。

(5) 处理结束要依次关闭结果资源、语句资源和连接资源。

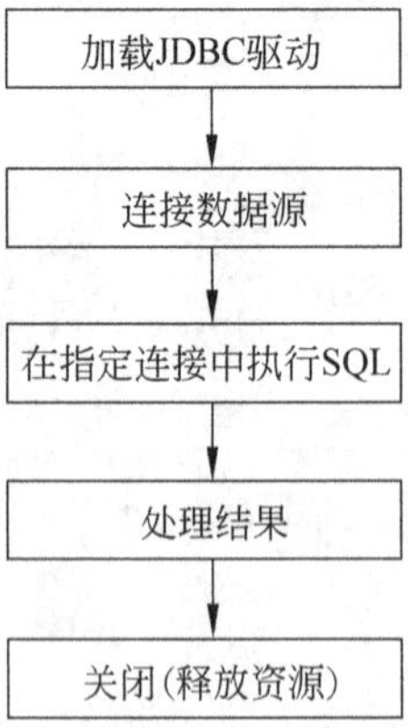

图 10.1　JDBC 工作过程

10.1.2　JDBC API 及其对 JDBC 过程的支持

1. JDBC API 体系与职责

JDBC 的工作过程是在 JDBC API 的支持下完成的。表 10.1 列出了 JDBC API 的几个重要接口/类和它们的职责。

表 10.1 JDBC API 的重要接口/类及其职责

接口/类名称	职　　责
java.sql.DriverManager(类)	处理驱动程序的加载和建立新数据库连接
java.sql.Connection(接口)	处理与特定数据库的连接,创建语句资源
java.sql.Statement(接口)	在指定连接中处理 SQL 语句,创建结果资源
java.sql.ResultSet(接口)	处理数据库操作结果集

这些 JDBC API 的组成如图 10.2 所示。由于后一个资源总是由前一个接口实现的对象创建,所以 java.sql.DriverManager 就称为这个接力过程的第一棒,图中将其单独画出。

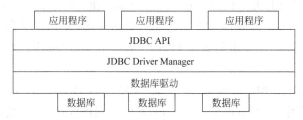

图 10.2　JDBC API 的组成

2. JDBC API 对 JDBC 过程的支持

图 10.3 描述了 JDBC 过程中有关对象活动的序列图。

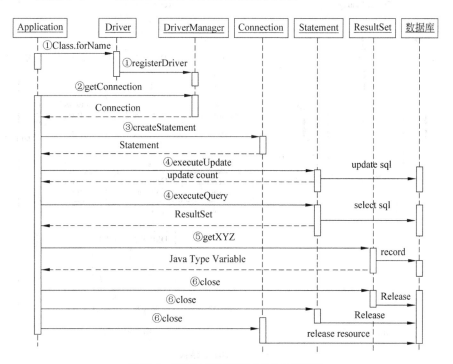

图 10.3　JDBC 过程中有关对象活动序列图

10.2 加载 JDBC 驱动

10.2.1 JDBC 数据库驱动程序的类型

目前使用的 JDBC 驱动有 4 种基本类型。

1. 类型 1：JDBC-ODBC 桥（JDBC-ODBC Bridge）驱动

ODBC（open database connectivity，开放数据库互连）是微软公司开放服务架构（Windows open services architecture，WOSA）中有关数据库的部分，其基本思想是为用户提供简单、标准、透明的数据库连接公共编程接口。它建立了一组规范，并提供了一组对数据库访问的标准 API；根据 ODBC 的标准开发商去实现底层的驱动程序，并允许根据不同的 DBMS 加以优化，使用户可以直接将 SQL 语句送给 ODBC，从而造就了"应用程序独立性（application independency）"特性。

ODBC 采用层次结构，以保证其标准性和开放性，共分为 4 层，即应用程序（application）、驱动程序管理器（driver manager）、驱动程序（driver）和数据源。图 10.4 所示为在本地访问和在远程访问两种环境下的 ODBC 结构。

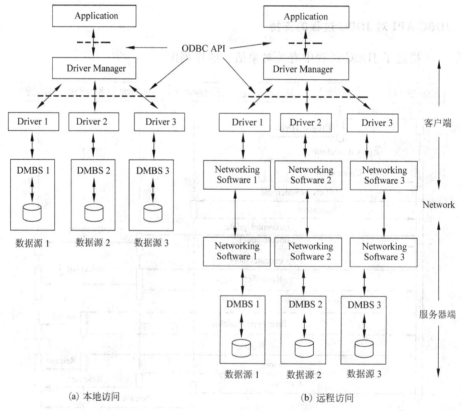

图 10.4 ODBC 结构

图 10.5 所示为 JDBC-ODBC 桥驱动的应用模型。JDBC-ODBC 桥驱动的作用是将 JDBC 调用翻译为 ODBC 调用,依靠 ODBC 驱动与数据库通信。这样,一个基于 ODBC 的应用程序对数据库的操作就不再依赖任何 DBMS,也不直接与 DBMS"打交道",所有的数据库操作由对应的 DBMS 的 ODBC 驱动程序完成。也就是说,不论是 FoxPro、Access 还是 Oracle 数据库,甚至纯粹的资料或文本文件,只要相对驱动程序能完成衔接的功能,均可用 ODBC API 进行访问,即以统一的方式处理所有的数据库。

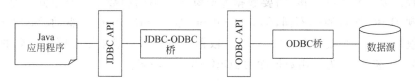

图 10.5　JDBC-ODBC 桥驱动的应用模型

由于 ODBC 要求在用户的每台机器中都安装 ODBC 驱动程序,再加上 JDBC-ODBC 桥代码以及额外的层层转换,会加重系统负担,一般来说效率较低,不适用于高事务性环境。

2. 类型 2:本地 API(native API driver)驱动

JDBC 本地 API 驱动也称为部分 Java 驱动(partly Java driver)。其驱动过程是把客户端的 JDBC 调用转换为标准数据库的调用再去访问数据库。这非常适合控制较严的企业内部局域网环境,但要求数据库系统厂商提供经过专门设计的驱动程序并要求安装在客户端,所以独立性较差、可移植性低,此外由于多了一个中间层传递数据,它的执行效率不是最好。

3. 类型 3:网络纯 Java 驱动(net-protocol fully Java driver)

这种驱动也称为中间件型纯 Java 驱动,即相当于在客户端和数据库服务器之间配置了一个中间层网络服务器,形成一种三层结构:首先由驱动程序将 JDBC 转换为与 DBMS 无关的网络协议,再由中间件服务器将这种协议转换为一种 DBMS 协议。由于它是基于 Server 的,不再需要客户端数据库驱动,可以设计得很小,因此下载时间短,能非常快速地加载到内存中。另外由于不需要在客户端安装并取得控制权,能把纯 Java 客户端连接到多种不同的数据库上,并可以采用负载均衡、连接缓冲池和数据缓存等技术,具有平台独立性,很适合 Internet 上的应用,是最灵活的 JDBC 驱动程序。但是,这种驱动在中间件层仍然需要配置其他数据库驱动程序,并且由于多了一个中间层传递数据,执行效率还不是最好。

4. 类型 4:本地协议纯 Java(native-protocol all-Java)驱动

这种驱动器也称"瘦"(thin)驱动或纯 Java 驱动。这种驱动能将 JDBC 调用直接转换为数据库使用的网络协议,可以执行数据库的直接访问,即不需要先把 JDBC 的调用传给 ODBC 或本地数据库接口、中间层服务器,所以其执行效率非常高。此外,无论是客户端还是服务器端都无须安装任何附加软件,实现了平台独立性。这种驱动程序可以被动态地下载,但是对于不同的数据库需要下载不同的驱动程序。这种驱动通常由数据库系统厂商提供实现。

10.2.2 JDBC 驱动类名与 JDBC 驱动程序的下载

1. JDBC 驱动类名

Java 程序要与数据库连接,需要数据库驱动类。不同的数据库有不同的驱动程序,不同厂家实现 JDBC 接口的类不同,例如有 ODBC 驱动、SQL Server 驱动、MySQL 驱动等。它们通常被封装在一个或多个包中。所以,数据库驱动名一般采用全限定类名的方式——"包名.类名"。表 10.2 为常用数据库的 JDBC 驱动程序名。

表 10.2 常用数据库的 JDBC 驱动器名

数 据 库	驱 动 程 序 名
Oracle	oracle.jdbc.driver.OracleDriver
DB2	com.ibm.db2.jdbc.app.DB2Driver
SQL Server	com.microsoft.jdbc.sqlserver.SQLServerDriver
SQL Server 2000	sun.jdbc.odbc.JdbcOdbcDriver
SQL Server 2005	com.microsoft.sqlserver.jdbc.SQLServerDriver
Sybase	com.sybase.jdbc.SybDriver
Informix	com.informix.jdbc.IfxDriver
MySQL	org.gjt.mm.mysql.Driver
PostgreSQL	org.postgresql.Driver
SQLDB	org.hsqldb.JdbcDriver
ODBC	sun.jdbc.odbc.JdbcOdbcDriver

2. JDBC 驱动程序的下载

进行一个数据库的开发,首先要把需要的数据库驱动程序配置(下载)到 classpath 中,然后修改本机的环境属性 classpath,这样才能在注册时找到对应的驱动程序。

通过网络搜索可以很容易地找到所需的数据库驱动程序的下载网站。例如,MySQL 驱动程序可以从其官方网站"http://dev.mysql.com/downloads/connector/"下载。

此外,一个数据库有不同的版本,所下载的数据库驱动程序一定要对应。例如,SQL Server 数据库提供了两个驱动程序包,即 sqljdbc.jar(JDK5 及以下)和 sqljdbc4.jar(JDK6 以上)。

10.2.3 DriverManager 类

1. DriverManager 类的作用

DriverManager 类位于用户和数据库驱动之间,是 JDBC 的管理层,它的主要职责是管理数据库驱动和连接数据源。

1) 管理数据库驱动

一个应用程序可能会与多个数据库连接,使用多个数据库驱动。为了便于管理,DriverManager 类要维护一个驱动程序表,每个驱动类名之间用冒号分隔,作为 java.lang.System 的属性。在初始化 DriverManager 类时,它搜索系统属性 jdbc.drivers,如果用户已输入了一个或多个驱动程序,则 DriverManager 类将试图加载它们。注意,一旦 DriverManager 类被初始化,它将不再检查 jdbc.drivers 属性列表。所以,建立数据库驱动表,使 JDBC 管理层能跟踪哪个类加载器就提供哪个驱动程序。这样,当 DriverManager 类打开连接时,它就会仅仅使用本地文件系统或与发出连接请求的代码相同的类加载器所提供的数据库驱动。

2) 连接数据源

加载 Driver 类并在 DriverManager 类中注册后,即可用来与数据源建立连接。连接由 DriverManager 类的静态方法 getConnection() 提供。该方法发出连接请求时,DriverManager 将检查驱动列表 writeDrivers 中的每个 DriverInfo 对象,查看它是否可以建立连接。

有时可能有多个 JDBC 驱动程序可以与给定的 URL 连接。例如,与给定远程数据库连接时,可以使用 JDBC-ODBC 桥驱动程序、JDBC 到通用网络协议驱动程序或数据库厂商提供的驱动程序。在这种情况下,测试驱动程序的顺序至关重要,因为 DriverManager 将使用它所找到的第一个可以成功连接到给定 URL 的驱动程序。

这时,DriverManager 首先试图按注册的顺序在每个驱动程序上调用方法 Driver.connect,并向它们传递用户开始传递给方法 DriverManager.getConnection 的 URL 对驱动程序进行测试,然后连接第一个认出该 URL 的驱动程序。

为了避免连接时间太长,甚至出现的无法连接造成的等待,DriverManager 提供了一个静态方法 setLoginTimeout() 供程序员根据需要设定连接所允许的最长时间。

2. DriverManager 类中的方法

DriverManager 类中的方法都是静态方法,所以在程序中无须对其实例化就可以用类名直接调用。表 10.3 为 DriverManager 中的常用方法。

表 10.3 DriverManager 中的常用方法

方法	说明
static void registerDriver(new Driver())	注册一个数据库驱动
static void deregisterDriver(Driver driver)	从驱动列表中删除给定的数据库驱动
static Driver getDrive(String URL)	获取用 URL 指定的数据库驱动
static Connection getConnection(String JDBCurl) static Connection getConnection(String JDBCurl, Properties info) static Connection getConnection(String JDBCurl, String username, String password)	获取与数据库的连接,使用 1~3 个参数: • 数据源 URL • 用户名 • 密码
static void setLoginTimeout(int seconds)	设置程序登录数据库的最长时间(秒)

续表

方　　法	说　　明
static int getLoginTimeout()	获取程序登录数据库的最长时间(秒)
static void println(String message)	将一条消息添加到数据库日志
static PrintWriter getPrintWriter()	获取数据库日志输出流
static void setPrintWriter(PrintWriter out)	设置数据库日志输出流

10.2.4 注册 Driver

为了能让应用程序使用数据库驱动程序，必须加载它们。如前所述，JDBC 驱动程序有不同类型，有不同的厂家，形成不同的 JDBC 驱动程序。但是，既然它们都是为 Java 应用程序连接数据库提供支持，就有一些共同之处，就有一些都要执行的共同方法。这些方法提供了所有 JDBC 驱动程序的标准，被封装成一个 Driver 接口。

因此，加载或注册一个数据库驱动程序实际上就是创建一个 Driver 接口实现程序的实例，并将其添加到 DriverManager 类的驱动列表中，以便管理与连接。

注册是将 JDBC 数据库驱动器添加到 jdbc.drivers 中。Java 提供了 3 种加载注册数据库驱动程序的方法。

1. 使用 DriverManager 类的静态方法 registerDriver()注册

使用 DriverManager 类的 registerDriver()注册的格式如下：

```
DriverManager.registerDriver(new 驱动器类名());
```

例如，注册 Oracle JDBC 驱动程序的代码为：

```
DriverManager.registerDriver(new oracle.jdbc.OracleDriver());
```

加载 Microsoft SQL Server JDBC 驱动程序的代码为：

```
DriverManager.registerDriver(new com.microsoft.jdbc.sqlserverDriver());
```

当 Java 应用程序执行上述语句后，相当于获得了类装载器(classLoader)用 String 指定的类——指出了一个驱动程序类的名称。同时，所有 Driver 实现类都必须包含一个静态代码段，它用来创建该 Driver 实现类的实例。

【代码 10-1】 Driver 类的静态块代码。

```
public class Driver extends NonRegisteringDriver implements java.sql.Driver {
    //~Static fields/initializers
    //--------------------------------------------
    //
    //Register ourselves with the DriverManager
    //
    static {
        try {
```

```
            java.sql.DriverManager.registerDriver(new Driver());
        } catch(SQLException E) {
            throw new RuntimeException("Can't register driver!");
        }
    }
}
```

由于有这样一段静态初始化块存在,所以直接将驱动类加载到内存时将自动完成驱动的注册功能。

2. 使用反射机制进行数据库驱动程序的实例化

如前所述,Class 类中的静态方法 forName()可以从已知包中将需要的类加载到程序中,知道了驱动程序名(以驱动类的全限定名称形式)就可以将其加载到程序中。如表 10.2 所示,不同的数据库驱动程序的名称是不同的。

JDBC-ODBC 桥驱动程序和 JDBC-Net All-Java 驱动程序直接包含在 rt.jar 中,并由默认环境指出。例如:

```
Class.forName("sun.jdbc.odbc.JdbcOdbcDriver");
```

本地协议 Java 驱动和本地 API 驱动要从数据库系统厂商那里获得。例如对于 Oracle,要先从 Oracle 的网站下载指定数据库版本的 JDBC Driver,然后在程序中写下列语句载入驱动程序类:

```
Class.forName("oracle.jdbc.driver.OracleDriver");
```

说明:

(1) 如果要在一个程序中加载多种数据库驱动,可以用多个 Class.forName(DRIVER)。

(2) 并非在任何情况下都可以找到指定的驱动程序。如果找不到驱动器类名,forName()就会抛出类型为 ClassNotFoundException 的异常。这个异常是必须捕获的,因此这个功能的调用应该出现在一个 try 块中,并要有合适的 catch 块。

【代码 10-2】 用 Class.forName()加载数据库驱动程序片段。

```
public class ConnectionDemo {
    public static final String DBDRIVER = "oracle.jdbc.driver.OracleDriver";
                                                                        // 定义驱动程序
    public static void main(String[] args) {
        try {
            Class.forName(DBDRIVER);                                    // 加载驱动程序
        } catch(ClassNotFoundException e) {
            e.printStackTrace();
        }
    }
}
```

3. 使用 System.setProperty()方法注册

注册的一种方法是使用 System.setProperty()。例如,使用下列语句:

```
System.setProperty("jdbc.drivers", "DRIVER");
```

例如注册 MySQL JDBC 驱动器的代码为:

```
System.setProperty("jdbc.driver"," com.mysql.jdbc.Driver");
```

另一种方法是使用 System.getProperty().load (new FileInputStream ("属性文件名")),并在属性文件中指定 jdbc.driver=driverName。

说明:

(1) 如果要在一个程序中加载多种数据库驱动,可以在 System.setProperty()中将驱动程序用冒号分开,即"System.setProperty ("jdbc.drivers","DRIVER1:DRIVER2")"。

(2) 如果一行显得太长,可以用双引号和加号将字符串打断成多行(双引号里的字符串是不能跨行的)。

10.3 连接数据源

10.3.1 数据源描述规则——JDBC URL

JDBC URL 将要连接数据源的有关信息封装在一个 String 对象中,其格式如下:

```
jdbc 协议:子协议:子名称
```

JDBC URL 的 3 个部分可以分析如下:

1. jdbc 协议

JDBC URL 中的协议总是 jdbc。

2. 子协议

子协议用于标识数据库的连接机制,这种连接机制可由一个或多个驱动程序支持。不同数据库厂家的数据库连接机制名是不相同的,例如,MySQL 数据库使用的子协议名为 mysql,Java DB 使用的子协议名为 derby 等。

有一个特殊的子协议名是 odbc,它是 JDBC URL 为 ODBC 风格的数据源专门保留的。例如,为了通过 JDBC-ODBC 桥访问某个数据库,可以用如下 URL:

```
jdbc:odbc:zhangLib
```

这里,子协议为 odbc,子名称 zhangLib 是本地 ODBC 数据源。

3. 子名称

子名称用于标识数据源，提供定位数据源的更详细信息。它可以依子协议的不同而变化，并且还可以有子名称的子名称。对于位于远程服务器上的数据库，特别是当要通过 Internet 访问数据源时，在 JDBC URL 中应将网络地址作为子名称的一部分，且必须遵循标准的 URL 命名规则：

```
// 主机名：端口/子名称
```

例如，连接 MySQL 数据库的 JDBC URL 为：

```
jdbc:mysql://服务器名/数据库名
```

连接微软 SQL Server 数据库的 JDBC URL 为：

```
jdbc:microsoft:sqlserver://服务器名:1433/DatabaseName=数据库名
```

JDBC URL 还可以指向逻辑主机或数据库名，使系统管理员不必将特定主机声明为 JDBC URL 名称的一部分，逻辑主机或数据库名将由网络命名系统动态地转换为实际的名称。网络命名服务（例如 DNS、NIS 和 DCE）有多种，对于使用哪种命名服务并无限制。

10.3.2 获取 Connection 对象

Java 应用程序要与数据库进行数据传递必须先进行连接，即创建一个 Connection 实例，或者说是获取一个 Connection 对象。这是 Java 数据库操作的基础，是在 JDBC 活动中形成其他一系列对象的前提，例如 Statement、PreparedStatement、ResultSet 等都由 Connection 直接或者间接衍生。

由于 Connection 是一个接口，自己不能实例化，因此要使用"过继"的策略，可以通过如下 3 种途径获取 Connection 对象。

1. 使用 DriverManager 类获取 Connection 对象

由 DriverManager 的静态方法 getConnection() 创建，即先声明一个 Connection 类引用，再用 DriverManager.getConnection() 初始化 Connection 类引用。例如：

```
Connection con = DriverManager.getConnection(url, "id", "pwd");
```

注意：

（1）数据库驱动程序需要安装在 classpath 下，以便数据库连接程序能按照 Java 的方式被访问到。

（2）在连接时，除了需要指明要连接数据库的路径 URL 外，还可能需要相应的用户名和密码。例如上述 id 和 pwd。

（3）在连接时，DriverManager 会测试已注册的数据库驱动程序能否连接到指定数据库,根据顺序原则,采用第一个能连通的数据库驱动。

(4) DriverManager 类有 3 个重载的 getConnection() 方法,它们都返回一个 Connection 对象,但参数有所不同。

- static Connection getConnection(String JDBCurl)
- static Connection getConnection(String JDBCurl,Properties info)
- static Connection getConnection(String JDBCurl,String username, String password)

其中,info 为包含连接数据库所需的各种属性(Properties)对象,username 为用户名,password 为用户口令,JDBCurl 的内容在前面已做介绍,这里不再赘述。

下面是几种常用数据库与 Oracle 数据库连接的代码段。

(1) 与 Oracle 数据库连接:

```
String url = "jdbc:oracle:thin:@ 127.0.X.XX:1512:orcl";     // orcl 为数据库 SID,1512 为端口号
String user = "aName";
String password = "aPassword";
Connection con = DriverManager.getConnection(url, user, password);
```

(2) 与 DB2 数据库连接:

```
String url = "jdbc:db2://127.0.X.XX:5000/sample";     // sample 为数据库名,5000 为端口号
String user = "admin";
String password = "";
Connection con = DriverManager.getConnection(url, user, password);
```

(3) 与 SQL Server 2000 数据库连接:

```
String url = "jdbc:microsoft:sqlserver://127.0.X.XX:1433:DatabaseName = master";
                                                      // master 为数据库名,1433 为端口号
String user = "aName";
String password = "aPassword";
Connection con = DriverManager.getConnection(url, user, password);
```

(4) 与 SQL Server 2005 数据库连接:

```
String url = "jdbc:sqlserver: //服务器名:1433:Databasename = master";
                                                      // master 为数据库名,1433 为端口号
String user = "sa";
String password = "aPassword";
Connection con = DriverManager.getConnection(url, user, password);
```

(5) 与 MySQL 数据库连接:

```
String url = "jdbc:mysql: //10.0.X.XX:3306/ myDB";     // myDB 为数据库名,3306 为端口号
String user = "root";
String password = "aPassword";
Connection con = DriverManager.getConnection(url, user, password);
```

2. 采用 DataSource 接口连接数据源

用 DriverManager 类产生一个对数据源的连接是 JDBC 1.0 采用的方法。JDBC 2.0 则用 DataSource 替代 DriverManager 类连接数据源，使代码变得更小巧精致，也更容易控制。

一个 DataSource 对象代表了一个真正的数据源，既可以是关系数据库，也可以是电子表格或表格形式的文件。当一个 DataSource 对象注册到名字服务中，应用程序就可以通过名字服务获得 DataSource 对象，并用它产生一个与 DataSource 代表的数据源之间的连接。关于数据源的信息和如何来定位数据源，例如数据库服务器的名字、在哪台机器上、端口号等，都包含在 DataSource 对象的属性里面。这样，对应用程序的设计来说是更方便了，因为并不需要硬性地把驱动的名字写到程序里面。

使用 DataSource 接口连接数据源的过程分为 3 步。

① 配置 DataSource 对象：配置 DataSource，包括设定 DataSource 的属性。

② 将 DataSource 对象和一个逻辑名字关联起来：名字可以是任意的，通常取能代表数据源并且容易记住的名字。

③ 由 DataSource 的方法 getConnection()生成一个连接。

【代码 10-3】 用 JNDI(Java Naming and Directory Interface，Java 命名和目录接口，Sun 公司提供的一种标准的 Java 命名系统接口)上下文获得一个一个数据源对象的代码片段。

```
Context ctx = new InitialContext();
DataSource ds = (DataSource)ctx.lookup("jdbc/InventoryDB");
Connection con = ds.getConnection("myPassword", "myUserName");
```

说明：

(1) 在这里，逻辑名字为 InventoryDB。按照惯例，逻辑名字通常在 JDBC 的上下文中，所以逻辑名字的全名就是 jdbc/InventoryDB。

(2) 开始的两行用的是 JNDI API，第 3 行用的才是 JDBC 的 API。

(3) 由于在配置数据库连接池的时候已经定义了 URL、用户名、密码等信息，所以在程序中使用的时候不需要传入这些信息。

3. 使用数据库连接池获取

JDBC 工作中的一个瓶颈是数据资源连接的低效，一般要花费 0.05～1 秒。特别是在 Web 程序设计中，例如对于大型电子商务网站，往往同时会有几百人甚至几千人在线。在这种情况下，频繁地进行数据源连接操作势必占用很多的系统资源，网站的响应速度必定下降，严重的甚至会造成服务器崩溃。解决这一瓶颈问题的有效手段是采用数据库连接池技术。数据库连接池的基本思想就是为数据库连接建立一个"缓冲池"。预先在缓冲池中放入一定数量的连接，当需要建立数据源连接时只需从"缓冲池"中取出一个连接，使用完之后再放回去。通过设定连接池最大连接数来防止系统无尽地与数据库连接，还可以通过连接池的管理机制监视数据库的连接的数量、使用情况，为系统开发、测试及性能调整提供依据。

对于普通应用程序来说，可以选用 DataSource 对象，也可以选用 DriverManager 类。

但是,对于需要用的连接池或者分布式事务的应用程序来说,就必须使用 DataSource 对象来获得 Connection。

【代码 10-4】 使用连接池得到一个名字为 EmployeeDB 的 DataSource 的连接的代码片段。

```
Context ctx = new InitialContext();
DataSource ds = (DataSource)ctx.lookup("jdbc/EmployeeDB");
Connection con = ds.getConnection("myPassword", "myUserName");
```

说明:除了逻辑名字以外,可以发现其代码与代码 10-3 一样。逻辑名字不同,就可以连接到不同的数据库。

DatabaseConnection(数据库连接)类的主要职责是连接数据源,获得一个 Connection 对象。Connection 对象表示与数据库的连接,底层需要操作系统的 Socket 支持,所以它是一种资源,而作为一种资源,需要按照"建立—打开—使用—关闭"的顺序合理使用。

10.3.3 连接过程中的异常处理

getConnection()方法在执行过程中可能会抛出 SQLException 异常,也需要一个相应的 catch 块处理 SQLException 异常。

【代码 10-5】 连接过程中的异常处理代码段。

```
try {
    Connection conn = DriverManager.getConnection ("jdbc:odbc:sun", "zhang", "abcde");
}catch (SQLException e) {
    // …
}
```

10.3.4 Connection 接口的常用方法

在连接建立之后,以后所有的操作都要基于该连接进行,有许多操作与 Connection 的方法有关。表 10.4 为 Connection 的常用方法,其中与事务有关的方法将在 10.7 节中介绍。

表 10.4 Connection 的常用方法

方　　法	说　　明
Statement createStatement() Statement createStatement (int resultSetType, int resultSetConcurrency)	创建一个 Statement 实例,参数如下。 resultSetType:类型 resultSetConcurrency:并发性的结果集
PreparedStatement preparedStatement(String sql) PreparedStatement preparedStatement (String sql, int resultSetType, int resultSetConcurrency)	创建一个 PreparedStatement 实例,参数如下。 sql:数据库 URL resultSetType:类型 resultSetConcurrency:并发性的结果集
String getCatalog()	获取连接对象的当前目录名
boolean isReadOnly()	判断连接是否为只读模式
void setReadOnly()	设置连接的只读模式
void close()	立即释放连接对象的数据库和 JDBC 资源

续表

方法	说明
boolean isClosed()	判断连接是否关闭
void commit()	提交对数据库的改动并释放当前连接持有的数据库的锁
void rollback()	回滚当前事务中的所有改动并释放当前连接持有的数据库的锁

特别需要说明的是，Connection 对象联系着数据源，所以 Connection 是一种资源。既然是一种资源，就需要按照"建立—打开—使用—关闭"的顺序合理地使用。

10.4 创建 SQL 工作空间进行数据库操作

Java 程序与数据库建立连接的目的是为了进行数据库的操作并得到操作的结果，为此还必须进行两项工作，即创建 SQL 工作空间、传输 SQL 语句。

10.4.1 SQL

1. SQL 概述

SQL(structured query language，结构化查询语言)用于存取数据以及查询、更新和管理关系数据库系统。SQL 语言结构简洁、功能强大、简单易学，所以自 IBM 公司于 1981 年推出以来，它得到了广泛应用。今天，绝大部分数据库管理系统，例如 Oracle、Sybase、Informix、SQL Server 等都支持 SQL 语言作为查询语言。

表 10.5 列出了 SQL 的常用语句。

表 10.5 SQL 的常用语句

类型	语句	功能
数据定义	CREATE TABLE	创建一个数据库表
	DROP TABLE	从数据库中删除表
	ALTER TABLE	修改数据库表结构
	CREATE VIEW	创建一个视图
	DROP VIEW	从数据库中删除视图
	CREATE INDEX	为数据库表创建一个索引
	DROP INDEX	从数据库中删除索引
	CREATE DOMAIN	创建一个数据值域
	ALTER DOMAIN	改变域定义
	DROP DOMAIN	从数据库中删除一个域
数据操作	INSERT	向数据库表添加新数据行
	DELETE	从数据库表中删除数据行
	UPDATE	更新数据库表中的数据
数据检索	SELECT	从数据库表中检索数据行和列

2. SQL 语句用法举例

【代码 10-6】 使用 DDL(Data Definition,数据定义语言)在 MyDB 数据库中定义一个名为 Customer_Data 的数据表,这个数据表包括 4 个数据行。

```
Use MyDB
CREATE TABLE Customer_Data
(customer_id smallint,
first_name char(20),
last_name char(20),
phone char(10))
GO
```

这段代码产生一个空的 Customer_Data 数据表,等待数据被填入数据表内。

【代码 10-7】 用 INSERT 语句在 Customer_Data 数据表中增添一个客户。

```
INSERT INTO Customer_Data
(customer_id, first_name, last_name, phone)
VALUES(666, "Zhan", "Weihua", "13678998765")
```

说明:其中第 2 行给出了数据行名称列表,所列数据行名称的次序决定了数据数值将被放在哪个数据行。例如,第 1 个数据数值将被放在清单列出的第 1 个数据行 customer_id,第 2 个数据数值放在第 2 个数据行,依此类推。由于在建立数据表时定义数据行填入数值的次序与现在相同,因此不必特意指定字段名称,也可以用以下的 INSERT 语句代替:

```
INSERT INTO Customer_Data
VALUES(666, "Zhan", "Weihua", "13678998765")
```

使用这种形式的 INSERT 语句,而被插入数值的次序与建立数据表时不同,数值将被放入错误的数据行。如果数据的类型与定义不符,则会出现一个错误信息。

【代码 10-8】 用 SELECT 语句从建立的 Customer_Data 数据表中检索 first_name 数据行值为 Zhan 的数据。

```
SELECT customer_id, first_name FROM Customer_Data
WHERE first_name = "Zhan"
```

WHERE 子句用于决定所列出的数据行中哪些数据被检索。如果有一个符合条件,将显示如下:

```
customer_id  first_name
---------    --------
666          Zhan
```

【代码 10-9】 用 UPDATE 语句修改一位名称为 Zhan Weihua 的客户的姓氏为 Zhang。

```
UPDATE Customer_Data
SET first_name = "Zhang"
WHERE last_name = "Weihua" and customer_id = 666
```

在 WHERE 子句中加入 customer_id=666 的限定,可以使其他名为 Weihua 的客户不会选中,被影响的只有 customer_id 为 666 的客户。

说明:当使用 UPDATE 语句时,要确定在 WHERE 子句提供充分的筛选条件,如此才不会不经意地改变一些不该改变的数据。

3. 静态 SQL 与动态 SQL

从编译和运行的角度来看,SQL 语句可以分为静态 SQL 和动态 SQL。

静态 SQL 语句的编译是在应用程序运行前进行的,而后程序运行时数据库将直接执行编译好的 SQL 语句,编译的结果会存储在数据源内部被持久化保存。所以静态 SQL 语句必须在程序运行前确定所涉及的列名、表名等。动态 SQL 语句是在应用程序运行时被编译和执行的,语句编译的结果缓存在数据库的内存里。

一般来说,静态 SQL 运行时开销较低,但要求在程序运行前 SQL 语句必须是确定的,并且涉及的数据库对象(列名和表名必须)已存在。动态 SQL 适合于在程序运行前 SQL 语句是不确定或者所涉及数据库对象还不存在的情形,但是它需要较多的权限,对于系统安全会有不利。

10.4.2 创建 SQL 工作空间

所谓创建 SQL 工作空间,实际上就是创建 Statement 实例。但是,Statement 是一个接口,不能直接创建其实例,与创建 Connection 实例一样,采取"过继"的策略得到其实例,即由 Connection 的方法 creatStatement() 为其生成一个实例。

【代码 10-10】 创建 SQL 工作空间的代码段。

```
try {
    Statement stt = conn.creatStatement();
} catch (SQLException e) {
    // …
}
```

10.4.3 用 Statement 实例封装 SQL 语句

一旦 Statement 实例生成,就表明连接的过程已经完成,"接力棒"传送到 Statement。Statement 担负着封装 SQL 语句和与数据库进行交互的职责,这些职责将通过其提供的一套方法实现。表 10.6 为 Statement 接口的主要方法。

由于 Statement 对象本身并不包括 SQL 语句,所以要将 SQL 语句作为 Statement 对象的 execute 方法参数。例如用 executeQuery() 方法执行一个 SQL 查询便可以返回一个 ResultSet 对象:

表 10.6　Statement 接口的主要方法

方法名	用途
void close()	关闭当前的 Statement 实例
void cancel()	取消 Statement 实例中的 SQL 数据库操作命令
ResultSet executeQuery(String sql)	执行 SQL SELECT 语句,将查询结果存放在一个 ResultSet 对象中
int executeUpdate(String sql)	执行 SQL 更新语句(UPDATE、DELETE、INSERT),返回整数表示所影响的数据库表行数
boolean execute(String sql)	执行(返回多个结果集的)SQL 语句,即 executeQuery() 和 executeUpdate() 的合并方法
int[] executeBatch()	在 Statement 对象中建立批执行 SQL 语句表
void addBatch(String sql)	向批执行表中添加 SQL 语句
void clearBatch()	清除在 Statement 对象中建立的批执行 SQL 语句表
int setQueryTimeout(int seconds)	设置查询超时时间(秒数)
int getQueryTimeout()	获取查询超时设置(秒数)
ResultSet getResultSet()	返回当前结果集
boolean getMoreResults()	移动到 Statement 实例的下一个结果集(用于返回多个结果的 SQL 语句)
void setFetchDirection(int dir)	设定从数据库表中获取数据的方向
void setMaxFieldSize(int max)	设定最大字段数
int getMaxFieldSize()	获取结果集中的最大字段数
void setMaxRows(int max)	设定一个结果集的最大行数
int getMaxRows()	获取一个结果集中当前的最大行数
void setFetchSize(int rows)	设定返回的结果集行数
int getFetchSize()	获取返回的结果集行数
int getUpdateCount()	获取更新记录数量
Connection getconnection()	获取当前数据库的连接

```
ResultSet rsltSet = stt.executeQuery
("SELECT * from emp where empno = * FROM 员工表 WHERE 员工年龄 >= 55");
```

注意：SQL 使用单引号来界定字符串,以免与 Java 的字符串冲突,并方便书写。例如:

```
String sqlQuery = "SELECT PRODUCT FROM SUPPLIERTABLE WHERE PRODUCT = 'Bolts'";
```

说明：

(1) JDBC 在编译时并不对将要执行的 SQL 查询语句做任何检查,只是将其作为一个 String 类对象,要到驱动程序执行 SQL 查询语句时才知道其是否正确。对于错误的 SQL 查询语句,在执行时将会产生 SQLException 异常。

(2) 一个 Statement 实例在同一时间只能打开一个结果集,对第二个结果集的打开隐含着对第一个结果集的关闭。

(3) 如果想对多个结果集同时操作,则必须创建出多个 Statement 实例,在每个

Statement 实例上执行 SQL 查询语句以获得相应的结果集。

（4）如果不需要同时处理多个结果集，则可以在一个 Statement 实例上顺序执行多个 SQL 查询语句，对获得的结果集进行顺序操作。

10.5　处理结果集

Statement 实例执行完与数据库的交互后，结果并非直接传送给 Java 应用程序，而是先用结果集（result set）封装起来。ResultSet 的实例由 Statement 的有关方法生成，这个实例中的数据由 ResultSet 接口方法管理。

10.5.1　结果集游标的管理

ResultSet 接口把结果集当作一个表，用于封装从数据库向 Java 程序传输的数据。结果集中的数据按行进行管理和应用，ResultSet 接口定义了一个游标（cursor），用于指向结果集中的行。游标在初始化时指向第 1 行，并可以用下面的可重用方法改变指向。

- rs.last()、rs.first()：跳到结果集的最后一行或第 1 行。
- rs.previous()、rs.next()：向上或向下移动一行。
- rs.getRow()：得到当前行的行号。
- rs.absolute()：在结果集中进行定位。
- beforeFirst()、afterLast()：将游标移到首行前或末行后。
- isFirst() 和 isLast()：判断游标是否指向首行或末行。

当游标已经到达最后一行时，next() 和 previous() 都返回 false，这样就可以用循环结构进行表的处理。例如：

```
while (rsltSet.next()) {
    // 处理
}
```

10.5.2　getXxx() 方法

在 SQL 结果集中，每一列都是一个 SQL 数据类型。但是，SQL 数据类型并不与 Java 数据类型相一致。为此，ResultSet 接口中声明了一组 getXxx() 方法，用于进行列数据类型的转换。表 10.7 为主要的 getXxx() 方法及其数据库表字段类型和返回值类型（Java 类型）之间的对应关系。

表 10.7　主要的 getXxx() 方法及其参数（SQL）类型和返回值（Java）类型之间的对应关系

SQL 类型	Java 数据类型	getXxx() 方法名称
CHAR/VARCHAR	String	String getString()
LONGVARCHAR	String	InputStream getAsciiStream()/getUnicodeStream()
NUMERIC/DECIMAL	java.math.BigDecimal	java.math.BigDecimal getBigDecimal()
BIT	boolean	boolean getBoolean()

续表

SQL 类型	Java 数据类型	getXxx()方法名称
TINYINT	Integer	byte getByte()
SMALLINT	Integer	short getShort()
INTEGER	Integer	int getInt()
BIGINT	long	long getLong()
REAL	float	float getFloat()
FLOAT/DOUBLE	double	double getDouble()
BINARY/VARBINARY	byte[]	byte[] getBytes()
LONGVARBINARY	byte[]	InputStream getBinaryStream()
DATE	java.sql.Date	java.sql.Date getDate()
TIME	java.sql.Time	java.sql.Time getTime()
TIMESTAMP	java.sql.Timestamp	java.sql.Timestamp getTimestamp()

10.5.3 updateXxx()方法

ResultSet 接口还提供了一组更新方法,允许用户通过结果集中列的索引编号或列的名称对当前行的指定列进行更新。这些方法的形式为 updateXxx(),其中的 Xxx 表示 Int、Float、Long、String、Object、Null、Date、Double。

需要注意的是,由于这些方法未将操作同步到数据库中,所以需要执行 updateRow()或 insertRow()实现同步操作。

10.5.4 关闭数据库连接

对数据库操作结束后,应当按照先建立(打开)后关闭的顺序依次关闭 ResultSet、Statement(或 PreparedStatement)和 Connection 引用指向的对象。假设这些对象分别是 rsltSet、stt 和 conn,则应依次执行方法 rsltSet.close()——关闭查询结果集、stt.close()——关闭语句连接和 conn.close()——关闭数据库连接。

10.5.5 JDBC 数据库查询实例

【代码 10-11】 数据库 dbEmpl 中有一张如图 10.6 所示的数据表 employeeInfo,它由职工号 id、职工姓名 name、职工薪水 salary 组成。

id	name	salary
1101	张平	2345
1102	李海	3478
1103	王明	5321.7

图 10.6 数据表 employeeInfo 的结构

用姓名查询一个职工的职工号和薪水的代码如下:

```java
import java.sql.SQLException;
import java.sql.Statement;
import java.sql.Connection;
import java.sql.DriverManager;
import java.sql.Result Set;
import java.io.IOException;

public class JdbcDemo {
    // 定义有关数据
    public static final String dbDriver = "sun.jdbc.odbc.JdbcOdbcDriver";   // 定义驱动程序
    public static final String dbUrl = "jdbc.odbc.dbEmpl";      // 定义数据库连接路径
    public static final String dbUser = "ZhangWangLiZhao";      // 定义用户名
    public static final String dbPass = "abcdef";               // 定义数据库连接密码

    void jdbcTest() {
        // 声明有关对象的引用
        Connection conn = null;             // 声明数据库连接对象引用
        Statement stmt = null;              // 声明语句对象引用
        ResultSet rsltSet = null;           // 声明结果集对象引用

        try {
            // 步骤①：装入驱动程序
            Class.forName(dbDriver);                    // 获取驱动器类名

            // 步骤②：建立连接
            conn = DriverManager.getConnection(dbUrl, dbUser, dbPass);
                                                        // 实例化 Connection 对象

            // 步骤③：创建 SQL 工作空间
            stmt = conn.createStatement();              // 实例化 Statement 实例

            byte buf[] = new byte[30];                  // 开辟一个空间
            String name;                                // 定义一个名字变量
            String sql;                                 // 定义 SQL 操作字符串

            while(true) {
                // 步骤④：传送 SQL 语句,得到结果集
                System.out.print("请输入要查询的职工姓名：");
                int count = System.in.read(buf);        // 用 buf 接收输入的名字
                name = new String(buf, 0, count - 2);
                sql = "SELECT id,salary FROM employeeInfo WHERE name = " + "'" + name + "'";
                rsltSet = stmt.executeQuery(sql);       // 传送 SQL 语句进行查询
                // 步骤⑤：处理结果集
                if(rsltSet.next()) {                    // 当前行有效时
                    do {
                        System.out.println("姓名：" + name);
                        int id = rsltSet.getInt(1);     // 依据类型访问当前行的各列
                        System.out.println("职工号：" + id);
                        double salary = rsltSet.getDouble(2);
```

```java
                System.out.println("薪水: "+ salary);
            }while(rsltSet.next());    // 处于有效行
        }
        else {
            System.out.println("对不起,公司查不到此人信息");
        }
    }
    catch(ClassNotFoundException cne) {
        System.out.println(cne);
    }
    catch(SQLException sqle) {
        System.out.println(sqle);
    }
    catch(IOException ioe) {
        System.out.println(ioe);
    }
    finally {
        // 步骤⑥:关闭操作,释放资源
        try {
            if(rslt != null)
                rslt.close();               // 关闭结果集
        }catch(SQLException sqle) {
            ry {
                if(stmt != null)
                    stmt.close();           // 关闭操作空间
            }catch(SQLException sqle) {
                try {
                    if(conn != null)
                        conn.close();       // 关闭连接
                }catch(SQLException sqle) {
                }
            }
        }
    }
}

public static void main(String[] args) {
    JdbcDemo jdbcDm = new JdbcDemo();
    jdbcDm.jdbcTest();
}
}
```

本例中使用了如下一段程序代码,各句的作用如下。

```
byte.buf[] = new byte[30];                    // 开辟一个 30 字节的空间
String name;                                   // 定义一个名字变量
int count = System.in.read(buf);              // 用 buf 接收输入键盘字符流,返回字符流的长度+2
name = new String(buf,0,count-2);             // 用 buf 中的前 count-2 个字符实例化字符串对象
```

这样就实现了将键盘上输入的名字封装在 String 类对象中的目的。运行结果如下：

请输入要查询的职工姓名：李海
姓名：李海
职工号：1102
薪水：3478
请输入要查询的职工姓名：王杰
对不起,公司查不到此人信息
请输入要查询的职工姓名：

10.6 PreparedStatement 接口

10.6.1 用 PreparedStatement 实例封装 SQL 语句的特点

Statement 接口实例是一个静态 SQL 工作空间,在实际应用中已经很少使用,在编程中实际使用的是 PreparedStatement 接口。PreparedStatement 接口适于建立动态 SQL 工作空间,其实例执行的 SQL 语句将被预编译并保存到 PreparedStatement 实例中,当操作内容是不确定的时候非常有用。例如要执行一个插入语句,可以描述为：

```
String sql = "INSERT INTO user(name,,age,sex)" + "VALUES(?,?,?)";
```

这里的"?"称为占位符,表示"值以后再定"。执行这个 SQL 后,相当于在数据库中插入一个空行,这个空行中有 3 个字段,它们的类型分别为 String、int 和 String。但是,每个字段的值还没有,以后可以使用 setXxx() 方法设定。这里的"Xxx"表示某种数据类型,例如 setString()、setInt() 等。

在数据库支持预编译的情况下,SQL 语句被预编译并存储在 PreparedStatement 对象中,此后可以多次使用这个对象高效地执行该语句。所以,批量处理 PreparedStatement 可以大大提高效率。

10.6.2 PreparedStatement 接口的主要方法

PreparedStatement 接口的方法分为两类。

(1) 一组封装 SQL 语句的方法(见表 10.8)。

(2) 一组 setXxx() 方法(见表 10.9)。这组方法中的第一个参数 int index 表示占位符?的位置,索引值从 1 开始。

表 10.8 PreparedStatement 接口中用于封装 SQL 语句的主要方法

方 法 名	含 义
void addBatch(String sql)	向批执行表中添加 SQL 语句,在 Statement 语句中增加用于数据库操作的 SQL 批处理语句
void clearParameters()	清除 PreparedStatement 中的设置参数
boolean execute()	执行 SQL 查询语句,可以是任何类型的 SQL 语句
ResultSet executeQuery()	执行 SQL 查询语句

续表

方 法 名	含 义
int executeUpdate()	执行设置的预处理 SQL：INSERT、UPDATE、DELETE、DDL，返回更新列数
ResultSet MetaData getMetaData()	进行数据库查询，获取数据库元数据

表 10.9　PreparedStatement 接口中用于设置数据的方法

方 法 名	含 义
void setArray(int index, Array x)	设置为数组类型
void setAsciiStream(int index, InputStream stream, int length)	设置为 ASCII 输入流
void setBigDecimal(int index, BigDecimal x)	设置为十进制长类型
void setBinaryStream(int index, InputStream stream, int length)	设置为二进制输入流
void setCharacterStream(int index, InputStream stream, int length)	设置为字符输入流
void setBoolean(int index, boolean x)	设置为逻辑类型
void setByte(int index, byte b)	设置为字节类型
void setBytes(int byte[] b)	设置为字节数组类型
void setDate(int index, Date x)	设置为日期类型
void setFloat(int index, float x)	设置为浮点类型
void setInt(int index, int x)	设置为整数类型
void setLong(int index, long x)	设置为长整数类型
void setRef(int index, int ref)	设置为引用类型
void setShort(int index, short x)	设置为短整数类型
void setString(int index, String x)	设置为字符串类型
void setTime(int index, Time x)	设置为时间类型

10.6.3　PreparedStatement 对象操作 SQL 语句的步骤

PreparedStatement 对象对 SQL 语句进行数据库操作大致分为 4 步。

① 创建 PreparedStatement 对象，同时给出预编译的 SQL 语句，例如：

```
PreparedStatement prepStat = con.prepareStatement("SELECT * FORM DBTableName");
```

② 设置实际参数：

```
prepStat.setString(1,"b001");
```

③ 执行 SQL 语句(注意创建 PreparedStatement 对象时已经封装了要执行的 SQL 语句)，例如：

```
ResultSet rs = prepStat.executeQuery();
```

④ 关闭 PreparedStatement 对象,例如:

```
prepStat.close();              // 调用父类 Statement 中的 close()方法
```

【代码 10-12】 使用 PreparedStatement 插入数据的代码。

```java
import java.sql.Connection;
import java.sql.DriverManager;
import java.sql.PreparedStatement;
public class PrepareStatementDemo11_11{
    public static final String DBDRIVER = "org.gjt.mm.mysql.Driver";
                                                        // 定义 MySQL 的数据库驱动
    public static final String DBURL = "jdbc:mysql://localhost:3360/abcd";
                                                        // 定义 MySQL 数据源地址
    public static final String DBUSER = "ZHANG";        // 定义 MySQL 数据源用户名
    public static final String DBPASS = "ABCEFG";       // 定义 MySQL 数据源连接密码

    public static void main(String[] args)throw Exception {
        Connection conn = null;
        PreparedStatement ppst = null;
        String sql = "INSERT INTO user(name, age, sex)"+ "VALUES(?,?,?)";   // 预处理 SQL
        Class.forname(DBDRIVER);                        // 加载数据库驱动
        conn = DriverManager.getConnection(DBURL, DBUSER, DBPASS);   // 建立连接
        ppst = conn.prepareStatement(sql);              // 生成 PrepareStatement 实例

        ppst.setString(1, "张三");                      // 设置第 1 个数据内容
        ppst.setInt(2, 22);                             // 设置第 2 个数据内容
        ppst.setString(3, "男");                        // 设置第 3 个数据内容

        ppst.executeUpdate();                           // 更新数据库
        ppst.close();                                   // 关闭语句空间
        conn.close();                                   // 关闭连接
    }
}
```

图 10.7 形象地表明上述程序执行中的阶段结果。

张一	18	男
王五	19	女
李四	20	女

张一	18	男
王五	19	女
李四	20	女
?	?	?

张一	18	男
王五	19	女
李四	20	女
张三	22	男

(a) 数据库初始状态　　(b) 生成PreparedStatement实例后　　(c) 执行3条设置语句后

图 10.7　PreparedStatement 接口的作用

【代码 10-13】 使用 PreparedStatement 查询数据。所需数据库表结构如图 10.8 所示,数据表的存储内容如图 10.9 所示。

列名	数据类型	允许空
顾客编号	nchar(15)	☑
顾客姓名	varchar(50)	☑
年龄	int	☑
性别	nchar(10)	☑
联系方式	bigint	☑
出生年月	datetime	☑

图 10.8　代码 10-13 所需数据库表结构

	顾客编号	顾客姓名	年龄	性别	联系方式	出生年月
	20080101304	李四	23	男	13299999999	1993-01-01 0:00:00
	20080101101	张三	34	男	13100000000	1983-02-03 0:00:00
	20122516010	娜佳	21	女	13688888888	1994-01-21 0:00:00
*	NULL	NULL	NULL	NULL	NULL	NULL

图 10.9　代码 10-13 所需数据表的存储内容

```
import java.sql.*;

public class Db {
    String dbDriver = "com.microsoft.sqlserver.jdbc.SQLServerDriver";
                                                    // 定义 SQL Server 2005 数据库驱动
    String url = "jdbc:sqlserver://127.0.0.1:1433;databaseName = Goods_DB";
                                                    // 定义 SQL Server 2005 数据源地址
    String userName = "emp";                        // 定义 SQL Server 2005 登录用户名
    String password = "123";                        // 定义 SQL Server 2005 登录连接密码

    Connection con = null;
    static PreparedStatement sql;
    static ResultSet res;
    public Db() { }
    public Connection creatConnection() {
        try {
            Class.forName(dbDriver).newInstance();            // 加载数据库驱动
            System.out.println("数据库加载成功");
        } catch(Exception ex) {
            System.out.println("数据库加载失败");
        }
        try {
            con = DriverManager.getConnection(url, userName, password); // 建立连接
            sql= con.prepareStatement
                ("SELECT * FROM 顾客信息表 WHERE(顾客编号= ?)");        // 预处理 SQL
                sql.setString(1,"20080101101" );                        // 设置第 1 个字段
                res = sql.executeQuery();                               // 查询数据库
                System.out.println("creatConnectiongood!");
                while(res.next()){
                    for(int i = 1; i<= 6;i ++ ){
                        System.out.println(res.getString(i));           // 输出查询内容
                    }
            }
```

```
        }
        catch(SQLException e) {
            System.out.println("creatConnectionError!");
        }
        return con;
    }
    public static void main(String[] args){
        Db c = new Db();
        c.creatConnection();
    }
}
```

输入查询字段正确时的程序执行结果:

```
数据库加载成功
creatConnectiongood!
20080101101
张三
34
男
13100000000
1983-02-03 00:00:000
```

输入查询字段不正确时的程序执行结果:

```
数据库加载成功
creatConnectiongood!
```

10.6.4 Java 日期数据

在 Java 程序中可以使用 3 种类型的日期数据:
- String 类型。
- java.util.Date 类型。
- java.sql.Date 类型。

PreparedStatement 对象使用的日期是 java.sql.Date 类型。因此,当初始的日期数据是一个字符串时,应当将其进行下列变换:

(1) 用 SimpleDateFormat 类将字符串日期转变为 java.util.Date 类型。

(2) 调用 java.util.Date 类的 getTime() 方法,将 java.util.Date 类型日期转换为 java.sql.Date 类型。

【代码 10-14】 将 String 类型日期转换为 java.sql.Date 类型。

```
String birthday = "2014-04-09";
java.util.Date birth = null;
java.sql.Date bir = null;
birth = new SimpleDateFormat("yyyy-MM-dd").parse(birthday);
bir = new java.sql.Date(birth.getTime());
```

10.7 事务处理

10.7.1 事务的概念

在数据库操作中，事务(transaction)指必须作为一个整体进行处理的一组语句，即一个事务中的语句要么一起成功，要么一起失败，如果只成功一部分，则可能造成数据完整性和一致性的破坏。例如银行要从 A 账户转出 1000 元到 B 账户，可以有如下操作过程。

语句 1：将账户 A 金额减去 1000 元。

语句 2：将账户 B 金额增加 1000 元。

假如语句 1 执行成功后语句 2 执行失败，就会导致 1000 元不知去向，数据的一致性被破坏。当然，也可以用另外一种语句序列。

语句 1：将账户 B 金额增加 1000 元。

语句 2：将账户 A 金额减去 1000 元。

这时，若语句或语句 1 执行成功后语句 2 执行失败，则银行将会亏损 1000 元。

因此，上述两个语句应当作为一个事务。总之，事务是 SQL 的单个逻辑工作单元。事务应当作为一个整体执行，如果遇到错误，可以回滚事务，取消事务中的所有改变，以保持数据库的一致性和可恢复性。为此，一个事务逻辑工作单元必须具有如下 4 种属性。

(1) 原子性(atomicity)：即从执行的逻辑上事务不可再分，一旦分开，就不能保证数据库的一致性和可恢复性。

(2) 一致性(consistency)：即事务操作前后数据库中的数据是一致的、有效的，如果事务出现错误，回滚到原始状态，也要维持其有效性。

(3) 隔离性(isolation)：一个事务的执行不能被其他事务干扰。即一个事务内部的操作及使用的数据对并发的其他事务是隔离的，并发执行的各个事务之间不能互相干扰。

(4) 持久性(durability)：一个事务一旦被提交，它对数据库中数据的改变就是永久性的，接下来即使数据库发生故障也不应该对其有任何影响。

10.7.2 Connection 类中有关事务处理的方法

Connection 类中有关事务处理的方法见表 10.10。

表 10.10 Connection 类中有关事务处理的方法

方 法 名	说 明
close()	释放连接 JDBC 资源，在提交或回滚事务之前不可关闭连接
boolean isClose()	判断连接是否被关闭，返回 true 或 false
void setAutoCommit(boolean autoCommit)	参数为 true，设置为自动提交；参数为 false，由 commit()按事务提交
boolean getAutoCommit()	判断数据库是否可以自动提交
void commit()	提交操作并释放当前持有的锁，但需先执行 setAutoCommit(false)
void rollback()	数据库操作回滚，即撤销当前事务所做的任何变化

续表

方 法 名	说 明
void rollback(Savepoint savepoint)	数据库操作回滚到指定的保存点 savepoint
Savepoint setSavepoint()	设置数据库的恢复点
Savepoint setSavepoint(String name)	为数据库恢复点命名
String getCatalog()	获取连接对象的当前目录名

10.7.3 JDBC 事务处理程序的基本结构

JDBC 事务处理程序的基本结构如下:

(1) 用 conn.setAutoCommit(false)取消 Connection 中默认的自动提交。

(2) 一组操作全部成功,用 conn.commit()执行事务提交。

(3) 某步抛异常则一组操作全部不成功,在异常处理中执行 conn.rollback()让事务回滚。

(4) 如果有需要,可以设置事务保存点,使操作失败时回滚到前一个保存点,例如:

```
Savepoint sp = conn.setSavepoint();
```

(5) 在提交或回滚事务之前不可关闭连接。

【代码 10-15】 基于代码 10-11 的修改。修改内容:
(1) 对整体结构进行分解、解耦。
(2) 增加了事务处理的功能。

```java
import java.sql.*;
// 连接数据库的类
class DBConnection {
    public static final String dbDriver = "sun.jdbc.odbc.JdbcOdbcDriver";
    public static final String dbUrl = "jdbc.odbc.dbEmpl";
    public static final String dbUser = "ZhangWangLiZhao";
    public static final String dbPass = "abcdef";

    // 加载驱动需要静态代码块
    static {
        try {
            Class.forName(dbDriver);
        }catch(ClassNotFoundException e) {
            e.printStackTrace();
        }
    }

    // 获得连接对象的方法
    public static Connection getConnection() {
        Connection connection = null;
```

```java
        try {
            connection = DriverManager.getConnection(dbUrl, dbUser, dbPass);
        }catch(SQLException e) {
            e.printStackTrace();
        }
        return connection;
    }
}
// 数据库操作接口
interface IDBExecute {
    public void dbExecute(Connection conn, String sql1, String sql2);
}

// 数据库修改类
class DBUpdate implements IDBExecute {
    public void dbExecute(Connection conn, String sql1, String sql2) {       // 数据库修改方法
        Statement stmt = null;
        try {
            stmt = conn.createStatement();
            stmt.executeUpdate(sql1 + sql2);
        }
        catch(SQLException sqle) {
            System.out.println(sqle);
        }
    }
}

public class JdbcSessionDemo {
    public static void main(String[] args) {
        Connection conn = null;
        IDBExecute dbef = new DBUpdate();

        DBConnection dbconn = new DBConnection();
        conn = DBConnection.getConnection();
        String sql1 = "INSERT INTO employeeInfo(id,name,salary)";
        String sql2 = null;

        try {
            conn.setAutoCommit(false);                                       // 关闭自动提交

            sql2 = "VALUES(201001,'zhang3', 1234.50)";
            dbef.dbExecute(conn,sql1, sql2);

            sql2 = "VALUES(201002, 'li4', 2235.60)";
            dbef.dbExecute(conn, sql1, sql2);

            Savepoint sp = conn.setSavepoint();                              // 设置事务保存点
            sql2 = "VALUES(201003, 'wang5', 3213.70)";
            dbef.dbExecute(conn, sql1, sql2);
```

```
            sql2 = "VALUES(201004, 'chen6', 2233.55)";
            dbef.dbExecute(conn, sql1, sql2);

            conn.commit();                              // 提交事务
            conn.close();
        }catch(SQLException sqle) {
            try {
                conn.rollback();                        // 保存点后操作失败,回滚事务
                conn.commit();
                conn.close();
            }
            catch(SQLException sqlex) {}
            System.out.print("保存点后新增数据事务失败!");
        }
    }
}
```

运行结果如图 10.10 所示。

id	name	salary
1101	张平	2345
1102	李海	3478
1103	王明	5321
201001	zhang3	1234.5
201002	li4	2235.6
201003	wang5	3215.7
NULL	NULL	NULL

图 10.10 代码 10-15 的运行结果

说明：在本例中将数据库操作设计成一个接口 IDBExecute，它的实例类是 DBUpdate。当要进行其他操作，如查询、批处理时，只要简单地添加有关的实例类就可以了，这相当于一种工厂模式。

10.8 DAO 模式

10.8.1 DAO 概述

1. 数据持久性软件体系

数据持久(persistence)化是指采用某种介质将数据"持久"地保存起来，供以后使用。在大多数情况下，特别是在企业级应用中，数据持久化往往意味着将内存中的数据保存到磁盘上加以固化。为了方便地进行数据的保存、处理、管理和查询，绝大多数系统都会采用数据库技术(也可能是文件技术)进行数据的持久化操作，并且会通过各种关系数据库完成。但是，用 Java 中的对象访问数据源中的数据远没有前面介绍的那样简单，还有许多因素会为其添加复杂性。例如：

(1) 数据源不同，如存放于数据库的数据源，存放于 LDAP(轻型目录访问协议)的数据

源；又如存放于本地的数据源，存放于远程服务器上的数据源等。

(2) 存储类型不同，比如关系型数据库(RDBMS)、面向对象数据库(ODBMS)、纯文件、XML 等。

(3) 访问方式不同，比如访问关系型数据库可以用 JDBC、EntityBean、JPA 等来实现，当然也可以采用一些流行的框架，如 Hibernate、IBatis 等。

(4) 供应商不同，比如关系型数据库，流行的有 Oracle、DB2、SQL Server、MySQL 等，它们的供应商是不同的。

(5) 版本不同，比如关系型数据库，不同的版本实现的功能是有差异的，即使是对标准的 SQL 的支持也是有差异的。

在程序设计中，处理这些复杂性的一种方法是分层，使每一层承担不同的职责。如图 10.11(a)所示，最早的客户对于资源的访问是通过一个应用层实现的。这个应用层既要进行逻辑处理，又要进行数据库操作，还要形成用户界面。随着 B/S 模式的发展，应用层中的表现与业务逻辑相分离，形成图 10.11(b)所示的三层开发框架，即表现层(presentation layer,PL)、业务逻辑层(business logic layer,BLL)、数据访问层(data access layer,DAL)。

表现层位于最外层(最上层)，最接近用户，用于显示数据和接收用户输入的数据，为用户提供一种交互式操作的界面。

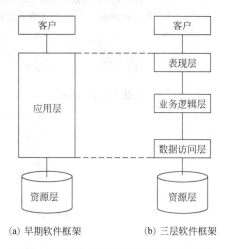

(a) 早期软件框架　　(b) 三层软件框架

图 10.11　4 种数据持久性软件层次结构模型

业务逻辑层也称领域层，主要致力于与某种领域(Domain)有关的逻辑处理，如业务规则制定、业务流程实现、业务需求处理等。由于它一般位于服务器端，所以也称服务层(service)。

数据访问层有时候也称为持久层，主要执行数据的具体操作，可以访问数据库系统、二进制文件、文本文档或 XML 文档。

2. DAO 模式的设计要求

Java 程序中一切皆对象，一切皆来自类。三层结构中每一层都有相应的对象，分别称为表现对象(presentation object,PO)、业务逻辑对象(business logic object,BLO 或 BO)、数据访问对象(data access object,DAO)。在讨论 Java 程序连接数据资源时主要关注 DAO，它包含了前面介绍的关于 JDBC 的全部内容。在实践中，人们已经总结出了一个成熟的、关于 DAO 的结构框架，将其称为 DAO 模式。

DAO 模式主要解决如下问题。

1) 数据存储与业务逻辑分离

DAO 是一个数据访问接口，位于业务逻辑与数据库资源中间，它抽象了数据访问逻辑，实现了数据存储与业务逻辑的分离，使业务层无须关心具体的 CRUD(Create-Retrieve-

Update-Delete,增加-读取-更新-删除)操作。这样,一方面避免了业务代码中混杂 JDBC 调用语句,使得业务落实实现更加清晰;另一方面,由于数据访问接口与数据访问实现的分离,也使得开发人员的专业分工成为可能,使某些精通数据库操作技术的开发人员可以根据接口提供数据库访问的最优化实现,而精通业务的开发人员则可以抛开数据库的烦琐细节,专注于业务逻辑编码。

2) 数据访问与底层实现的分离

DAO 模式将数据访问计划分为抽象层和实现层,从而分离了数据使用和数据访问的底层实现细节。这意味着业务层与数据访问的底层细节无关,也就是说,可以在保持上层机构不变的情况下通过切换底层实现来修改数据访问的具体机制。常见的例子就是可以简单地通过仅仅替换数据访问层实现,轻松地将系统部署在不同的数据库平台之上。

3) 资源管理和调度的分离

在数据库操作中,资源的管理和调度是一个非常值得关注的问题。大多数系统的性能瓶颈往往不是集中在业务逻辑处理之中,而是在系统涉及的各种资源的调度过程中(往往存在着性能黑洞),直接影响数据库操作。DAO 模式将数据访问逻辑从业务逻辑中脱离开来,使得在数据访问层实现统一的资源调度成为可能,通过数据库连接池以及各种缓存机制(Statement Cache、Data Cache 等,缓存的使用是高性能系统实现的一个关键所在)的配合使用,往往可以在保持上层系统不变的情况下大幅度提升系统性能。

10.8.2 DAO 模式的基本结构

DAO 模式也称 DAO 框架,它以 DAO 为核心,包括了 ConnectionManager 类、VO(value object)类、DAO 接口、DAO 实现类以及 DAO 工厂类。

1. ConnectionManager 类

ConnectionManager 类用于管理数据库连接,通常它只有一个方法,调用这个方法将返回一个 Connection 的实例。因此,ConnectionManager 应当封装 Connection 的获取方式。

【代码 10-16】 一个 ConnectionManager 代码示例。

```
package zhang.javabook.unit11..jdbc.dao;

import java.sql.Connection;
import java.sql.DriverManager;
import java.sql.SQLException;

public class ConnectionManager {
    public static Connection getConnection() throws DaoException {
        Connection conn = null;
        try {
            conn = DriverManager.getConnection("", "", "");
        } catch(SQLException e) {
            throw new DaoException("can not get database connection", e);
```

```
        }
        return conn;
    }
}
```

【代码 10-17】 将代码 10-16 改为运用模式的代码示例。

```
package zhang.javabook.unit11..jdbc.dao;

import java.sql.Connection;
import java.sql.DriverManager;
import java.sql.SQLException;

public class ConnectionManager {
    public static Connection getConnection() throws DaoException {
        Connection conn = null;
        try {
            Context ctx = new InitialContext();
            DataSource ds = (DataSource)ctx.lookup("jdbc/dsname");
            conn = ds.getConnection();
        } catch(NamingException e) {
            throw new DaoException("can not find datasource", e);
        }catch(SQLException e) {
            throw new DaoException("can not get database connection", e);
        }
        return conn;
    }
}
```

如果需要预先设定 Connection 的一些属性，可以在上述代码中设定。

【代码 10-18】 预先设定属性的 ConnectionManager 代码示例。

```
package zhang.javabook.unit11..jdbc.dao;

import java.sql.Connection;
import java.sql.DriverManager;
import java.sql.SQLException;

public class ConnectionManager {
    public static Connection getConnection() throws DaoException {
        Connection conn = null;
        try {
            Context ctx = new InitialContext();
            DataSource ds = (DataSource)ctx.lookup("jdbc/dsname");
            conn = ds.getConnection();
            conn.setAutoCommit(false);              // 设置 AutoCommit 属性为 false
        } catch(NamingException e) {
            throw new DaoException("can not find datasource", e);
        }catch(SQLException e) {
            throw new DaoException("can not get database connection", e);
```

```
        }
        return conn;
    }
}
```

说明：Connection 的 AutoCommit 属性的默认设置为 true，即自动提交。由于是自动提交，有时无法控制事务的提交，从而导致"脏"数据被保留。通过设置 AutoCommit 属性为 false 可以让一个事务独占一个连接来实现，从而大大降低事务管理的复杂性。

2. VO 类

如图 10.12 所示，VO（value object，值对象）通常用于业务层之间的数据传递，用来降低不同层之间的耦合性。简单地说，其作用就是减耦。

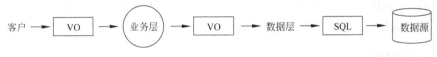

图 10.12　VO 在 DAO 设计模式中的作用

VO 类中的属性与表中的字段相对应，用一个 VO 对象表示数据表中的一条记录，并且这些属性由该类中的 setter 和 getter 方法设置和获取。

注意：VO 只是在 DAO 设计模式中的称呼，类似的类在其他开发环境中还有其他称呼，一般将它们称为简单 Java 类。2005 年以后，简单 Java 类被越来越多的人关注，并被规范为如下开发原则。

- 类名要与表名一致。
- 类中所有的属性必须封装，不允许出现任何的基本类，只能使用包装类。
- 所有的属性都必须是 private 的，并且必须通过 setter 和 getter 方法设置和获取。
- 类中必须提供无参构造器。
- 必须实现 java.io.Serializable 接口。

此外，DAO 模式还对 VO 的名字有严格规定。例如，项目的总包名称若为 com.jpleasure.jdbc，则 VO 的名字必须为 com.jpleasure.jdbc.vo。

3. DAO

DAO 是 DAO 模式的核心，它采用代理模式，由一个 DAO 接口 IEmpDAO、一个 DAO 直接实现类 EmpDAO Impl 和一个代理实现类 IEmpDAOProxy 组成。

IEmpDAO 接口定义操作标准，例如增加、修改、删除、按 ID 查询等，可以随意更换不同的数据库。EmpDAO Impl 类完成具体的数据库操作，但不负责数据库的打开和关闭。IEmpDAOProxy 类主要完成数据库的打开和关闭，并调用直接实现类对象的操作。

4. DAO 工厂类

在没有 DAO 工厂类的情况下，必须通过创建 DAO 实现类的实例才能完成数据库操作。这时就必须知道具体的子类,对于后期的修改非常不便。如后期需要创建一个操作 Oracle 的 DAO 实现类,这时就必须修改所有使用 DAO 实现类的代码。使用 DAO 工厂类可以很好地解决后期修改的问题,可以通过该 DAO 工厂类的一个静态方法来获得 DAO 实现类实例。这时如果需要替换 DAO 实现类,只需修改该 DAO 工厂类中的方法代码,而不必修改所有的操作数据库代码。

10.8.3 DAO 程序举例

下面以职工数据库管理程序为例设计其 DAO。假定
开发平台:MySQL。
数据库名:empDB。
用户表名:empTB。
字段名:empID(职工号)、empName(姓名)、birthday(生日)、sal(工资)。
服务器端程序开发平台:MyEclipse 8.5。

1. VO 类的设计

【代码 10-19】 VO 类代码。

```java
package zhang.javabook.unit11..jdbc.dao;
import java.util.Date;
public class EmpVO {
    private int empID;                    // 职工号
    private String empName;               // 姓名
    private Date birthday;                // 生日
    private float sal;                    // 工资
    public int getEmpID(){
        return empID;
    }
    public void setEmpID(int empID) {
        this.empID = empID;
    }
    public String getEmpName(){
        return empName;
    }
    public void setEmpName(String empName) {
        this.empName = empName;
    }
    public Date getBirthday() {
        return birthday;
    }
    public void setBirthday(Date birthday) {
        this.birthday = birthday;
    }
    public float getSal(){
```

```
        return sal;
    }
    public void setSal(float sal) {
        this.sal = sal;
    }
}
```

2. 数据库连接类 DatebaseConnection 的设计

【代码 10-20】 数据库连接类 DatebaseConnection 的代码。

```
package zhang.javabook.unit11..jdbc.dao;
import java.sql.*;
public class DatebaseConnection {
    private static final String Driver = "com.mysql.jdbc.Driver";
    private static final String URL = "jdbc:mysql: //localhost:3306/ empDB";
    private static final String USER = "root";
    private static final String PWD = "12345678";
    private Connection conn = null;

    public DatebaseConnection() throws Exception {        // 在构造器中进行数据库连接
        try{
            Class.forName(Driver);                         // 加载驱动类
            this.conn = DriverManager.getConnection(URL, USER, PWD);
        }catch(Exception e) {
            throw e;                                       // 直接抛出异常
        }
    }

    public Connection getConnection() {
        return this.conn;                                  // 取得数据库的连接
    }

    public void close()throws Exception {                  // 数据库关闭
        if(this.conn!= null){                              // 避免 NullPointerException
            try{
                this.conn.close();                         // 数据库关闭
            }catch(Exception e) {
                throw e;
            }
        }
    }
}
```

3. IEmpDAO 接口的设计

【代码 10-21】 IEmpDAO 接口的代码。

```java
package zhang.javabook.unit11..jdbc.dao;
import java.util.List;
import edu.zhang.demo11.mydao.EmpVO;
public interface IEmpDAO {
    /**
     * 数据库增加操作,一般以 doXxx 方式命名
     * @param emp 要增加的数据对象
     * @return 是否增加成功的标签
     * @throws Exception 有异常交上层处理
     */
    public boolean doCreate(EmpVO empVO) throws Exception;

    /**
     * 查询全部的数据,一般以 findXxx 的方式命名
     * @param keyWord 查询关键字
     * @return 返回全部查询结果,每个 EmpVO 对象为表的一行记录
     * @throws Exception 有异常交上层处理
     */
    public List<EmpVO> findAll(String keyWord) throws Exception;

    /**
     * 根据用户编号查询用户信息
     * @param empId 用户编号
     * @return 用户 vo 对象
     * @throws Exception 有异常交上层处理
     */
    public EmpVO findByID(int empID) throws Exception;
}
```

说明:

(1) 在 IEmpDAO 中定义了 doCreate()、findAll()、findByID() 3 个抽象方法。

doCreate()用于执行数据插入操作,在执行插入操作时要传入一个 EmpVO 对象,该对象中保存着增加的所有用户信息。

findAll()方法用于执行数据查询操作,由于可能返回多条查询结果,所以使用 List(表的接口,表用于组织有序的并且允许有相同的元素)返回。

findById()方法根据职工号返回一个 EmpVO 对象,该对象中包含一条完整的数据信息。

(2) findAll()的返回类型为 List<EmpVO>,它说明 findAll()的返回类型是一个表,而该表的元素为 EmpVO 类型或 EmpVO 子类型。

(3) 上述代码的文档注释中使用了一些 Javadoc 注释标签,它们的具体含义请参见第 12.1 节。

4. IEmpDAO 的实现类设计

IEmpDAO 的实现类有两种,一种是直接实现类,另一种是代理操作类。

【代码 10-22】 IEmpDAO 接口的直接实现类主要负责具体的数据库操作。在操作时,为了性能及安全,将使用 PreparedStatement 接口完成。

```java
package zhang.javabook.unit11..jdbc.dao;
import java.sql.*;
import java.util.*;
import edu.zhang.demo11.mydao.EmpVO;
import edu.zhang.demo11.mydao.IEmpDAO;
public  class EmpDAOImpl implements IEmpDAO {
    private Connection conn = null;                     // 数据库连接对象
    private PreparedStatement pStmt = null;             // 数据库操作对象

    public EmpDAOImpl(Connection conn) {                // 通过构造器取得数据库连接
        this.conn = conn;                               // 取得数据库连接
    }

    @Override
    public boolean doCreate(EmpVO empVO) throws Exception{
        boolean flag = false;                           // 定义标志位
        String sql = "INSERT INTO emp(empID, empName,birthday, sal)VALUES(?, ?, ?, ?, ?)";
        this.pStmt = this.conn.prepareStatement(sql);   // 实例化 PrepareStatement 对象
        this.pStmt.setInt(1, empVO.getEmpID());         // 设置 empID
        this.pStmt.setString(2, empVO.getEmpName());    // 设置 empName
        this.pStmt.setDate(4,new java.sql.Date(empvo.getBirthday().getTime()));
        this.pStmt.setFloat(5, empVO.getSal());
        if(this.pStmt.executeUpdate()> 0) {             // 更新记录的行数大于 0
            flag = true;                                // 修改标志位
        }
        this.pStmt.close();                             // 关闭 PreparedStatement 操作
        return flag;
    }

    @Override
    public List<EmpVO>findAll(String keyWord) throws Exception {
        List<EmpVO>all = new ArrayList<EmpVO>();        // 定义集合,接受全部数据
        EmpVO empVO = null;
        String sql = "SELECT empID, empName,birthday,
                sal FROM empVO WHERE empName like? or sal like?";
        this.pStmt = this.conn.prepareStatement(sql);   // 实例化 PreparedStatement
        this.pStmt.setString(1, "%"+ keyWord+ "%");     // 设置查询关键字
        this.pStmt.setString(2, "%"+ keyWord+ "%");
        ResultSet rs = this.pStmt.executeQuery();       // 执行查询操作
        while(rs.next()) {
            empVO = new EmpVO();                        // 实例化 EmpVO 对象
            empVO.setEmpId(rs.getInt(1));               // 设置 empID 属性
            empVO.setEmpName(rs.getString(2));
            empVO.setBirthday(rs.getDate(3));
            empVO.setSal(rs.getFloat(4));
            all.add(empVO);                             // 向集合中增加对象
        }
        this.pStmt.close();
        return all;                                     // 返回全部结果
```

```java
    }
    @Override
    public Emp findByID(int empID) throws Exception {
        EmpVO empVO = null;
        String sql = "SELECT empID, empName, birthday, sal FROM empVO WHERE empId = ?";
        thisthis.pStmt = this.conn.prepareStatement(sql);
        this.pStmt.setInt(1, empID);                          // 设置职工号
        ResultSet rs = this.pStmt.executeQuery();
        if(rs.next()) {
            empvVO= new EmpVO();
            empVO.setEmpID(rs.getInt(1));
            empVO.setEmpName(rs.getString(2));
            empVO.setBirthday(rs.getDate(3));
            empVO.setSal(rs.getFloat(4));
        }
        this.pStmt.close();
        return empVO;                                         // 查询不到结果则返回默认值 null
    }
}
```

说明：在 IEmpDAO 的实现类中生成了 Connection 和 PreparedStatement 两个接口的对象，并在构造器中接收从外部传递过来的 Connection 的实例化对象。

（1）在进行数据的添加操作时，首先要实例化 PreparedStatement 接口，然后将 EmpVO 对象中的内容依次设置到 PreparedStatement 操作中，如果最后更新的记录大于 0，则表示插入成功，将标志位修改为 true。

（2）在查询全部数据时，首先实例化了 List 接口的对象；在定义 SQL 语句时，将用户姓名和职位定义成了模糊查询的字段，然后分别将查询关键字设置到 PreparedStatement 对象中，由于查询出来的是多条记录，所以每一条记录都重新实例化了一个 EmpVO 对象，同时会将内容设置到每个 EmpVO 对象中，并将这些对象全部加到 List 集合中。

（3）在按编号查询时，如果此编号的用户存在，则实例化 EmpVO 对象，并将内容取出赋予 EmpVO 对象中的属性，如果没有查询到相应的用户，则返回 null。

【代码 10-23】 IEmpDAO 接口的代理实现类 IEmpDAOProxy 负责数据库的打开和关闭操作。

```java
package zhang.javabook.unit11..jdbc.dao;
import java.util.*;
import edu.zhang.demo11.mydao.IEmpDAO;
import edu.zhang.demo11.mydao..EmpVO;
import edu.zhang.demo11.mydao.DatebaseConnection;
import edu.zhang.demo11.mydao..EmpDAOImpl;

public class IEmpDAOProxy implements IEmpDAO {
    private DatebaseConnection dbConn = null;         // 声明定义数据库连接引用
    private IEmpDAO empDAO = null;                    // 声明 IEmpDAO 引用
```

```java
    public IEmpDAOProxy() throws Exception {                // 构造器中的实例化连接和 empDAO
        this.dbConn = new DatebaseConnection();             // 实例化连接
        this.empDAO = new EmpDAOImpl(this.dbConn.getConnection());   // 实例化 IEmpDAO 引用
    }
    @Override
    public boolean doCreate(EmpVO empVO) throws Exception {
        boolean flag = false;                               // 定义标志位
        try {
            if(this.empDAO.findByID(empVO.getEmpID()) == null) {
                                                            // 如果要插入的用户编号不存在
                flag = this.empDAO.doCreate(empDAO);        // 调用真实主体操作
            }
        } catch(Exception e) {
            throw e;
        } finally {
            this.dbConn.close();
        }
        return flag;
    }

    @Override
    public List<EmpVO> findAll(String keyWord) throws Exception {
        List<EmpVO> all = null;                             // 定义返回的集合
        try {
            all = this.empDAO.findAll(keyWord);             // 调用真实主体
        } catch(Exception e) {
            throw e;
        } finally {
            this.dbConn.close();
        }
        return all;
    }

    @Override
    public EmpVO findByID(int id) throws Exception{
        EmpVO empVO = null;
        try {
            empVO = this.empDao.findByID(id);
        } catch(Exception e) {
            throw e;
        } finally {
            this.dbConn.close();
        }
        return empVO;
    }
}
```

说明：在代理实现类的构造器中实例化了数据库连接类的对象以及 EmpVO 的直接实现类，并且代理实现类的各个方法也调用了直接实现类中的相应方法。

5. DAOFactory 的设计

【代码 10-24】 工厂类 DAOFactory 将 DAO 对象的生成与对象的使用相分离。

```
package javaBean01;
import javaBean01.IEmpDAOProxy;
import javaBean01.IEmpDAO;
public class DAOFactory {
    public static IEmpDAO getIEmpDAOInstance()throws Exception {    // 取得 DAO 接口实例
        return new IEmpDAOProxy();                                   // 取得代理类的实现类
    }
}
```

6. 客户器端程序设计及运行结果

【代码 10-25】 客户端程序。

```
package zhang.javabook.unit11..jdbc.dao;

import java.util.*;
public class Client {
    static EmpVO empVO = null;
    public static void main(String ages[]){
        System.out.print("请输入要查询的 ID: ");

        Scanner ID = new Scanner(System.in);
        int a = ID.nextInt();
        try {
            empVO = DAOFactory.getIEmpDAOInstance().findByID(a);
            System.out.print("ID: "+ empVO.getEmpID()+ "; 姓名: "+ empVO.getEmpName()
                    + "; 生日: "+ empVO.getBirthday()+ "; 工资: "+ empVO.getSal());
        } catch(Exception e) {
            System.out.print("无此编号");
        }
    }
}
```

一次运行结果：

```
请输入要查询的 ID: 1001 ↵
ID: 1001; 姓名: 张三 ; 生日: 1993-01-01; 工资:5000.5
```

习 题 10

概念辨析

1. 从备选答案中选择下列各题的答案,如有可能,设计一个程序验证自己的判断。

(1) 在下列 SQL 语句中,可以用 executeQuery()方法发送到数据库的是(　　)。
　　A. UPDATE　　　　B. DELETE　　　　C. SELECT　　　　D. INSERT
(2) Statement 接口的作用是(　　)。
　　A. 负责发送 SQL 语句,如果有返回结果,则将其保存到 ResultSet 对象中
　　B. 用于执行 SQL 语句
　　C. 产生一个 ResultSet 结果集
　　D. 以上都不对
(3) JDBC 用于向数据库发送 SQL 的类是(　　)。
　　A. DriverManager　　B. Statement　　　C. Connection　　　D. ResultSet
(4) 下面的描述错误的是(　　)。
　　A. Statement 的 executeQuery()方法会返回一个结果集
　　B. Statement 的 executeUpdate()方法会返回是否更新成功的 boolean 值
　　C. 使用 ResultSet 中的 getString()可以获得一个对应数据库中 char 类型的值
　　D. ResultSet 中的 next()方法会使结果集中的下一行成为当前行
2. 判断下列叙述是否正确,并简要说明理由。
(1) 一个 Java 程序要想获得 Internet 中的某资源,必须先将该资源的地址用 URL 对象表示出来。(　　)
(2) DriveManager 类是 JDBC 的管理层,可以提供管理 JDBC 驱动程序所需的基本服务。(　　)

开发实践

1. 给出一个通过配置文件连接数据库的实例。
2. 编写一个具有英—汉、汉—英双向查询功能的《Java 关键字英汉字典》。
3. 设计一个用 Java 程序访问的学生成绩管理系统。
4. 进一步完善多人聊天程序,使之可以存储 5 次聊天内容。

思考探索

1. 一个应用程序使用 JDBC 对多个数据库进行访问,如何才能提高访问效率?试用实例说明。
2. 调查 JDBC 有什么新版本,它有什么特点。

第 11 单元 JavaBean

11.1 JavaBean 概述

11.1.1 软件组件与 JavaBean

自 20 世纪 60 年代末起，软件界连续经历了两次软件危机冲击。在历难中，软件工程逐渐成熟，结构化程序开发、面向对象软件开发、软件组件式开发的思想先后提出并得以实现化。软件组件的基本思想是要像用零件组装机器一样用组件来组装软件，以实现工厂化的软件生产，提高软件的可靠性和生产效率。

当然，要将整个程序都做成用标准件组装还难以做到，因为每个程序都有自己的特殊性。不过这些特殊性并不排除程序总有一些要重复使用的段落、共同使用的段落，就像不同的机器中，总有像螺丝那样共同使用的零件。JavaBean 就是为这种目的而设计的一些类，并且每个 JavaBean 都有特定的用处。把程序中需要多次使用的块设计成一些 Beans，不仅可以用在自己的程序中，还可以供其他程序使用。同样，在进行程序设计时也可以用其他人或在其他程序设计时设计的 Beans。这样，大大简化了程序的设计过程，也提高了程序的可靠性。

像机器零件一样，软件组件式开发的关键是规范。没有规范，零件无法组装到机器中。同样，没有规范，软件组件也无法组装成一个软件。JavaBean 就是一种规范，是一种在 Java 中可以重复使用的 Java 组件的技术规范，也是一种基于 Java 的可移植性和与平台无关的组件模型。任何遵从这套规范的 Java 类都可以是 JavaBean。

从外部看，JavaBean 可以分为可视化和非可视化两种。作为可视化组件，JavaBean 已经很好地应用在应用程序的 GUI 中；作为非可视化 JavaBean，也用在封装业务逻辑、数据库操作等模型开发方面。例如，JDBC 程序中用于连接数据库的类就是一种封装业务逻辑的数据库操作 JavaBean。

总之，JavaBean 具有如下优点：

（1）可以使用开发工具控制 JavaBean 的属性、事件和方法。

（2）JavaBean 可以在任何支持 Java 的平台上运行而不需要重新编译，即做到"一次编译，到处运行"。

（3）JavaBean 配置保存在永久存储区，在使用时激活即可。

（4）JavaBean 可以在内部或网上传输。

豆子虽小，一颗颗拼起来却是一道美味的菜肴；JavaBean 虽然简单，但可以组装在功能强大的软件之中。因此，在进行各种应用开发时不要忘了请这些"小老弟"帮忙（英语 Bean 的本意是豆子，俚语中也做"小老弟"用）。

11.1.2 JavaBean 结构

【代码 11-1】 画一个点的 JavaBean。

```java
package zhang.JavaBean;
import java.beans.PropertyChangeListener;
public class DrawPoint {
    // 定义属性
    private int x;                          // 横坐标
    private int y;                          // 竖坐标
    private boolean visible;                // 可见性

    // 定义构造器
    public DrawPoint() {                    //构造方法
        this.x = 0;
        this.y = 0;
        visible = true;
    }

    // 定义设置器
    public void setX(int x) {
        this.x = x;
    }
    public void setY(int y) {
        this.y = y;
    }
    public void setVisible(boolean visible) {
        this.visible = visible;
    }

    // 定义获取器
    public int getX() {
        return this.x;
    }
    public int getY() {
        return this.y;
    }
    public boolean getVisible() {
        return this.visible;
    }
    public boolean isVisible() {
        return this.visible;
    }

    // 定义一般方法
    public void drawPoint(int x,int y) {
        // …
    }
```

```
// 事件监听器的注册与注销
public void addPropertyChangeListener(PropertyChangeListener lis)
{ }
public void removePropertyChangeListener(PropertyChangeListener lis)
{ }
}
```

这个例子表明 JavaBean 主要包括属性、方法和事件。

1. 属性

1) JavaBean 属性分类

JavaBean 的属性(properties)用于描述 JavaBean 对象的状态。通常是私密成员外部不能直接访问,需要通过自身的方法访问。JavaBean 属性分为下面 4 类。

(1) 单值(simple)属性：这是只有一个单一值的属性。

(2) 索引(indexed)属性：这是指数组类型的属性。

(3) 绑定(bound)属性：这类属性表示组件之间的关联,当其值发生变化时要通知其他相关对象。为此绑定属性要注册外部监听器,一旦绑定属性的值发生改变就会通知监听器。

(4) 约束(constrained)属性：这类属性与绑定属性类似,当其值发生变化时也会发出通知。但与绑定属性不同的是,注册为约束属性监听器的外部对象要检查这个属性变化的合理性,并有权拒绝其变化。

2) JavaBean 属性规范

JavaBean 的属性要比普通对象的属性在概念上有所扩展和规范。例如：

(1) 每个属性都应当遵照简洁的命名规则,并可以通过适当的 JavaBean 方法进行操作,如得到构造器、设置器和获取器的支持,形成规范的 API,方便用户不必了解内部结构即可使用。

(2) 每个属性本身都是事件源,其值发生变化可以触发事件。

2. 事件

事件(event)处理涉及事件源、事件状态、监听器、适配器等对象。

(1) 事件：一个 JavaBean 对象的属性发生变化就是一个事件。

(2) 事件源：引发一个事件的原因就是事件源。事件源通过注册事件监听者(event listener)来接收并处理事件。一个对象源也可以作为一种特殊的 JavaBean。事件源的职责是提供注册监听器的方法;产生一个事件;把事件发送到所有注册过的监听器。

(3) 监听器与适配器：监听器接收事件通知,其职责为向事件源注册;实现接口,接受该类型的事件;不再要求事件通知时取消事件注册。在一些应用中,事件源到监听者之间的信息传递要通过适配器转发。

(4) 与事件发生有关的状态信息一般都封装在事件状态对象(event state object)中,这种对象是 java.util.EventObject 的子类。

3. 方法

JavaBean 的功能主要体现在属性和事件上,而不是人工调用和各个方法上。或者说,方法要为属性和事件服务,而不是数据提供给方法操作,这是与普通对象的一个重要的不同。因此,JavaBean 的方法除了构造器(构造方法)和一般方法外,主要有如表 11.1 所示的与属性和事件相关的 4 类。

表 11.1 JavaBean 方法的类型

名 称	方 法 原 型	所针对的属性			
		简单	索引	绑定	约束
设置器	public void setXxx(属性类型 value);	√			
	public void set Xxx(属性类型 values[ ]);		√		
	public void setXxx(int index,属性类型 value);		√		
获取器	public 属性类型 getXxx();	√			
	public 属性类型[ ] getXxx();		√		
	public 属性类型 getXxx(int index);		√		
监听器注册	public void addPropertyChangeListener(PropertyChangeListener value lis);			√	
取消注册	public void removePropertyChangeListener(PropertyChangeListener value lis);			√	

11.1.3 JavaBean 规范

与程序员相关的 JavaBean 规范主要有两个方面。

1. JavaBean 编写规范

(1) 必须定义成 public class 类。
(2) 不含有 public 属性。
(3) 每个属性的持有值必须通过设置器或获取器访问。
(4) 必须有一个无参构造方法。

2. JavaBean 命名规范

在 Java 程序命名的基础上进一步要求以下内容。
(1) 属性名:第 1 个字母小写,以后每个单词的首字母大写。
(2) 方法名:与属性的命名方法相同。此外,对于属性 Xxx,其设置器的名字应为 setXxx(),其获取器的名字应为 getXxx()。对于 boolean 类型的单值属性,可以采用 isXxx() 格式的方法访问。
(3) 常量名:全部字母大写。

11.2 开发 JavaBean

11.2.1 JavaBean API

java.beans 包中包括了一组用于组件属性描述和接口信息描述的类,有一些在一般情况下很少用到。表 11.2 和表 11.3 仅列出了其中一些主要的接口和类。

表 11.2 主要接口摘要

接 口 名 称	说 明
DesignMode	此接口由 java.beans.beancontext.BeanContext 实例实现或委托,以便将当前 designTime 属性传播到 java.beans.beancontext.BeanContextChild 实例的嵌套层
ExceptionListener	ExceptionListener 是在发生内部异常时获得通知
PropertyChangeListener	任何绑定属性的更改都会激发一个 PropertyChange 事件,故所有绑定属性监听器都必须实现该接口
PropertyEditor	实现该接口的类可为用户编辑某个给定类型属性值的 GUI 提供支持
VetoableChangeListener	约束属性的任何更改都将激发一个 VetoableChange 事件,抛出 PropertyVetoException,故所有可否决属性变化的监听器都应实现该接口

表 11.3 主要类摘要

类 名 称	说 明
BeanDescriptor	BeanDescriptor 提供有关 Bean 的全局信息,包括其 Java 类、其 displayName 等
Beans	此类提供一些通用的 Bean 控制方法
EventSetDescriptor	描述给定 JavaBean 激发的一组事件的 EventSetDescriptor
IndexedPropertyChangeEvent	无论何时遵守 JavaBeans 规范的组件更改绑定、索引属性都会提交一个 IndexedPropertyChange 事件
IndexedPropertyDescriptor	IndexedPropertyDescriptor 描述了类似数组行为的属性,且有一种访问数组特定元素的索引读和索引写方法
MethodDescriptor	该类描述了一种特殊方法,以支持从其他组件对 Bean 进行外部访问
PropertyChangeEvent	无论 Bean 何时更改绑定或约束属性,都会提交一个 PropertyChange 事件
PropertyChangeListenerProxy	该类适用于添加指定的 PropertyChangeListener
PropertyChangeSupport	这是一个实用工具类,支持绑定属性的 Bean 可以使用该类
PropertyDescriptor	PropertyDescriptor 描述 JavaBean 通过一对存储器方法导出的一个属性
PropertyEditorManager	PropertyEditorManager 可用于查找任何给定类型名称的属性编辑器
PropertyEditorSupport	这是一个帮助构建属性编辑器的支持类
SimpleBeanInfo	这是一个使得用户提供 BeanInfo 类更容易的支持类
VetoableChangeListenerProxy	扩展 EventListenerProxy 的类,特别适用于将 VetoableChangeListener 与约束属性相关联
VetoableChangeSupport	这是一个实用工具类,支持约束属性的 Bean 可以使用此类

11.2.2 JavaBean 开发工具

1. Eclipse 平台上的 JavaBean 开发

在 Eclipse 中编写 JavaBean 的方法与编写一般 Java 类基本相同:
(1) 先给出一个类名。
(2) 写好类的私密属性。

(3)在代码区中右击,在弹出的快捷菜单中选择"源代码|生成 getters 和 setters"命令,快速生成各成员的公开设置器和获取器。

2. Borland 公司的 JBuilder

使用 JBuilder,开发者可以使用任何包括在这个产品中的或是从第三方供应商购买的 JavaBean 组件迅速地开发出应用程序,也可以使用 JBuilder 的可视化设计工具和 Wizard 创建自己的可复用的 JavaBean 组件。JBuilder 含有功能强大的 JavaBean 数据库组件,它可以满足创建与数据库有关的应用程序的需求。另外,JBuilder 提供了 Java 优化工具集为专业 Java 开发者提供了综合的、高性能的开发解决方案。JBuilder 的基于组件开发环境的几个主要子系统包括组件设计器和双向工具引擎,它们都是使用 JavaBean 内置于 Java 中的。

关于 JBuilder 的更多信息,读者可以访问 Borland 公司的 Web 站点"http://www.borland.com/jbuilder"。

3. IBM 公司的 Visual Age for Java

IBM 的 Visual Age for Java 的发布使得客户端/服务器系统的 Internet 应用程序的实现成为现实。这个工具将 Java 的快速开发环境与可视化编程结合在一起。Visual Age for Java 是一个创建可与 Java 兼容的应用程序、Applet 和 JavaBean 组件的编程环境,它使得开发者可以将注意力集中在应用程序的逻辑设计上。Visual Age for Java 可以帮助开发者实现许多应用程序中经常需要的任务,如通信代码、在企业级上进行 Web 连接以及用户接口代码的创建。

关于 Visual Age for Java 的更详细的信息,读者可以查看 Web 站点"http://www.software.ibm.com/ad/vajava"。

4. SunSoft 公司的 Java Studio

Java Studio 是一个可视化组装工具,一个"所见即所得"的 HTML 创作工具和一个完全使用 Java 编写的可重复使用的组件开发工具。Java Studio 使用的 JavaBean 技术包含了一个丰富而强壮的商业组件集合,包括图表、曲线以及窗体和电子表格等支持的数据库访问和操作。此外,还包括用于创建网络软件的辅助组件。辅助组件包括电子表格、白板和聊天组件。

Java Studio 的 Web 网址为"http://www.sun.com/studio/"。

5. 在 BDK 平台上的 JavaBean 开发

BDK(Beans Development Kit)是 Sun 公司发布的 Beans 开发工具箱,其下载网址为"http://Java.sun.com/products/JavaBeans/software/"。它与 JDK 配合使用,可以生成使用 Bean 事件模型的 Beans。BDK 的使用依赖于 JDK。在 JDK 和 BDK 安装完成后还需要设置环境变量。其路径设置如下:

```
SET PATH = C:\JDK1.2\BIN\;:BDK1.1\JAVABEANBOX
SET CLASSPATH = C:\JDK1.2\LIB
```

上述配置完成后要重新启动计算机才可生效。

6. 用 BeanBox 测试 JavaBean

BeanBox 是 BDK 中自带的一个用于测试 Beans 的工具,可以用它可视地管理 Bean 的属性和事件。注意,BeanBox 只是一个测试工具,并不是一个建立 Bean 的工具。

习 题 11

概念辨析

从备选答案中选择下列各题的答案,如有可能,设计一个程序验证自己的判断。

(1) 在下列关于 JavaBean 的描述中正确的是(　　)。
  A. JavaBean 是一个 Java 类的名字　　B. JavaBean 是一种产品
  C. JavaBean 是一种技术规范　　D. JavaBean 是一种 Java 组件的名称

(2) 编写一个 JavaBean 必须满足的条件是(　　)。
  A. 必须放在一个包中　　B. 必须生成 public class 类
  C. 必须有一个无参构造方法　　D. 所有属性必须封装
  E. 必须通过存取方法访问　　F. 也可以有一个有参构造方法

(3) JavaBean 的命名规范包括(　　)。
  A. 全部字母小写　　B. 每个单词的首字母大写
  C. 全部字母大写　　D. 第 1 个单词的首字母小写,其余单词的首字母大写

代码分析

指出下面代码中的错误。

```
package jsp.examples.myJavaBean;
import java.JavaBeans.*;
public class Hello {
    String myStr;
    public Boolean myBool;
    public hello() {
        myStr = "Hello JavaBean!";
        myBool = true;
    }
    private String getMyStr() {return this.myStr;}
    public void setMyStr(String str) {this.myStr = str;}
    public void setMyBoolStr(Boolean bool) {this.myBoolean = bool;}
    public void isMyBoolStr() {return this.myBoolean;}
}
```

开发实践

1. 设计一个能提供累加和累乘方法的 JavaBean。
2. 设计一个能实现打开文件、保存文件和编辑文件的 JavaBean。
3. 模拟一个计算器。要求：
(1) 采用图形界面。
(2) 用 JavaBean 进行计算。
4. 设计一个用于实现数据库连接并包含异常处理的 JavaBean。
5. 设计一个用于实现数据库表操作的 JavaBean。

思考探索

在自己的计算机上安装一个 JavaBean 开发工具包,记录安装及使用过程。

第 12 单元　程序文档化、程序配置与程序发布

12.1　Javadoc

12.1.1　Javadoc 及其结构

Javadoc 是 Sun 公司提供的一个技术,称为文档化注释(documentation comments)或文档注释(doc comments),是一种对接口、类、方法、构造器和属性(域)进行简洁描述的参考文档。

从形式上看,文档注释由 3 个字符"/**"开始,用两个字符"*/"结束,中间是一些用字符"*"作为前导的注释行。

从位置上看,文档注释后面紧接着其所描述的接口、类、方法、构造器或域的声明(定义)。

从内容上看,文档注释由 3 个部分组成,即简述、详述、特殊描述。

【代码 12-1】　方法 fun()的文档型注释。

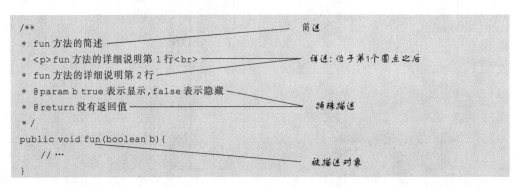

说明:为了生成 HTML 文档或便于与其他文档交叉引用,可以在文档注释中嵌入除头标签(<h1>、<h2>等)之外的所有标准的 HTML 标签。

12.1.2　Javadoc 标签

在文档注释中用一组标签作为特殊内容描述的标签(tag),这些标签均以字符@引出。

1. Javadoc 标签及其基本用处

表 12.1 所示为几种主要 Javadoc 标签的基本用处。

表 12.1 Javadoc 主要标签及其用处

标签	注释元素			注释内容
	类	方法	属性	
@author	√			标明该类模块的开发作者
@version	√			标明该类模块的版本
@see	√	√	√	参考转向——相关主题
@param		√		对方法中的某参数进行说明
@return		√		对方法的返回值进行说明
@exception		√		对方法可能抛出的异常进行说明
@link				转换 URL

2. Javadoc 标签的应用方法

(1) @param 格式如下：

```
@param 参数名称 参数描述
```

在描述中第一个名字为该变量的数据类型，在用英文表示数据类型的名词前面可以有一个冠词 a、an 或 the。int 类型的参数则不需要注明数据类型。

【代码 12-2】 @param 标签用法示例。

```
…
* @param ch the char 用来…
* @param _image the image 用来…
* @param _num 一个数字…
…
```

如果参数的描述是一个句子，最好不要首字母大写，如果出现了句号则说明描述不止一句话。如果非要首字母大写，必须用句号(.)来结束句子。

(2) 在使用 @return 标签时应注意：

- 返回为空(void)的构造器或者函数 @return 可以省略。
- 如果返回值就是输入参数，必须用与输入参数的 @param 相同的描述信息。
- 必要时应注明特殊条件写的返回值。

(3) @throws 标签(以前使用的是 @exception)：描述内容必须在函数的 throws 部分定义。

(4) @link 标签的语法：{@link package.class#member label}。其中 label 为链接文字。package.class#member 将被自动转换成指向 package.class 的 member 文件的 URL。

【代码 12-3】 @link 标签用法示例。

```
* <p>This method always replaces malformed-input and unmappable-character
* sequences with this charset's default replacement byte array. The
* {@link java.nio.charset.CharsetEncoder} class should be used when more
* control over the encoding process is required.
*
```

效果如下：

```
This method always replaces malformed-input and unmappable-character sequences with this
charset's default replacement byte array. The java.nio.charset.CharsetEncoder class
should be used when more control over the encoding process is required.
```

12.1.3 Javadoc 应用规范

1. 源文件注释

源文件注释采用"/** …… */"，在每个源文件的头部都要有必要的注释信息，包括文件名、文件编号、版本号、创建人、日期、文件描述（包括本文件的历史修改记录）等。

【代码 12-4】 源文件中文注释模板。

```
/**
* 文 件 名：
* CopyRight(c) 2008-xxxx:
* 文件编号：
* 创 建 人：
* 日  期：
* 修 改 人：
* 日  期：
* 描  述：
* 版 本 号：
*/
```

2. 类（模块）注释

类（模块）注释采用"/**…*/"，在每个类（模块）的头部都要有必要的注释信息，包括工程名、类（模块）编号、命名空间、类可以运行的 JDK 版本、版本号、作者名、创建日期、类（模块）功能描述（如功能、主要算法、内部各部分之间的关系、该类与其类的关系等，必要时还要有一些特别的软/硬件要求等说明）、主要方法或过程清单及本类（模块）历史修改记录等。

【代码 12-5】 类的英文注释示例。

```
/**
* A class representing a window on the screen.
* For example:
*
* Window win = new Window(parent);
```

```
* win.show();
*
*
* @author XXXXX
* @version %I%, %G%
* @see java.awt.*
* @see javax.swing.*
* @see java.awt.event
*/
class Window extends BaseWindow {
...
}
```

3. 接口注释

接口注释应该包含描述接口的目的、它应如何被使用以及如何不被使用,块标记部分必须注明作者和版本。在接口注释清楚的前提下对应的实现类可以不加注释。

4. 构造器注释

构造器注释采用"/**……*/",描述部分注明构造器的作用,不一定有块标记部分。

【代码 12-6】 构造器注释示例。

```
/**
* Description: 带参数构造器,
* 初始化模式名、名称和数据源类型
* @param schema:   模式名
* @param name:    名称
* @param type:    数据源类型
*/
```

5. 方法注释

方法注释包括方法或过程名称、功能描述、参数含义、输入/输出及返回值说明、调用关系及被调用关系、创建时间等。

【代码 12-7】 方法注释示例。

```
/**
* FunName: getFirstInitial
* Description: 获取汉字拼音首字母的字符串,被生成的方法调用
* @param: str the String 是包含汉字的字符串
* @return String: 汉字返回拼音首字母字符串;英文字母返回对应的大写字母;
* 其他非简体汉字返回'0'
* @Author: 作者姓名
* @Create Date: 日期
*/
```

6. 域注释

域注释可以出现在注释文档里面,也可以不出现在注释文档里面。用/**……*/的域注释将会被认为是注释文档出现在最终生成的 HTML 报告里面,而使用/*……*/的注释会被忽略。

【代码 12-8】 域注释示例。

```
/**
 * The X-coordinate of the component.
 *
 * @see #getLocation()
 */
int x = 1263732;
```

12.1.4 Javadoc 命令

使用 Javadoc 命令从程序源代码中抽取类、方法、成员等注释,形成一个和源代码配套的 API 帮助文档。即只要在编写程序时以一套特定的标签做注释,在程序编写完成后,通过 Javadoc 就可以同时形成程序的开发文档了。

1. Javadoc 格式

```
javadoc -d 文档存放目录 -author -version 源文件名.java
```

这条命令编译一个名为"源文件名.Java"的 Java 源文件,并将生成的文档存放在"文档存放目录"指定的目录下,在生成的文档中 index.html 就是文档的首页。

2. Javadoc 命令选项

- -public:仅显示 public 类和成员。
- -protected:显示 protected/public 类和成员(默认)。
- -package:显示 package/protected/public 类和成员。
- -private:显示所有类和成员。
- -d<directory>:输出文件的目标目录。
- -version:包含@version 段。
- -author:包含@author 段。
- -splitindex:将索引分为每个字母对应一个文件。
- -windowtitle<text>:文档的浏览器窗口标题。
- -encoding:设置处理编码,与 Java 类文件编码一致。
- -charset:设置生成 HTML 文档的打开方式,应该与 encoding 保持一致。

12.2 自定义 Annotation

使用自定义的带有属性的 Annotation 大致需要如下 3 步。
① 定义标注类：定义一个 Annotation。
② 使用标注类：向 Annotation 中注入数据。
③ 解析标注类：通过反射提取 Annotation 中的数据。

12.2.1 Annotation 的基本定义格式

Annotation 是一些类，这些类都是接口 java.lang.annotation.Annotation 的实现类。Annotation 的定义格式如下：

```
import java.lang.annotation.Annotation.*
元标注
@interface 标注名{
    [修饰符] 数据类型 属性名称() [default 默认值];
}
```

说明：

(1) 用 @interface 声明标注，使其实例都是接口 java.lang.annotation.Annotation 的子类。

(2) 一个 Annotation 可以包含多个属性（成员变量），也可以不包含任何属性。如前面介绍的 Override 就是一个没有属性的标注。

(3) Annotation 的属性只能是下面的数据类型。

- String 类型。
- Class 类型。
- Java 的 8 种基本类型，如 int、boolean 等。
- Enums 类型。
- Annotation 类型。
- 上面类型的一维数组。

除了上面这些类型以外，如果在注解中定义其他类型的数据，编译器将会报错。

(4) 在定义属性时都必须带有"()"。这一对圆括号用于在解释时获得数据，相当于调用方法。

(5) Annotation 的属性不会像普通类成员变量一样具有表 1.4 所示的那些默认值，若需要默认值必须显式指定。

(6) 修饰符可以省略，省略时默认值为 public abstract。

(7) 元标注是用于修饰自定义标注的 JDK 提供的标注，主要有如下几种。

① @Target：修饰自定义注解，所修饰的位置。

- @Target(ElementType.TYPE)：用于修饰类或接口。

- @Target(ElementType.CONSTRUCTOR)：用于修饰构造方法。
- @Target({ElementType.METHOD})：用于修饰普通方法。
- @Target({ElementType.FIELD})：用于修饰字段。

② @Retention：用于修饰自定义注解的生命周期（保留范围）。
- @Retention(RetentionPolicy.SOURCE)：被修饰的注解只在源码中存在,编译之后消失,提供给编译器使用。
- @Retention(RetentionPolicy.CLASS)：被修饰的注解只在源码和字节码中存在,运行之后消失,提供给 JVM Java 虚拟机使用。
- @Retention(RetentionPolicy.RUNTIME)：被修饰的注解在源码、字节码和内存中存在,提供给程序员,用于取代 XML。

③ @Inherited：用于修饰自定义注解是否具有继承性。

④ @Documented：用于指定被该元 Annotation 修饰的 Annotation 类将被 Javadoc 工具提取成文。

【代码 12-9】 定义一个不带默认值的标注 DBAnnotation。

```java
import java.lang.annotation.Annotation.*;
@Target(ElementType.FIELD)              // 对于字段的标注
@Retention(RetentionPolicy.RUNTIME)     // 在程序执行中依然有效
@Documented                             // 该注解将包含在 Javadoc 中
public @interface DBAnnotation{
    public String key();
    public String value();
}
```

【代码 12-10】 定义一个带默认值的标注 DBAnnotation。

```java
package zhang.javabook.unit12..jdbc.dao;
import java.lang.annotation.Annotation.*;
@Target(Element Type.FIELD)             // 对于字段的标注
@Retention(RetentionPolicy.RUNTIME)     // 后面的标注在程序执行中依然有效
@Documented                             // 该注解将包含在 Javadoc 中
public @interface DBAnnotation{
    public String key() default "Driver";
    public String value() default "com.sybase.jdbc.SybDriver";
}
```

说明：不可以用 null 作为标注属性的默认值。

12.2.2 向 Annotation 注入数据

定义一个 Annotation 的目的是为了用它标注程序元素,并且可以在标注中向 Annotation 注入数据值,特别是当 Annotation 定义的定义中含未默认值的属性时必须为这些属性显式地注入具体内容。如果在引用一个标注时该标注的属性还没有具体值,则在编译时会出错误。此外,向标注的属性注入数据也可以改变标注属性的内容。

向一个 Annotation 注入数据可以有多种形式。

【代码 12-11】 将名称为@DBAnnotation 的属性注入数据。

```java
package zhang.javabook.unit12..jdbc.dao;
class DBPropertyBean01 {
    @DBAnnotation(key = "DBURL", value = "jdbcybase:Tds:127.0.0.1:5007/zvfdb")
    private String dbURL;

    public void setDBURL(String dbURL){
        this.dbURL = dbURL;
    }

    public String getDBURL(String dbURL){
        return dbURL;
    }

    public DBPropertyBean01(){
        this.dbURL = dbURL;
    }
}
```

说明：

（1）@DBAnnotation（key=""，…）表明 DBAnnotation 的属性 key 的值为空字符串。

（2）DBPropertyBean01 的字段 dbURL 被 DBAnnotation 标注。由于 DBAnnotation 在定义时用@Retention(RetentionPolicy.RUNTIME)标注，所以 dbURL 上的标注数据可以保留到运行时。

12.2.3 通过反射提取 Annotation 中的数据

Java 使用 Annotation 接口来代表元素前面的注释，该接口是所有 Annotation 类型的父接口。除此之外，Java 在 java.lang.reflect 包下新增了 AnnotatedElement 接口，该接口代表被系统修饰了的元素，它主要有如下几个实现类。

- Class：类定义。
- Constructor：构造器定义。
- Field：类的成员变量定义。
- Method：类的方法定义。
- Package：类的包定义。

AnnotatedElement 接口是所有程序元素（如 Class、Method、Constructor）的父接口，所以程序通过反射获取某个类的 AnnotatedElement 对象（如 Class、Method、Field、Constructor）之后就可以调用该对象的如下 3 个方法来访问 Annotation 信息。

（1）getAnnotation(Class<T> annotationClass)：返回该程序元素上存在的指定类型的标注。

（2）Annotation[] getAnnotations：返回该程序元素上存在的所有标注。

（3）Annotation[] getDeclaredAnnotations()：获得被修饰元素上的所有注释。该方法

将忽略继承的注释。

(4) boolean isAnnotationPreset(Class<? extends Annotation>.annotationClass): 判断该程序元素上是否包含指定类型的注释,如果存在,返回 true,否则返回 false。

【代码 12-12】 获取代码 12-10 中的 Annotation 属性值。

```
package zhang.javabook.unit12..jdbc.dao;
import java.lang.reflect.Field;
public cass AnnReflectDemo01{
    public static void main(String[] args[])throw Exception{
        Class<?>clazz = null;

        clazz = Class.forName("edu.zhang.demo5.myannotation.DBPropertyBean02");
                                                            //反射获取类名
        Field[] fields = clazz.getDeclaredFields();         // 反射获取类中的字段列表

        Annotation[] annotations;                           // 创建标注列表
        for(Field field:fields){                            // 穷举字段列表
            if(field.isAnnotationPresent(Class<? extends Annotation>.clazz)){
                                                            // 判断该字段上有无标注
                annotations = field.getAnnotatings();       // 获取该字段上的标注列表
                for(Annotation annotation:annotations)      // 穷举该字段上的标注
                    System.out.println(field.getName() + ":" +
                    annotation.annotationType().getName()); // 获取标注值并打印
            }
        }
    }
}
```

说明:

(1) Class<?>clazz 表示任何类的 Class 对象。Class<? extends Annotation>class 指任何 Annotation 子类的 Class 对象,即任何标注。if(field.isAnnotationPresent(Class<? extends Annotation>.class))用来判断字段 field 上有没有标注——Annotation 或其子类。在本例中也可以写成 if(field.isAnnotationPresent(DBAnnotation.class)),专门用来判断 field 上有没有 DBAnnotation 或其子类型的标注。

(2) 由上述代码可以看出,用反射获取 Annotation 中属性的数据的基本过程如下。

① 用反射获取含有 Annotation 的类名。

② 获取该类中某种元素的列表。如果该元素数量较少,可以直接使用变量,无须用数组。

③ 穷举该元素列表,获取每个元素上的所有标注。如果该元素上的标注较少,可以直接使用变量,无须用数组。

12.2.4 用 Annotation+反射设计 DAO 基类

一般的实体类对应的 DAO 都必须拥有 CRUD 操作。为了提高代码质量,可以考虑将多个通用 DAO 接口中都拥有的 CRUD 操作提升到一个通用的 DAO 接口中,而具体的实体 DAO 可以扩展这个通用 DAO 以提供独特的操作,从而将 DAO 抽象到另一层次。

DAO 基类并不需要对模板类的所有方法进行代理,仅对常用的方法(如 CRUD 操作方法)进行代理,对不常用的方法则可要求子类显式调用模板实例完成。这样,一方面简化常用方法的调用,另一方面又使基类不过于复杂。下面是采用标注与反射实现的一个 DAO 基类代码。

1. 定义标注

【代码 12-13】 定义主键标注。

```
package zhang.javabook.unit12..jdbc.dao;
import java.lang.annotation.Documented;
import java.lang.annotation.ElementType;
import java.lang.annotation.Inherited;
import java.lang.annotation.Retention;
import java.lang.annotation.RetentionPolicy;
import java.lang.annotation.Target;
/**
 * 主键
 * <A class = referer href = "http://my.oschina.net/arthor" target
                     = _blank> @author</A> Administrator
 */
@Target(ElementType.FIELD)
@Retention(RetentionPolicy.RUNTIME)
@Documented
@Inherited
public
<A class = referer href = "http://my.oschina.net/interface" target = _blank>
@interface</A>
Key {

}
```

说明:

(1) Annotation 标签@Documented 可以在生成 Javadoc 时将一些文档说明信息写入。

(2) Annotation 标签@Inherited 可以使一个类的标注被子类继承。

(3) HTML 标签<a>定义超链接,用于从一张页面链接到另一张页面。

【代码 12-14】 定义非记录标注。

```
package zhang.javabook.unit12..jdbc.dao;
import java.lang.annotation.Documented;
import java.lang.annotation.ElementType;
import java.lang.annotation.Inherited;
import java.lang.annotation.Retention;
import java.lang.annotation.RetentionPolicy;
import java.lang.annotation.Target;
/**
 * 此标注用于与数据不关联者
 * <A class = referer href = "http://my.oschina.net/arthor" target = _blank>
 *
 */
```

```
@Target(ElementType.FIELD)
@Retention(RetentionPolicy.RUNTIME)
@Documented
@Inherited
public
<A class = referer href = "http://my.oschina.net/interface" target = _blank>
@interface</A>
notRecord {
}
```

【代码 12-15】 定义表标注。

```
package zhang.javabook.unit12..jdbc.dao;
import java.lang.annotation.Documented;
import java.lang.annotation.ElementType;
import java.lang.annotation.Inherited;
import java.lang.annotation.Retention;
import java.lang.annotation.RetentionPolicy;
import java.lang.annotation.Target;
/**
 * 设置表名
 * <A class = referer href = "http://my.oschina.net/arthor" target
                     = _blank> @author</A> Administrator
 *
 */
@Target(ElementType.TYPE)
@Retention(RetentionPolicy.RUNTIME)
@Documented
@Inherited
public
<A class = referer href = "http://my.oschina.net/interface" target = _blank>
@interface</A>
Table {
    public String name();
}
```

2. 定义异常类

【代码 12-16】 定义异常类。

```
package zhang.javabook.unit12..jdbc.dao;
/**
 * 设置自定义异常
 * <A class = referer href = "http://my.oschina.net/arthor" target
                     = _blank> @author</A>Administrator
 *
 */
public class NumException extends Exception {
    private String name;
    public NumException(String name){
```

```
        this.name = name;
    }
    public String toString(){
        return name;
    }
}
```

3. 定义实例类

【代码 12-17】 定义实例类。

```
package zhang.javabook.unit12..jdbc.dao;
import comments.Key;
import comments.Table; import comments.notRecord;
@Table(name = "student")
public class Student {
<A class = referer href = "http://my.oschina.net/llczhang" target = _blank>@Key</A>
    private String id;
    private String name;
    @notRecord
    private String sex;
    private int age;

    public String getId() {
        return id;
    }

    public void setId(String id) {
        this.id = id;
    }

    public String getName() {
        return name;
    }

    public void setName(String name) {
        this.name = name;
    }

    public String getSex() {
        return sex;
    }

    public void setSex(String sex) {
        this.sex = sex;
    }

    public int getAge() {
        return age;
    }
```

```
    public void setAge(int age) {
        this.age = age;
    }
}
```

4. 定义生成 SQL 类的处理实例类

【代码 12-18】 定义处理实例类。

```
package zhang.javabook.unit12..jdbc.dao;
import java.lang.reflect.Field;
import comments.Key; import comments.Table; import comments.notRecord;
public class Processing {
    /**
     * 通过实体类生成 INSERT INTO SQL 语句
     * @param cl
     * <A class = referer href = "http://my.oschina.net/u/556800" target = _blank> @return</A>
     * @throws IllegalArgumentException
     * @throws IllegalAccessException
     * @throws NumException
     */
    public String save(Object cl) throws IllegalArgumentException,
                    IllegalAccessException, NumException{
        String sql = "insert into";
        if(cl! = null){
            Field[] fiels = cl.getClass().getDeclaredFields();     // 获得反射对象集合
            boolean t = cl.getClass().isAnnotationPresent(Table.class);   // 获得类是否有注解
            if(t){
                Table tab = cl.getClass().getAnnotation(Table.class);
                sql += tab.name();                                 // 获得表名
                String name = "";                                  // 记录字段名
                String value = "";                                 // 记录值名称
                boolean bl = false;                                // 记录主键是否为空
                for(Field fl:fiels){                               // 循环组装
                    fl.setAccessible(true);                        // 开启私有变量的访问权限
                    Object tobj = fl.get(cl);
                    if(tobj! = null){
                        if(fl.isAnnotationPresent(Key.class)){     // 判断是否存在主键
                            bl = true;
                        }
                        if(!fl.isAnnotationPresent(notRecord.class)){
                            name += fl.getName() + ",";
                            value += "'"+ tobj.toString() + "',";
                        }
                    }
                }
```

```
            if(bl){
                if(name.length()>0)
                    name = name.substring(0,name.length() - 1);
                if(value.length()>0)
                    value = value.substring(0, value.length() - 1);
                sql += "(" + name + ") values(" + value + ")";
            }else
                throw new NumException("未找到类主键,主键不能为空");
        }else
            throw new NumException("传入对象不是实体类");
    }else
        throw new NumException("传入对象不能为空");            // 抛出异常
    return sql;
}
/**
 * 传入对象更新
 * @param obj
 * <A class = referer href = "http://my.oschina.net/u/556800" target = _blank>@return</A>
 * @throws IllegalArgumentException
 * @throws IllegalAccessException
 * @throws NumException
 */
public String update(Object obj) throws IllegalArgumentException, IllegalAccessException,
NumException{
    String sql = "update";
    if(obj!=null){
        Field[] fiels = obj.getClass().getDeclaredFields();        // 获得反射对象集合
        boolean t = obj.getClass().isAnnotationPresent(Table.class);  // 获得类是否有注解
        if(t){
            Table tab = obj.getClass().getAnnotation(Table.class);
            sql += tab.name() + " set ";                            // 获得表名
            String wh = "";                                         // 记录字段名
            String k = "";
            boolean bl = false;                                     // 记录主键是否为空
            for(Field fl:fiels){                                    // 循环组装
                fl.setAccessible(true);                             // 开启私有变量访问权限
                Object tobj = fl.get(obj);
                if(tobj!=null){
                    if(fl.isAnnotationPresent(Key.class)){ // 判断是否存在主键
                        bl = true;
                        k = fl.getName() + " = '" + tobj.toString() + "' where ";
                    }else{
                        if(!fl.isAnnotationPresent(notRecord.class)){
                            wh += fl.getName() + " = '" + tobj.toString() + "',";
                        } end else
                    } end if
                } end for
            } end if
```

```
                    if(bl){
                        if(wh.length()>0)
                            wh = wh.substring(0,wh.length() - 1);
                        if(k.length()>0)
                            k = k.substring(0,k.length() - 1);
                        sql + = k + wh;
                    }else
                        throw new NumException("未找到类主键,主键不能为空");
                }else
                    throw new NumException("传入对象不是实体类");
            }else
                throw new NumException("传入对象不能为空");                // 抛出异常
            return sql;
        }
    }
```

5. 测试类

【代码 12-19】 测试类定义。

```
package zhang.javabook.unit12..jdbc.dao;
import java.lang.annotation.Annotation;
import java.lang.reflect.Field;
import comments.Table;
import comments.Key;
public class temp {
    public static void main(String[] aa) throws IllegalArgumentException,
                        IllegalAccessException, NumException{
        Student stu = new Student();
        stu.setId("20140919005");
        stu.setName("姓名");
        stu.setAge(19);
        stu.setSex("男");
        //stu = null;
        System.out.println(new Processing().save(stu));
        System.out.println(new Processing().update(stu));
    }
}
```

12.3 Java 程序配置

12.3.1 程序配置与程序配置文件

1. 程序配置的概念

多数程序是需要在一定的条件下运行的。例如,一个与数据库有关的程序需要与具体的数据库连接后才能运行,而与数据库连接需要 IP、数据源 URL、数据库驱动以及用户名、密码等。这些参数也称属性,在程序设计时是无法确定的,因此不可能为每一种应用条件设计一个程序,而只能把这些不确定因素作为程序的参数,在应用时再进行配置。

程序配置提供了一种向程序传递参数的手段。用户可以根据自己的需要修改参数,使程序可以适应不同的需要运行,而不用修改程序,以提高程序的灵活性和兼容性。程序配置的基本思路是把程序分为与参数有关和无关两个部分。与参数有关部分的作用是存储环境参数,可以到运行时再决定;与参数无关部分是程序功能的实现部分,并且在运行中可以读取程序的参数。这种思路的实现大致有两种方法:

(1) 用配置文件进行配置,即将参数存储在文件中。通常用.properties 文件作为配置文件,或用 XML 文件作为配置文件。

(2) 用带有成员的 Annotation 存储程序参数。

2. 程序属性配置文件

在 Java 应用程序运行时,特别是在跨平台工作环境下运行时,需要确定操作系统类型、用户 JDK 版本和用户工作目录等与用户程序相关的工作平台信息来保证程序的正确运行,这些操作系统配置信息以及软件信息称为系统属性。

属性配置文件简称配置文件或属性文件,是一种提供系统或者应用程序的参数或运行环境的文件。使用配置文件可以使一个系统灵活地针对不同的需求和不同的环境运行。当需求或环境变化时,只要修改配置文件,而不用修改程序。

在属性文件中一般都是以"键-值"对的形式来描述属性配置信息,目前使用较多的属性文件是.properties 文件和 XML 文件。

12.3.2 .properties 文件

.properties 文件是一种文本文件,其语法有两种,一种是注释;另一种是属性配置。

- 注释:以"#"开头的行。
- 属性配置:以"键-值"对的方式书写一个属性的配置信息。
- 一行一个"key-value","key"不能重复。
- key 和 value 一般使用等号分隔,例如 key=value。

下面给出一些主流数据库(数据源)的配置文件的参考代码。

【代码 12-20】 Sybase 数据库配置文件。

```
# 数据库驱动名
driver = com.sybase.jdbc.SybDriver
# 数据库 URL(包括端口)
dburl = jdbcybase:Tds:127.0.0.1:5007/zvfdb
# 数据库用户名
user = root
# 用户密码
password = zvfims
```

【代码 12-21】 Oracle 数据库配置文件。

```
# 数据库驱动名
driver = oracle.jdbc.driver.OracleDriver
# 数据库 URL(包括端口)
dburl = jdbc:oracle:thin:@127.0.0.1:1421:zvfdb
# 数据库用户名
user = root
# 用户密码
password = zvfims
```

【代码 12-22】 DB2 数据库配置文件。

```
# 数据库驱动名
driver = com.ibm.db2.jcc.DB2Driver
# 数据库 URL(包括端口)
dburl = jdbc:db2://127.0.0.1:50000/zvfdb
# 数据库用户名
user = root
# 用户密码
password = zvfims
```

【代码 12-23】 MySQL 数据库配置文件。

```
# 数据库驱动名
driver = com.mysql.jdbc.Driver
# 数据库 URL(包括端口)
dburl = jdbc:mysql://127.0.0.1:3306/zvfdb
# 数据库用户名
user = root
# 用户密码
password = zvfims
```

【代码 12-24】 SQL Server 2000 配置文件。

```
# 数据库驱动名
driver = com.microsoft.jdbc.sqlserver.SQLServerDriver
# 数据库 URL(包括端口)
dburl = jdbc:microsoftqlserver://127.0.0.1:1433;DatabaseName = zvfdb
# 数据库用户名
user = root
# 用户密码
password = zvfims
```

【代码 12-25】 SQL Server 2005 配置文件。

```
# 数据库驱动名
driver = com.microsoft.sqlserver.jdbc.SQLServerDriver
# 数据库 URL(包括端口)
dburl = jdbc:sqlserver://127.0.0.1:1433;DatabaseName = zvfdb
# 数据库用户名
user = root
```

```
# 用户密码
password = zvfims
```

【代码12-26】 Informix 数据库配置文件。

```
# 数据库驱动名
driver = com.informix.jdbc.IfxDriver
# 数据库 URL(包括端口)
dburl = jdbc:informix-sqli://127.0.0.1:1433/zvfdb
# 数据库用户名
user = root
# 用户密码
password = zvfims
```

说明：

(1).properties 文件属性配置信息值可以换行，但键不可以换行。值换行用"\"表示。

(2).properties 的属性配置：key 左右的空格将被忽略，value 左边的空格将被忽略，value 右边的不被忽略。例如：

```
□user□ = □root□
```

前 3 个空格都将忽略，但第 4 个空格不可忽略。

(3).properties 文件可以只有键而没有值，也可以仅有键和等号而没有值，但无论如何，一个属性配置文件中的键是不可缺少的。

(4).properties 文件中的字符一般采用 ISO 8859-1 字符编码，通常不建议使用中文，而是存放的 UNICODE 编码，解析之后获得正常数据。

(5).properties 文件中的"键-值"对可以是类。例如：

```
className = edu.zhujiang.zhang.demo123.Circle
```

具体的配置文件内容应根据需要编写。

12.3.3 XML 配置文件

XML(eXtensible Markup Language,可扩展标识语言)采用 W3C 的标准，可移植性好，各种平台通用。现在有越来越多的人采用 XML 文档作为 Java 应用程序的配置文件。作为 Java 程序配置文件的 XML 文档可以以 XML 元素的形式表述，也可以以 XML 属性的形式表述。

【代码12-27】 以 XML 属性表述的数据库配置文件。

```
<? XML version = "1.0" encoding = "GB2312"? >
<config>
    <className = "edu.zhujiang.zhang.demo123.Circle"></className>
</config>
```

【代码12-28】 以 XML 元素表述的数据库配置文件。

```
<?XML version = "1.0" encoding = "GB2312"?>
<config>
    <className>edu.zhujiang.zhang.demo123.Circle </className>
</config>
```

12.3.4 基于 InputStream 输入流的配置文件的读取

基于输入流的配置文件的读取大致有如下基本过程。

① 创建一个 InputStream 的输入流对象 in，用来读入配置文件(.properties 文件或 XML 文件)中的"键-值"对数据。

② 用 Properties 类的方法 load(in)获取输入流对象 in 中的"键-值"对，包装为 Properties 对象。即执行代码

```
Properties prop = new Properties();
prop.load(in);
```

③ 获取属性值。通常使用 Properties 类的 getProperty()方法获取属性值，即用语句

```
String key = prop.getProperty(key);           // 或 String key = (String) prop.get(key);
```

下面进一步讨论 3 个问题：
- 如何生成 InputStream 输入流对象。
- 关于 Properties 类。
- 配置文件的路径问题。

1. 生成 InputStream 输入流对象的方法

InputStream 是一个接口，它没有构造器，不能自己创建对象，只能使用"领养"或"过继"的方法生成其对象。对于

```
InputStream in null;
```

将引用 in 实例化的方法，大体有如下几种方法。
- in = new FileInputStream(new File("filePath"));
- in = new BufferedInputStream(new FileInputStream("filePath"));
- in = JProperties.class.getResourceAsStream("filePath");
- in = JProperties.class.getClassLoader().getResourceAsStream("filePath");
- in = ClassLoader.getSystemResourceAsStream("filePath");

若配置文件为 app.properties，则为：

```
InputStream in = new FileInputStream("app.properties");
```

若配置文件为 app.xml，则为：

```
InputStream in = new FileInputStream("app.xml");
```

具体使用哪一种,要看程序员的习惯。

2. Properties 类及其应用

Properties 是 java.util 包中的一个类,该类的对象维护一个属性列表。表 12.2 所示为 Properties 的主要方法。

表 12.2 Properties 的主要方法

方 法 名	说 明
Properties()	构造方法,也可以有一个 Properties 对象作为参数
String getProperty(String key)	用指定的关键字 key 在属性列表中搜索属性
void load(InputStream inStream) throws IOException	从输入流中读取属性列表(关键字和元素对)

注意:在使用中遇到的最大问题可能是配置文件的路径问题,如果配置文件在当前类所在的包下,那么需要使用包名限定,如 test.properties 在 com.mmq 包下,则要使用 com/mmq/test.properties(通过 Properties 来获取)或 com/mmq/test(通过 ResourceBundle 来获取);若属性文件在 src 根目录下,则直接使用 test.properties 或 test 即可。

例 12.1 用属性文件进行数据库配置。

采用属性文件进行数据库配置,可以把 JDBC 代码中的变化部分(与具体数据库有关的部分,这也就是 JDBC 的运行环境部分)与不变部分分离,提高 JDBC 程序的通用性。

【代码 12-29-1】 数据库配置文件。通常扩展名为 .properties 的文件应放在 src 工作目录下,此处为其取名为 dbconfig.properties。

```
# 数据库驱动名
URL = jdbc:sqlserver://localhost:1433;DatabaseName = teachdb
# 数据库用户名
USER = sa
# 用户密码
PWD = 123
```

说明:此为 SQL Server 数据库的连接方式,SQL Server 数据库中存在一个叫 abcdb 的数据库。

【代码 12-29-2】 操作配置文件的类文件 PropertiesUtils.java。

```java
import java.io.IOException;
import java.io.InputStream; import java.util.Properties;
public class PropertiesUtils {
    // 产生一个操作配置文件的对象
    static Properties prop = new Properties();
    /**
     * @param fileName 需要加载的 .properties 文件,文件需要放在 src 根目录下
     * @return 是否加载成功
     */
    public static boolean loadFile(String fileName){
        try {
```

```
            prop.load(PropertiesUtils.class.getClassLoader().getResourceAsStream
                (fileName));
        } catch(IOException e) {
            e.printStackTrace();
            return false;
        }
        return true;
    }
    /**
     * 根据 key 取回相应的 value
     * @param key
     * @return
     */
    public static String getPropertyValue(String key){
        return prop.getProperty(key);
    }
}
```

说明：该类提供两个方法，一个方法是用来加载操作配置文件；另一个方法是根据 key 读取该文件中的值。

【代码 12-29-3】 数据库连接类文件 ConnectionUtils.java。

```
import java.sql.Connection;
import java.sql.DriverManager;
import java.sql.SQLException;
import com.accp.news.utils.PropertiesUtils;
public class ConnectionUtils {
    private static String URL = null;
    private static String USER = null;
    private static String PWD = null;
    static {
        PropertiesUtils.loadFile("dbconfig.properties");
        URL = PropertiesUtils.getPropertyValue("URL");
        USER = PropertiesUtils.getPropertyValue("USER");
        PWD = PropertiesUtils.getPropertyValue("PWD");
        try {
            Class.forName("net.sourceforge.jtds.jdbc.Driver");
        } catch(ClassNotFoundException e) {
            e.printStackTrace();
        }
    }
    /**
     * 取得连接的工具方法
     * @return
     */
    public static Connection getConnection() {
        try {
            Connection conn = DriverManager.getConnection(URL, USER, PWD);
```

```
            return conn;
        } catch(SQLException e) {
            e.printStackTrace();
        }
        return null;
    }
}
```

说明：此数据连接类中有一个静态块，用来执行配置文件的读取和驱动的加载。此外，该类还提供了一个取得数据库连接的方法。

【代码 12-29-4】 读取 test.properties 的客户端程序。

```
import java.io.*;
import java.util.*;
public class ReadProperties{
    public static void main(String[] args) {
        File pFile = new File("src/dbconfig.properties");        //.properties 文件放在 src 根目录
        FileInputStream  pInStream = null;
        try {
            pInStream = new FileInputStream(pFile);
        } catch(FileNotFoundException e) {
            e.printStackTrace(); //To change body of catch statement
                                 //use File|Settings|File Templates.
        }
        Properties p = new Properties();
        try {
            p.load(pInStream); // Properties 对象已生成,包括文件中的数据
        } catch(IOException e) {
            e.printStackTrace(); //To change body of catch statement
                                 //use File|Settings|File Templates.
        }
        Enumeration enu = p.propertyNames();                     // 取出所有的 key
        // 输出 -1
        p.list(System.out);               // System.out 可以改为其他的输出流,例如可以输出到文件
        // 输出 - 2
        while(enu.hasMoreElements()){
            System.out.println("key= "+ enu.nextElement());
            System.out.println("value= "+ p.getProperty((String)enu.nextElement()));
        }
    }
}
```

运行结果如下：

```
URL = jdbc:sqlserver://localhost:1433;Datab...
PWD = 123
USER = sa
key = URL
```

```
value = 123
key = USER
```

【代码 12-29-5】 通过 list 将 Properties 写入 .properties 文件的代码。

```java
import java.io.IOException;
import java.io.File;
import java.io.FileInputStream;
import java.io.PrintStream;
import java.util.Properties;
public class Test {
    public static void main(String[] args) {
        Properties p = new Properties();
        p.setProperty("id", "dean");
        p.setProperty("password","123456");
        try{
            PrintStream fW = new PrintStream(new File("E:\test1.properties"));
            p.list(fW);
        } catch(IOException e) {
            e.printStackTrace();
        }
    }
}
```

例 12.2 使用反射 + 配置文件的简单工厂模式。

分析代码 8-13 可以看出，在工厂中含有一个选择逻辑，系统要扩展，就要修改这个逻辑。再分析代码 8-24 和代码 8-25 可以看出，采用反射后可以消除工厂中的选择逻辑，但在客户端代码中有了与选择有关的代码，系统要扩展或修订选择必须修改客户端代码。这两种情况都不可能做到完全符合开-闭原则，那么如何才能使简单工厂模式做到完全实现开-闭原则呢？

一种有效的方法是在采用反射机制的基础上采用配置文件，这样改变选择只需要修改配置文件即可。下面考虑如何设计使用反射技术 + 配置文件的简单工厂类。

【代码 12-30-1】 设配置文件名为"FactDemo.properties"，保存在 ShapeFactory 所在的包内。内容如下：

```
type = 矩形
```

【代码 12-30-2】 采用如下简化的客户端（调用方）代码。

```java
public class ShapeFactoryTest {
    public static void main(String[] args) {
        InputStream in = new FileInputStream(new File("FactDemo.properties"));
        Properties prop = new Properties();         // 创建一个 Properties 对象
        prop.load(in);                              // 将输入流内容装载到 Properties 对象中
        in.close();                                 // 关闭输入流
```

```
            String type = prop.getProperty(type);        // 或 String key = (String) prop.get(key);

            Pillar pillar = ShapeFactory.productBottomPillar(type,10);
            System.out.println(type + "柱体体积为：" + pillar.getVolume());
    }
}
```

讨论：

（1）分析上面的代码就可以发现，调用方也是通过接口调用，甚至可以连这个接口实现类的名字都不知道，并且在调用的时候根本没有管这个接口定义的方法要怎么样去实现它，只知道该接口定义的这个方法起什么作用就行了，完全实现了针对接口编程。

（2）采用配置文件向程序传递参数，可以使程序针对多种情形运行，当需求变化时只需要修改配置文件，而不需要修改程序（不管是客户端还是服务器端），较好地实现了开-闭原则。

（3）在读取配置文件时，可能会出现配置文件找不到或配置文件读/写错误，因此需要在代码 12-30-2 中加入异常处理。

【代码 12-30-3】 在代码 12-30-2 中加入异常处理。

```
public class ShapeFactoryTest {
    public static void main(String[] args) {
        InputStream in = null;
        Properties prop = null;
        try {
            in = new FileInputStream("F:\\Eclips||Zhang\\FactDemo.properties");
            prop = new Properties();              // 创建一个 Properties 对象
            prop.load(in);                        // 将输入流内容装载到 Properties 对象中
            in.close();                           // 关闭输入流
        } catch(FileNotFoundException e) {
            System.err.println("配置文件找不到!");
            e.printStackTrace();
        } catch(IOException e) {
            System.err.println("读取配置文件错误!");
            e.printStackTrace();
        }
        String type = prop.getProperty(type);

        Pillar pillar = ShapeFactory.productBottomPillar(type,10);
        System.out.println(type + "柱体体积为：" + pillar.getVolume());
    }
}
```

运行情况如下：

```
读出文本内容：rectangle
请输入矩形的长和宽：
1 2↵
rectangle柱体体积为：20.0
```

3. 读取 XML 格式的配置文件

例 12.3 读取 XML 格式的配置文件。

【代码 12-31-1】 test.xml 文件 ruxi。

```xml
<?xml version = "1.0" encoding = "UTF-8"?>
<!DOCTYPE properties SYSTEM "http://java.sun.com/dtd/properties.dtd">
<properties>
<entry key = "koo">bar</entry>
<entry key = "fu">baz</entry>
</properties>
```

【代码 12-31-2】 读取 XML。

```java
import java.io.IOException;
import java.io.File;
import java.io.FileInputStream;
import java.util.Properties;
public class Test {
    public static void main(String[] args) {
        File pFile = new File("E:\test.xml");// .properties 文件放在 E 盘下(Windows)
        FileInputStream pInStream = null;
        try {
            pInStream = new FileInputStream(pFile);
            Properties p = new Properties();
            p.loadFromXML(pInStream);
            p.list(System.out);
        } catch(IOException e) {
            e.printStackTrace();
        }
    }
}
```

该代码可以把"koo",bar 和"fu",baz 读取和输出,结果如下:

```
-- listing properties --
koo = bar
fu = baz
```

【代码 12-31-3】 保存为 XML。

```java
import java.io.IOException;
import java.io.File;
import java.io.FileInputStream;
import java.io.PrintStream;
import java.util.Properties;
public class Test {
    public static void main(String[] args) {
        Properties p = new Properties();
```

```
        p.setProperty("id", "dean");
        p.setProperty("password", "123456");
        try{
            PrintStream fW = new PrintStream(new File("e:\test1.xml"));
            p.storeToXML(fW, "test");
        } catch(IOException e) {
            e.printStackTrace();
        }
    }
}
```

该代码可以把"id","dean"和"password","123456"保存到 XML 文件中,XML 内容如下:

```
<?xml version = "1.0" encoding = "UTF-8" standalone = "no"?>
<!DOCTYPE properties SYSTEM "http://java.sun.com/dtd/properties.dtd">
<properties>
<comment>test</comment>
<entry key = "password">123456</entry>
<entry key= "id">dean</entry>
</properties>
```

12.3.5　基于资源绑定的配置文件的读取

基于资源绑定的方法就是基于 java.util.ResourceBundle 类的配置文件的读取。资源绑定类——ResourceBundle 类的作用就是读取资源属性文件(.properties),然后根据.properties 文件的名称信息(本地化信息)匹配当前系统的国别语言信息(也可以用程序指定),再获取相应的.properties 文件的内容。使用这个类,要求.properties 文件按照规范"自定义名.properties"命名,例如:

```
myres_en_US.properties
myres_zh_CN.properties
```

在默认的情况下,可以直接写为"自定义名.properties",例如:

```
myres.properties
```

这种方法比较简单,只需要如下两步:
① 创建 ResourceBundle 类对象,下面是获取 ResourceBundle 类的几种方法。
- 通过 java.util.ResourceBundle 类的静态方法 getBundle() 来获取。例如:

```
ResourceBundle resource = ResourceBundle.getBundle("com/mmq/test");
```

其中,test 为属性文件名,放在包 com.mmq 下;如果是放在 src 下,直接用 test 即可。此外,用这种方式获取.properties 属性文件不需加扩展名.properties,只需要文件名即可。
- 从 InputStream 中读取。例如:

```
ResourceBundle resource = new PropertyResourceBundle(inStream);
```

获取 InputStream 的方法和上面一样,这里不再赘述。
② 获取属性值,例如:

```
String key = resource.getString("username");
```

后面的工作同基于输入流的配置文件的读取,这里不再赘述。

12.4 Java 程序的打包与发布

12.4.1 Java 程序的打包与 JAR 文件包

1. Java 程序打包发布的目的

众所周知,Java 程序需要先编译成 JVM 可以识别的.class 文件,然后在 JVM 环境中运行。因此,要想在某台机器上运行 Java 程序,必须首先建立 Java 虚拟环境——JVM。但是,建立 JVM 不仅要下载 JVM,还要安装、配置,这对于非专业的用户来说并非易事。

此外,一个完整的 Java 程序往往要由多个文件组成,一个文件包含了一个或多个类,而且还会用到 Java API 提供的多个类。这些类文件必须根据它们所属的包的不同分级、分目录存放。运行前需要把所有用到的包的根目录指定给 CLASSPATH 环境变量或者 Java 命令的-cp 参数;运行时还要到控制台下使用 Java 命令来运行。在开发平台上,这些工作都由开发平台自动完成。然而离开了开发平台,仅在 JVM 中组织多个文件是一件很麻烦的事情。

如果用户还想使用自己平台上的一些操作手段,如通过双击来运行一个程序,则必须写批处理文件(Windows 的.bat 或者 Linux 的 Shell)程序。

解决这些困难的一个途径是将程序的多个类文件进行压缩打包。

2. JAR 文件包

JAR 文件(Java Archive File,Java 归档文件)是一种与平台无关的文件格式,用于集中保存 Java 类文件和其他格式的资源文件(如数据文件、图像文件、声音文件等),形成一个扩展名为.jar 的文件。在制作过程中可以对其中的内容用 ZIP 格式进行压缩。

把不同的项目引入 JAR 包,可以实现一次开发,多次应用。

12.4.2 manifest 文件

1. manifest 文件的作用

一个可执行的 JAR 文件是一个自包含的 Java 应用程序。当为一个 Java 应用程序生成了对应的 JAR 文件后,就可以让其脱离开发环境运行了。但是,JAR 文件只能用于对 class 文件的压缩存档,它本身不能表达所包含应用程序的标签信息。而一个 JAR 文件要执行时往往要求用户(程序的执行者)必须了解程序的主类名及其路径。例如,有一个 Java 应用程序打包在 myapplication.jar 中,为了运行它必须知道其主类的路径。假定主类为 edu.example.myapp.MyAppMain,则必须输入如下命令:

```
java -classpath myapplication.jar edu.example.myapp.MyAppMain↵
```

这是一个极高的要求,一般用户难以做到。为此,JAR 指定了一个特定目录——META-INF。在这个目录中有一个 manifest 文件,它包含了 JAR 文件的内容描述,并在运行时向 JVM 提供应用程序的信息。有了 manifest 文件,就可以使用简单的命令在非开发环境下运行 Java 应用程序了。

通常,manifest 文件在生成 JAR 文件的时候被自动创建,也可以执行 JAR 命令或使用 ZIP 工具生成。不过,这太麻烦了。如果使用下列命令:

```
java -jar myapplication.jar↵
```

这样就简单多了,实现的方法是为这个 JAR 文件创建相应的 manifest 文件。例如,对于上述 JAR 文件,可以创建如下 manifest 文件。

```
Manifest-Version: 1.0
Created-By: JDJ example
Main-Class: edu.example.myapp.MyAppMain
```

manifest 文件常用于管理 JAR 所依赖的资源。很少有 Java 应用程序只有一个 JAR 文件,一般还需要其他类库。例如上述应用程序还用到了 Sun 的 Javamail classes,因此在 classpath 中需要包含 activation.jar 和 mail.jar。为此,在执行上述程序时需要在执行命令中增加相应的路径内容,即

```
java -classpath mail.jar:activation.jar -jar myapplication.jar↵
```

这是很麻烦的,并且在不同的操作系统中 JAR 包间的分隔符也不一样,在 UNIX 中用冒号(:),在 Windows 中用分号(;),这也带来许多不便。但是,若在 manifest 文件中增加一行,即

```
Manifest-Version: 1.0
Created-By: JDJ example
Main-Class: com.example.myapp.MyAppMain
Class-Path: mail.jar activation.jar              //注意两个包用空格分隔
```

这样仍然可以使用上述简单的命令来执行该程序。显然,使用 manifest 文件不仅可以管理 JAR 使用的资源,还提供了用户访问的方便性和一致性。

2. manifest 文件的基本内容

在 Java 平台中,manifest 文件是 JAR 档案文件中包含的特殊文件,它作为 JAR 的资源配置文件,被用来定义扩展或档案打包的相关数据。通常,manifest 文件都与 Java 档案相

关，它所包含的配置信息可以分为如下几类。

(1) Manifest-Version：用来定义 manifest 文件的版本，例如 Manifest-Version：1.0。

(2) Created-By：声明该文件的生成者，一般该属性是由 JAR 命令行工具生成的，例如 Created-By：Apache Ant 1.5.1。

(3) Signature-Version：定义 JAR 文件的签名版本。

(4) Class-Path：应用程序或者类装载器使用该值来构建内部的类搜索路径。

(5) Main-Class：定义 JAR 文件的入口类，该类必须是一个可执行的类，一旦定义了该属性，即可通过 java -jar x.jar 运行该 JAR 文件。

3. manifest 文件的基本格式

manifest 文件是一个元数据文件，它包含了不同部分中的"名-值"对数据，通常它的文件名为 manifest.mf。在一个档案文件中只能有一个 manifest 文件，而且必须在规定的 META-INF 文件夹中，下面介绍其书写格式。

(1) manifest.mf 由一些行组成，每一行都是"名-值"对形式，即有格式

```
属性名:(空格)属性值↵
```

注意：在冒号(:)后面一定要有一个空格与其值分隔，否则程序会因为无法识别而导致出错。

(2) 文件每行最长 72 个字符，如果超过 72 个字符，应采用续行。续行以空格开头，以空格开头的行都会被视为前一行的续行。

(3) 每行都以回车符结束，否则换行要求将会被忽略。

(4) 第 1 行一定是 Manifest-Version 属性及其值。

(5) 使用空行分隔主属性和 package 属性。

(6) 使用"/"而不是"."来分隔 package 和 class，比如 com/example/myapp/。

(7) Class-Path 里边的内容用空格分隔而不是用逗号或者分号，即采用格式

```
子目录/xxx.jar(空格)子目录/yyy.jar
```

(8) class 要以.class 结尾，package 要以"/"结尾。

(9) 在下列地方不可有空行：
- 第 1 行不可以是空行(第 1 行的行前不可以有空行)；
- 行与行之间不能有空行。

(10) 最后一行必须是空行(在输完内容后加一个回车即可)。

【代码 12-32】 有 main 方法的 manifest 文件格式。

```
Manifest-Version: 1.0
Created-By: 1.5.08 (Sun Microsystems Inc.)
Main-Class: com.pantosoft.impdb.ImpMain
```

说明：

（1）Manifest-Version 表示使用 1.0 的 manifest 文件。

（2）Created-By 表示使用 Sun 的 1.5.08 的 jar 生成。

（3）Main-Class 表示有主函数的类。

【代码 12-33】 基于其他 JAR 并有 main 方法的 manifest 文件的格式。

```
Manifest-Version: 1.0
Created-By: 1.5.08 (Sun Microsystems Inc.)
Main-Class: com.pantosoft.impdb.ImpMain
Class-Path: mail.jar activation.jar
```

说明：Class-Path 表示基于其他的两个 JAR 包，两个包以空格隔开。如有路径，则表示如下：

```
Class-Path:ext/mail.jar ext/activation.jar
```

12.4.3　JAR 命令

1. JAR 命令及其用法

JAR 命令是 JAR 工具的使用形式。JAR 工具包随着 JDK 安装在 JDK 安装目录下的 bin 目录中，在 Windows 平台上的文件名为 jar.exe，在 Linux 平台上的文件名为 jar。它的运行需要用到 JDK 安装目录下 lib 目录中的 tools.jar 文件。

JAR 命令的格式如下：

```
jar {ctxu}[vfm0Mi] [jar-文件] [manifest-文件] [-C 目录] 文件名…
```

说明：

（1）{ctxu}是 JAR 命令的子命令，每次 JAR 命令只能包含 ctxu 中的一个，它们分别表示如下。

-c：创建新的 JAR 文件包。

-t：列出 JAR 文件包的内容列表。

-x：展开 JAR 文件包的指定文件或者所有文件。

-u：更新已存在的 JAR 文件包（添加文件到 JAR 文件包中）。

注意，-c、-x、-t、-u 仅能存在一个，不可同时存在，因为不可能同时压缩与解压缩。

（2）[vfm0Mi]中的选项可以任选，也可以不选，它们是 JAR 命令的选项参数。

-v：生成详细报告并打印到标准输出。

-f：指定 JAR 文件名，通常这个参数是必需的。

-m：指定需要包含的 MANIFEST 清单文件。

-0：只存储、不压缩。产生的 JAR 文件包会比不用该参数产生的体积大，但速度更快。

-M：不产生所有项的清单（MANIFEST）文件，此参数会忽略-m 参数。

-i：为指定的 JAR 文件创建索引文件。

(3) [jar-文件]：需要生成、查看、更新或者解开 JAR 文件包，它是-f 参数的附属参数。

(4) [manifest-文件]：MANIFEST 清单文件，它是-m 参数的附属参数。

(5) [-C 目录]：转到指定目录下执行这个 JAR 命令的操作，相当于先用 cd 命令转到该目录下，再执行不带-C 参数的 JAR 命令。它只在创建和更新 JAR 文件包的时候可用。注意，在解压一个 JAR 文件的时候是不能使用 JAR 的-C 参数来指定解压的目标的，因为-C 参数只在创建或者更新包的时候可用。那么，当需要将文件解压到某个指定目录下的时候就需要先将这个 JAR 文件复制到目标目录下，再进行解压，比较麻烦。如果使用 unzip，则不需要这么麻烦了，只需要指定一个-d 参数即可。例如：

```
unzip test.jar -d dest/
```

(6) 文件名：指定一个文件/目录列表，这些文件/目录就是要添加到 JAR 文件包中的文件/目录。如果指定了目录，那么 JAR 命令在打包的时候会自动把该目录中的所有文件和子目录打入包中。

2. JAR 命令使用范例

(1) 创建 JAR 包，如利用 test 目录生成 hello.jar 包，若 hello.jar 存在，则覆盖：

```
jar cf hello.jar hello
```

(2) 创建并显示打包过程，如利用 hello 目录创建 hello.jar 包，并显示创建过程：

```
jar cvf hello.jar hello
```

(3) 显示 JAR 包，如查看 hello.jar 包的内容，要求指定的 JAR 包必须真实存在，否则会发生 FileNotFoundException：

```
jar tvf hello.jar
```

(4) 解压 JAR 包，如解压 hello.jar 至当前目录：

```
jar xvf hello.jar
```

(5) 在 JAR 中添加文件，如将 HelloWorld.java 添加到 hello.jar 包中：

```
jar uf hello.jar HelloWorld.java
```

(6) 创建不压缩 JAR 包，如利用当前目录中所有的.class 文件生成一个不压缩的 JAR 包：

```
jar cvf0 hello.jar *.class
```

(7) 创建带 manifest.mf 文件的 JAR 包，如增加一个 META-INF 目录及 manifest.mf 文件：

```
jar cvfm hello.jar manifest.mf hello
```

（8）忽略 manifest.mf 文件，如 JAR 包中不包括 META-INF 目录及 manifest.mf 文件：

```
jar cvfM hello.jar hello
```

（9）加-C 应用，如切换到 hello 目录下，然后执行 JAR 命令：

```
jar cvfm hello.jar mymanifest.mf -C hello/
```

（10）-i 为 JAR 文件生成索引列表：

```
jar i hello.jar
```

执行完这条命令后，它会在 hello.jar 包的 META-INF 文件夹下生成一个名为 INDEX.LIST 的索引文件，并会生成一个列表，最上边为 JAR 包名。

（11）导出解压列表：

```
jar tvf hello.jar>hello.txt
```

如果想查看解压一个 JAR 的详细过程，而这个 JAR 包又很大，屏幕信息会一闪而过，这时可以把列表输出到一个文件中。

3. 注意事项

（1）JAR 命令生成的压缩文件会包含它所在目录中后边的目录。例如有目录结构

```
hello
 |---com
 |---org
```

JAR 命令会连同 hello 目录一块打包进来。若只想把 com 目录和 org 目录打包，应该进入到 hello 目录再执行 JAR 命令。

（2）manifest.mf 是 JAR 的默认文件名，用户也可以自由指定。JAR 命令虽只认识 manifest.mf，但它会对用户指定的文件名进行相应的转换。

12.4.4　在 Eclipse 环境中创建可执行 JAR 包

（1）在 Eclipse 的资源包管理器中右击项目的 src 文件夹，在弹出的快捷菜单中选择"导出"命令，弹出"导出"对话框，如图 12.1 所示。

（2）在"导出"对话框中选择 Java 下的"JAR 文件"子节点，单击"下一步"按钮，弹出"JAR 导出"对话框，如图 12.2 所示。

（3）选择要导出的文件夹——src 文件夹（这是在步骤（1）中右击 src 文件夹启动导出的）。在该对话框中默认选取 src 文件夹中的所有内容，包括子文件夹。

（4）在"JAR 文件"中输入生成的 JAR 文件名和路径，然后单击两次"下一步"按钮。

图 12.1 "导出"对话框

图 12.2 "JAR 导出"对话框

• 332 •

(5) 在弹出的对话框中选中"从工作空间中使用现有清单"单选按钮,在"清单文件"文本框的右侧单击"浏览"按钮,选择建立的清单文件 MANIFEST.MF,然后单击"完成"按钮。

(6) 现在 JAR 文件已经创建并保存在 C 盘的 product 文件夹中。由于程序的清单描述文件中指定了连接包放在 lib 文件夹中,所以必须在 product 文件夹中创建 lib 文件夹。然后将相应的类包复制到 lib 文件夹中,最后将本系统所用到的 res 图片资源文件夹复制到 product 文件夹中,就可以双击 JXCManager.jar 文件运行程序了。

12.4.5 在 MyEclipse 环境中创建可执行 JAR 包

(1) 右击"项目",然后选择 Export|java|jar file 命令,进入一个窗口,可以看到自己的项目上被打了对号(在左侧的窗口)。右侧的窗口是项目内的文件,全部选中,将窗口下面的设置都保持默认。

(2) 单击 browse,设置需要导出的路径,然后单击 next 按钮。将下一个窗口里的设置全部默认,再单击 next 按钮,在窗口中会出现一个 main class 的标签。

(3) 单击右侧的 browse,选中自己项目中的程序入口(即包含 main 方法的类)。

(4) 单击 finish 按钮,到之前设置的路径下找到前面导出的.jar 文件,双击运行即可。

习 题 12

代码分析

阅读下面的 JAR 命令,说明其执行的操作内容。

(1) jar cf test.jar test

(2) jar cvf test.jar test

(3) jar cvfm test.jar test

(4) jar cvfm test.jar manifest.mf test

(5) jar tf test.jar

(6) jar tvf test.jar

(7) jar xf test.jar

(8) jar xvf test.jar

(9) jar uf test.jar manifest.mf

(10) jar uvf test.jar manifest.mf

思考探索

1. 分析标注与注解有何不同及相似之处。

2. 上网搜索开源 Java 程序打包工具(用于将 JAR 文件进一步打包为 EXE 文件),写出其中两个的安装、使用方法及实例,并说明二者的区别。

第4篇　Java高级技术

这一篇介绍Java的一些高级技术。这些技术在软件开发中具有锦上添花之功效，也是学习者在掌握了前3篇的基础上的进一步提高，所以将它们称为"高级技术"。这些技术包括：
- Java泛型编程。
- Java多线程技术。
- Java数据结构接口。

当然，Java还有一些其他高级技术，但作为一本初学者的入门教材，只选择上述内容就可以了。

第 13 单元 Java 泛型编程

13.1 泛型基础

13.1.1 问题的提出

泛型(generics)就是泛指任何类型或多种类型,用于在设计时类型无法确定的情形。

例 13.1 要管理学生成绩,可是学生成绩应当采用什么类型定义呢?下面是评定学生成绩的几种方法。

- 百分制:有时要用到小数,采用 float 或 double 类型。
- 5 分制:可以采用 int 类型。
- 等级制:A、B、C、D,可以采用字符类型。
- 两级制:通过、不通过,可以采用 boolean 类型。
- 评语制:优秀、良好、中、差,或采用字符串类型。

这是一个看起来简单,但又不好解决的问题。

1. 基于 Object 类型的解决方案

Java 对此不是无能为力,类型的"老祖宗"Object 类就可以解决这个问题。基本思路如图 13.1 所示。

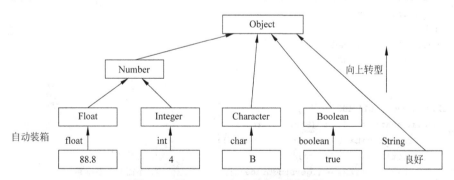

图 13.1 基于 Object 解决多类型覆盖问题

这样,就可以定义如下的成绩类。

【代码 13-1-1】 使用 Object 类定义。

```
public class Grade {
    private Object studGrade;
    public void setStudGrade(Object sGrade){
        this.studGrade = sGrade;
    }
}
```

```
    public Object getStudGrade(){
        return studGrade;
    }
}
```

这个类的定义非常简洁,但是,在应用程序中必须进行自动拆箱的转换。

【代码 13-1-2】 使用 Object 类定义的测试类。

```
public class Demo1401021{
    public static void main(String[] args){
        Grade g = new Grade();
        g.setStudGrade(88.8);                          // 自动装箱
        float studGrade = (float)g.getStudGrade();     // 强制拆箱
        System.out.println("这个学生的成绩为: " + studGrade);
    }
}
```

如果不进行自动拆箱的转换,就会导致错误。

2. 基于泛型的解决方案

为了说明什么是泛型,先看一下前面这个例子改用泛型后的形式。

【代码 13-1-3】 使用泛型定义。

```
class  Grade<T> {                                      // T表示一个形式上的类型名
    private T studGrade;
    public void setStudGrade(T sGrade){
        this.studGrade = sGrade;
    }
    public T getStudGrade(){
        return studGrade;
    }
}
public class Demo140103{
    public static void main(String[] args){
        Grade<Float>  g = new Grade<Float>();
        g.setStudGrade(88.8f);                         // 自动装箱
        float studGrade = g.getStudGrade();            // 不需要强制拆箱
        System.out.println("这个学生的成绩为: " + studGrade);
    }
}
```

运行结果如下:

```
这个学生的成绩为:88.8
```

说明:

(1) 使用泛型比使用 Object 类更简洁、可靠。

（2）这里的<T>是一个形式上的类型，称为类型形式参数，所以泛型也称为类属，它表示后面出现的"T"就是与这里同样的类型。其类型形式参数的名字与方法的形式参数的名字一样，仅起角色的作用，名字本身没有实质性意义。不过由于"T"是 type 的首字母，所以人们多用 T。其实，用其他字母效果一样。

（3）一般的泛型类定义的格式如下。

> [访问权限] class 类名<泛型标识 1,泛型标识 2,…> {
>   [访问权限] 泛型标识 1 变量名表；
>   [访问权限] 泛型标识 2 变量名表；
>   …
>   [访问权限] 返回类型 方法名(泛型标识 参数名){};

（4）在具体使用时要进行泛型的实例化，即要在类名后加以具体类标识来定义对象的引用，格式如下。

> 类名<具体类型名>引用名 = new 类名<具体类型名>();

这样，泛型类中所有的泛型类型都将解释为"具体类型"。从类型参数化的角度，可以把泛型类定义中"类名<泛型标识>"部分的<泛型标识>看作是类型形参，而把对象引用声明中"类名<具体类型名>"部分的<具体类型名>看作类型实参。

如果在定义对象时只使用类名，不使用"具体类型名"，则不能很好地实现泛型具体化，是一种不安全的操作。读者可以设计一个例子试一下。

13.1.2 泛型方法

例 13.2 设计一个交换两个变量值的方法。但是，交换什么类型的变量的值要到使用时才知道。这是一个泛型函数。

【代码 13-2-1】 定义一个类。

```
class Demo140201{
    public <T> void swap(T var1, T var2){
        T temp = var1;
        var1 = var2;
        var2 = temp;
    }
}
```

【代码 13-2-2】 测试类定义。

```
public class Demo140202{
    public static void main(String[] args){
        Demo140202 d = new Demo140202();
        double d1 = 1.23, d2 = 3.45;
```

```
        d.swap(d1,d2);                          // 自动装箱
        System.out.println("d1 = " + d1 + ";d2 = " + d2);
    }
}
```

运行结果如下:

```
d1 = 1.23;d2 = 3.45
```

泛型方法的一般格式如下。

[访问权限] <泛型标识>返回类型 方法名(泛型标识 参数名){}

13.1.3 多泛型类

例 13.3 在现实中有一些"键-值"对数据,字汇表就是一种"键-值"对数据。例如 class→类,object→对象。又如张三→32,李四→28 等。在许多情况下并不知道键和值的类型。

【代码 13-3-1】 定义一个类。

```java
class Key_Value<K,V>{
    private K key;
    private V value;

    public void setKey(K key){
        this.key = key;
    }
    public K getKey(){
        return this.key;
    }
    public void setValue(V value){
        this.value = value;
    }
    public V getValue(){
        return this.value;
    }
}
```

【代码 13-3-2】 测试类定义。

```java
public class Demo140302{
    public static void main(String[] args){
        Key_Value<String, Integer> kv = null;
        kv = new Key_Value<String, Integer>();
        kv.setKey("计算机系");
        kv.setValue(3);
        System.out.print(kv.getKey() + "在" + kv.getValue() + "号楼");
    }
}
```

运行结果如下:

```
计算机系在 3 号楼
```

13.2 泛型语法扩展

13.2.1 泛型通配符

在程序中,方法有定义、声明、调用 3 个过程。与此对应,泛型类有定义、实例化、应用 3 个过程。在方法的 3 个过程中必须注意参数的匹配,同样在泛型的 3 个过程中也要注意泛型类型(类型参数)的匹配。

【代码 13-4】 泛型类型匹配的问题示例。

```
class Info<T>{
    private T var;
    public T setVar(T var){
        this.var = var;
    }
    public String toString(){
        return this.var.toString();
    }
}
public class Demo1404{
    public static void main(String[] args){
        Info<String> info = new Info<String> ();      // 具体化为 String 类型
        Info.setVar("会议通知");                         // 实际类型为 String
        fun(info);                                     // 欲用 String 类型调用 fun()
    }
    public static void fun(? t){
        System.out.println("信息: " + t);
    }
}
```

讨论:程序中的问号处该用什么样的类型才能使表达式 fun(info)正确地被执行?

(1) 如果使用"Info<String>",那么前面定义的泛型类就没有意义。

(2) 如果使用"Info<Object>",尽管 String 是 Object 的子类,也会因对象引用的传递无法进行,在程序编译时出现如下错误。

```
fun(Info<java.lang.Object>) in Demo1404 connot beapplied to(Info<java.lang.String>)
    fun(info);                                     // 欲用 String 类型调用 fun()
```

即 java.lang.Object 不能被装箱到 ava.lang.String 中。

(3) 如果使用"Info",程序可以正常运行,但与前面关于 Info 类的泛型定义不一致,会造成理解上的问题。

(4) 使用"Info<?>",既保留了使用"Info"的特点,又与前面关于 Info 类的泛型定义相一致。

这里"?"称为泛型通配符,表示可以使用任何泛型类型对象。

13.2.2 泛型设限

泛型设限是指沿着类的继承关系为泛型设置一个实例化类型范围的上限和下限,设置的方法如图 13.2 所示。

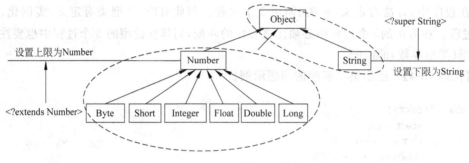

图 13.2 泛型设限方法示例

所谓上限是在 Object 派生层次中将某一个类作为上限位置,如图 13.2 中表达式 <?extends Number>设置泛型实例的上限为 Number,即这个范围包括了 Number、Byte、Short、Integer、Float、Double、Long。所谓下限是在 Object 派生层次中将某一层作为下限位置,如图 13.2 中表达式<?super String>设置泛型实例的下限为 String,即这个范围包括了 String 和 Object 两种类型。在这里 extends 和 super 是两个关键字。

13.2.3 泛型嵌套

泛型嵌套指在一个类的泛型中指定了另外一个类的泛型。

例 13.4 泛型嵌套的例子。

【代码 13-4-1】 两个类定义。

```java
class Key_Value<K,V> {
    private K key;
    private V value;

    public Key_Value(K key, V value){
        this.setKey(key);
        this.setValue(value);
    }
    public void setKey(K key){
        this.key = key;
    }
    public K getKey(){
        return this.key;
    }
```

```java
    public void setValue(V value){
        this.value = value;
    }
    public V getValue(){
        return this.value;
    }
}
class Info<I>{
    private I info;
    public Info(I info){
        this.setInfo(info);
    }
    public void setInfo(I info){
        this.info = info;
    }
    public I getInfo(){
        return this.info;
    }
}
```

【代码 13-4-2】 测试类定义。

```java
public class Demo140402{
    public static void main(String[] args){
        Info<Key_Value<String, Integer>> i = null;       // 嵌套的实例化表示
        Key_Value<String, Integer> kv = null;
        kv = new Key_Value<String, Integer>("计算机系",3);
        i = new Info<Key_Value<String, Integer>>(kv);
        System.out.print(i.getInfo().getKey() + "在" + i.getInfo().getValue() + "号楼");
    }
}
```

运行结果如下：

计算机系在 3 号楼

13.3 实例——利用泛型和反射机制抽象 DAO

一般的 DAO 都有 CRUD(Create-Retrieve-Update-Delete,增加-读取-更新-删除)操作，在每个实体 DAO 接口中重复定义这些方法不如提供一个通用的 DAO 接口，具体的实体 DAO 可以扩展这个通用 DAO 以提供特殊的操作，从而将 DAO 抽象到另一层次，令代码质量有很好的提升。

【代码 13-5-1】 通用接口代码。

```java
import java.io.Serializable;
import java.util.List;
public interface IBaseDao<T> {
```

```
    T get(Serializable id);
    List<T> getAll();
//  List<T> find(String sql);
    void save(Object o);
    void remove(Object o);
    void update(Object o);
}
```

【代码 13-5-2】 DAO 基类代码。

```
import java.io.Serializable;
import java.lang.reflect.ParameterizedType;
import java.lang.reflect.Type;
import java.util.List;
import org.springframework.orm.hibernate3.support.HibernateDaoSupport;
public class HibernateBaseDao<T> extends HibernateDaoSupport implements IBaseDao<T> {
    private Class<T> entityClass;
    public HibernateBaseDao() {
        Type genType = getClass().getGenericSuperclass();
        Type[] params = ((ParameterizedType) genType).getActualTypeArguments();
        entityClass = (Class)params[0];
    }
    public T get(Serializable id) {
        return (T)getHibernateTemplate().load(entityClass, id);
    }
    public List<T> getAll() {
        return getHibernateTemplate().loadAll(entityClass);
    }
    public void save(Object o) {
        getHibernateTemplate().saveOrUpdate(o);
    }
    public void remove(Object o) {
        getHibernateTemplate().delete(o);
    }
    public void update(Object o) {
        getHibernateTemplate().update(o);
    }
}
```

这里利用反射机制获取泛型对应的实体类的类型。

【代码 13-5-3】 实体 DAO 类。

```
import java.util.Iterator;
import java.util.List;
import com.zhangtao.dao.IForumDao;
import com.xhangtao.dao.HibernateBaseDao;
import com.zhangtao.domain.Forum;
public class ForumHibernateDao2 extends HibernateBaseDao<Forum> implements IForumDao{
    public long getForumNum() {
```

```
        Iterator iter = getHibernateTemplate().iterate(
        "select count(f.forumId) from Forum f");
        return((Long)iter.next());
    }
}
```

通过扩展泛型 DAO 基类,自动拥有了基类的数据操作功能,只要提供特殊的功能即可,实体 DAO 的编码生产率得到了极大的提高。

习 题 13

概念辨析

1. 泛型的本质是(　　)。
   A. 参数化方法　　　　B. 参数化类型　　　　C. 参数化类　　　　D. 参数化对象
2. 下列不属于泛型使用的规则和限制的是(　　)。
   A. 泛型的类型参数可以有多个　　　　　B. 泛型的参数类型可以使用 extends 语句
   C. 泛型的参数类型可以是通配符类型　　D. 同一种泛型不能对应多个版本
3. 泛型不能用于(　　)。
   A. 类　　　　　　　B. 接口　　　　　　C. 方法　　　　　　D. 枚举

代码分析

分析下面各程序的输出结果。
(1)

```
import java.util.Hashtable;
public class TestGen0<K,V> {
    public Hashtable<K,V> h = new Hashtable<K,V>();
    public void put(K k,V v){
        h.put(k,v);
    }
    public V get(K k){
        return h.get(k);
    }
    public static void main(String args[]){
        TestGen0<String,String> t = new TestGen0<String,String>();
        t.put("key", "value");
        String s = t.get("key");
        System.out.println(s);
    }
}
```

(2)

```
public class TestGen2<K extends String, V extends Number>
{
```

```
        private V v = null;
        private K k = null;
        public void setV(V v){
            this.v = v;
        }
        public V getV(){
            return this.v;
        }
        public void setK(K k){
            this.k = k;
        }
        public K getK(){
            return this.k;
        }
        public static void main(String[] args) {
            TestGen2<String,Integer> t2 = new TestGen2<String, Integer>();
            t2.setK(new String("String"));
            t2.setV(new Integer(123));
            System.out.println(t2.getK());
            System.out.println(t2.getV());
        }
}
```

开发实践

1. 定义一个操作类，完成一个数组的有关操作。在这个数组中可以存放任何类型的元素，并且其操作由外部决定。

2. 设计一个通用函数，求出数组中的最大元素。该函数有两个参数，一个是通用类型数组；另一个是数组的大小，用 int、double、String 类型的数组来测试这个函数。

第 14 单元　Java 多线程

14.1　Java 多线程概述

14.1.1　进程与线程

1. 进程的概念

进程(process)是计算机由单道程序系统向多道程序系统发展过程中被提出的一个重要概念。在单道程序系统中,计算机只能一道程序一道程序地执行,每个程序执行时,系统的一切资源都可以由这道程序使用,因为同一时间只有一道程序在运行。

单道程序系统中资源的利用率非常低,特别是 CPU 等一些高速部件的利用率极低。为了有效地利用这些资源,多道程序系统应运而生。在多道程序系统中,CPU 被划分成时间片(quantum),由操作系统给每个运行的程序分配时间片,使多道程序分别在不同的时间片中使用 CPU。这样,从宏观上看,多道程序是在同时执行;而从微观上看,多道程序是在轮流执行,这种情况称为程序的并发运行。从操作系统管理的角度,除了要给每道程序的运行分配 CPU 时间片之外,还要为每道程序的运行分配存储空间,用于保存程序处理的数据。

多道程序可以指多个程序同时运行,也可以指一个程序的多个运行实例(如同时打开的多个 Word 文档)。为了准确地描述程序动态执行过程的性质,在 20 世纪 60 年代初人们引入了进程的概念,将其定义为程序的一次运行活动。所以,一个程序可以对应一个或多个进程,而一个进程只对应一个程序。进程与进程根据时间片共享 CPU,但不共享内存,每个进程在各自独立的内存空间中运行。

进程是一个资源分配的单位,即是一个资源的拥有者,因而进程在创建、撤销和切换中系统必须为之付出较大的时空开销。正因为如此,在系统中所设置的进程数目不宜过多,进程切换的频率也不宜太高,这就限制了并发程度的进一步提高。

2. 线程的概念

为了能使多个程序更好地并发执行,同时能尽量减少系统的开销,人们又开始考虑调度和分派的基本单位不同时作为独立分配资源的单位,即在一个资源单位内将进程分成若干执行线索。这些执行线索能并发运行,但由于不是资源分配单位,所以能够轻装上阵,这就是线程(thread)的概念。

一个进程可以有一个或多个线程。也就是说,线程属于进程,一个线程对应一个进程;而一个进程可以对应多个线程。这些线程共享系统分派给这个进程的内存。除此之外,还是需要拥有一个属于自己的内存空间和程序计数器的,以便保存线程内部所使用的数据和指令位置。这个属于线程的内存空间很小,称为线程栈。这就使线程之间的切换比进程之间的切换要简便得多,所以线程也被称为轻型进程(light weight process,LWP)。

在采用多线程技术的程序中,同一个进程中的多个线程之间可以并发执行,并且一个线程可以创建和撤销另一个线程。当系统创建一个进程时,就会自动生成它的第一个线程——称为主线程。然后可以由这个主线程生成其他线程,而这些线程又可以生成更多的线程。

3. Java 主线程

Java 支持多线程的程序设计,并且其程序是以线程的方式运行的。当 JVM 加载代码,发现 main 方法后就启动一个线程,这个线程称作"主线程"(Main Thread,在 Windows 窗体应用程序中一般指 UI 线程),该线程负责执行 main 方法。在 main 的方法中还可以再创建其他线程。简单地说,main 函数是一个应用的入口,也代表了这个应用的主线程。

Java 程序运行时所有的线程都直接或间接地由主线程生成,并由主线程进行直接或间接的调度、分派。如果 main 方法中没有创建其他线程,那么当 main 方法返回时 JVM 就会结束 Java 应用程序。但如果 main 方法中创建了其他线程,那么 JVM 就要在主线程和其他线程之间轮流切换,保证每个线程都有机会使用 CPU 资源。

14.1.2　Java 线程的生命周期

每个线程都有从创建、启动到消亡的过程,这个过程称为线程的生命周期。一个线程在完整的生命周期的某一时刻会处于图 14.1 所示的新建、就绪、运行、阻塞、消亡 5 个状态之一,该图中还给出了引起 Java 线程状态变化的原因。

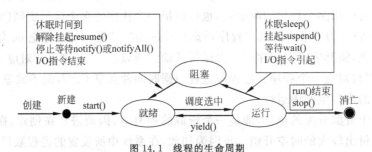

图 14.1　线程的生命周期

1. 新建(new)状态

新建(new)状态又称新生状态。创建 Java 线程就是创建 Java 线程对象。为了创建线程对象,必须先创建一个适合于问题的线程类。Java 提供了如下两种创建线程类的途径。

1) 通过 Runnable 接口的实现类创建

【代码 14-1】　Runnable 接口的实现类实例。

```
public class MyRunnableTest implements Runnable {    // 定义 Runnable 接口的实现类
    @Override
    public void run() {                               // 实现 run()方法
        // 业务逻辑代码
```

```
    }
    public static void main(String[] args) {
        // 其他代码
        MyRunnableTest r = new MyRunnableTest();      // 创建线程目标对象
        Thread t = new Thread(r);                      // 将线程对象传递(转换为 Thread 对象)
        t.setName("myTestThread");                     // 为线程建立名字
        t.start();                                     // 启动线程
        // 其他代码
    }
}
```

说明：

（1）Runnable 接口只有一个抽象方法——run()方法，因此其实现类要实现 run()，在其中实现自己的业务逻辑。

（2）实现 Runnable 接口的实现类对象（称线程的目标对象）自己不能启动线程，需要将此类的对象传递给 Thread，由 Thread 的 start()方法启动。

（3）main 函数是 Java 运行启动的入口，它是由一个叫 main 的主线程调用的。

（4）如果一个线程没有专门设置名称，程序会默认将名称设置为 Thread-num，num 是从 0 开始累加的数字。

2) 通过 Thread 类的派生类创建

【代码 14-2】 Thread 类的派生类实例。

```
public class MyThread extends Thread {                 // 定义 Thread 的派生类
    @Override
    public void run() {                                 // 实现 run()方法
        // 业务逻辑代码
    }
    /**
     * @param args
     */
    public static void main(String[] args) {
        MyThread t = new MyThread();                    // 创建线程
        t.setName("myTestThread");                      // 为线程建立名字
        t.start();                                      // 启动线程
        // 其他代码
    }
}
```

说明：Thread 是 Runnable 接口的一个实现类，因此继承 Thread 后需要覆盖 run()来实现自己的业务逻辑。

3) 实现 Runnable 接口方式与继承 Thread 类方式比较

在程序开发中只要是多线程永远以实现 Runnable 接口为主，因为实现 Runnable 接口相比继承 Thread 类有如下好处：

（1）适合多个相同程序代码的线程去处理同一资源的情况，把虚拟 CPU（线程）同程序的代码、数据有效地分离，较好地体现了面向对象的设计思想。

（2）可以避免由于 Java 的单继承特性带来的局限。用户经常碰到这样一种情况：当要将已经继承了某一个类的子类放入多线程中时，由于一个类不能同时有两个父类，所以不能用继承 Thread 类的方式，而只能采用实现 Runnable 接口的方式。

（3）有利于程序的健壮性，代码能够被多个线程共享，代码与数据是独立的。当多个线程的执行代码来自同一个类的实例时，即称它们共享相同的代码。多个线程操作相同的数据，与它们的代码无关。当共享访问相同的对象时，它们共享相同的数据。当线程被构造时，需要的代码和数据通过一个对象作为构造器实参传递进去，这个对象就是一个实现了 Runnable 接口的类的实例。

例 14.1 卖票程序：共有 10 张火车票，在 5 个售票点上销售。

【代码 14-3】 用继承 Thread 类的子类创建卖票线程。

```java
package edu.jiangnan.zhang.ch1501;
class MyThread extends Thread{
    private int ticket = 10;
    public void run(){
        for(int i = 0;i<20;i++ ){
            if(this.ticket>0){
                System.out.println("卖票: ticket"+ this.ticket--);
            }
        }
    }
}
```

【代码 14-4】 通过 5 个线程对象同时卖票。

```java
package edu.jiangnan.zhang.ch1501;
public class ThreadTicket {
    public static void main(String[] args) {
        MyThread mt1 = new MyThread();
        MyThread mt2 = new MyThread();
        MyThread mt3 = new MyThread();
        MyThread mt4 = new MyThread();
        MyThread mt5 = new MyThread();
        mt1.start();
        mt2.start();
        mt3.start();
        mt4.start();
        mt5.start();
    }
}
```

说明：这里共生成了 5 个目标线程对象，要执行 5 次 run()方法，每次都卖出 10 张票，共卖出 50 张票。但实际上只有 10 张票，出现错误，原因是不能资源共享。

【代码 14-5】 通过 Runnable 接口的实现类创建卖票线程，并通过 5 个线程对象同时卖票。

```
package edu.jiangnan.zhang.ch1502;
class MyThread implements Runnable{
    private int ticket = 10;
    public void run(){
        for(int i= 0;i<20;i++ ){
            if(this.ticket>0){
                System.out.println("卖票: ticket"+ this.ticket--);
            }
        }
    }
}
```

【代码 14-6】 通过 5 个线程对象同时卖票。

```
package edu.jiangnan.zhang.ch1502;
public class RunnableTicket {
    public static void main(String[] args) {
        MyThread mt = new MyThread();
        new Thread(mt).start();
        new Thread(mt).start();
        new Thread(mt).start();
        new Thread(mt).start();
        new Thread(mt).start();
    }
}
```

说明：这里只生成了一个目标线程对象，虽然执行了 5 次 start()方法，但都只在一个目标线程对象上运行，所以总共卖出 10 张票，原因是实现了资源共享。

使用 Thread 子类创建线程的优点是可以在子类中增加新的成员变量或方法，使线程具有某种属性或功能。

2. 就绪(runnable)状态

就绪状态又称可运行(runnable)状态。处于新建状态的线程被启动才处于可运行状态。在 Java 程序中，一个线程对象调用 start()方法启动。

3. 运行(running)状态

具备了运行条件并非就可以立即运行，还需要获得 CPU 时间片才能运行。CPU 时间片的分配是由 JVM 的线程调度程序(thread scheduler)调度的。处于就绪状态的线程一旦被调度并获得 CPU 资源，就进入运行状态。

处于运行状态的线程除可以进入死亡状态外，还可能进入就绪状态和阻塞状态。

1) 从运行状态到就绪状态

处于运行状态的线程调用了 yield()方法，它将放弃 CPU 时间，进入就绪状态。这时有几种可能的情况：

(1) 如果没有其他的线程处于就绪状态等待运行，该线程会立即继续运行。

(2) 如果有等待的线程,此时线程回到就绪状态与其他线程竞争 CPU 时间。一般来说,调用 yield()方法只能将 CPU 时间让给具有同优先级的或高优先级的线程而不能让给低优先级的线程。

调用线程的 yield()方法可以使耗时的线程暂停执行一段时间,使其他线程有执行的机会。

2) 从运行状态到阻塞状态

有多种原因可以使当前运行的线程进入阻塞状态,进入阻塞状态的线程当相应的事件结束或条件满足时进入就绪状态。使线程进入阻塞状态可能有多种原因:

(1) 线程调用了 sleep()方法,将停止执行一段时间,进入休眠状态。休眠结束回到就绪状态,与其他线程竞争 CPU 时间。

(2) 一个运行的线程,遇到有的线程需要进行 I/O 操作(如从键盘接收数据)时就会离开运行状态而进入阻塞状态,这称为 I/O 阻塞。Java 所有的 I/O 方法都具有这种行为。

(3) 有时某个线程的执行需要等待另一个线程执行结束后再继续执行,这时可以调用 join()方法进入阻塞状态。

(4) 在对象上 wait()方法等待某个条件变量,此时该线程进入阻塞状态,直到被通知(调用了 notify()或 notifyAll()方法)结束等待后,线程回到就绪状态。

(5) 另外,如果线程不能获得对象锁,也进入就绪状态。

4. 阻塞(blocked)状态

阻塞状态又称不可运行状态,当一个运行中的线程由于某些原因阻碍它的运行时便进入阻塞状态。在阻塞状态下,调度程序不会为其分配 CPU 周期。阻碍因素解除,也不会直接进入运行状态,而要先进入就绪状态重新排队或按照优先级别强占当前运行的线程资源。

5. 消亡(dead)状态

消亡状态也称死亡状态或终止状态,有两种情况使线程进入死亡状态。
(1) 正常死亡:线程运行方法(逻辑处理方法)run()执行结束。
(2) 非正常死亡:一个未捕获的异常使线程被中止(stop)或被撤销(destroy)。

14.1.3 Java 多线程程序实例:室友叫醒

例 14.2 某宿舍中住有两个室友李仕和王舞,早上,李仕起床后,王舞还在睡觉。李仕每隔两分钟要叫醒王舞一次:"快起床!"。李仕叫醒 5 次后,王舞起床。

这里有两个线程,即叫醒者线程和睡觉者线程。李仕按约定执行叫醒 maxWakeTimes 次后,不管王舞有没有起床,不再叫他,即叫醒者线程死亡;同时,王舞起床后,睡觉者线程即中断。下面分别介绍如何通过上述两种途径创建本例中的线程。

1. 通过继承 Thread 类的子类创建线程

Thread 类把 Runnable 接口中唯一的方法 run()实现为空方法,所以通过继承 Thread 类创建线程必须覆盖方法 run()。

【代码 14-7】 用继承 Thread 类的子类创建线程的例 14.2 的程序代码。

```java
public class Roommate {
    public static void main(String[] args) {
        SleeperThread wangWu = new SleeperThread("王舞");
        WakerThread liShi = new WakerThread(5);
        wangWu.start();
        liShi.start();
    }
}

class WakerThread extends Thread {
    private static int maxWakeTimes = 1;
    private static int wakeTimes = 0;

    public WakerThread(int n) {
        super();
        maxWakeTimes = n;
    }
    public static int getWakeTimes() {
        return wakeTimes;
    }
    public static int getMaxWakeTimes() {
        return maxWakeTimes;
    }
    @Override
    public void run() {
        while(wakeTimes <= maxWakeTimes) {
            System.out.println("快起床!");
            try {
                sleep(2 * 60 * 1000);                    // 间隔两分钟
            }catch(InterruptedException ie) {}
            wakeTimes++;
        }
    }
}

class SleeperThread extends Thread {
    private String  name;

    public SleeperThread(String name)        {
        this.name = name;
    }
    public String get_Name()     {
        return name;
    }
    @Override
    public void run() {
        while(true) {
```

```
            System.out.println(get_Name()+ "在睡觉中…");
            try {
                sleep(2 * 60 * 1000);                    // 间隔两分钟
            }catch(InterruptedException ie) {}
            if(WakerThread.getWakeTimes() >= WakerThread.getMaxWakeTimes())
                break;
            }
            System.out.println(get_Name()+ "起来了…");
            interrupt();
        } // 中断睡觉
    }
```

程序的执行结果如下：

```
快起床！
王舞在睡觉中…
快起床！
王舞在睡觉中…
快起床！
王舞在睡觉中…
快起床！
王舞在睡觉中…
快起床！
王舞在睡觉中…
快起床！
王舞起来了…
```

讨论：

（1）分析运行结果可以看出，wangWu 和 liShi 两个线程是交错运行的，感觉就像是两个线程在同时运行。但是实际上一台计算机通常只有一个 CPU，在某个时刻只能有一个线程在运行，而 Java 语言在设计时就充分考虑到线程的并发调度执行。对于程序员来说，在编程时要注意给每个线程执行的时间和机会，主要是通过线程睡眠的办法（调用 sleep()方法）让当前线程暂停执行，再由其他线程来争夺执行的机会。如果上面的程序中没有用到 sleep()方法，则就是线程 wangWu 先执行完毕，然后线程 liShi 再执行完毕。所以用活 sleep()方法是学习线程的一个关键。

（2）通过继承 Thread 类来创建线程，代码简洁，容易理解。但是，由于 Java 的单一继承机制，使得当一个类继承了 Thread 类时就无法再继承其他类，这在许多情况下不得不采取另一种方法——通过实现接口 Runnable 来创建线程。

2. 通过 java.lang.Runnable 接口的实现类创建线程

【代码 14-8】 用 Runnable 接口的实现类创建线程的例 14.2 的程序代码。

```
public class Roommate {
    public static void main(String[] args) {
        Thread t1 = new Thread(new RoommateThread(5, "李仕"));
        t1.setName("waker");
```

```java
        Thread t2 = new Thread(new RoommateThread(5,"王舞"));
        t2.setName("sleeper");
        t2.start();
        t1.start();
    }
}

class RoommateThread implements Runnable {
    private static int maxWakeTimes, wakeTimes = 0;
    private String name;

    public RoommateThread(int n, String name) {
        this.name = name;
        maxWakeTimes = n;
    }
    public String get_Name() {
        return name;
    }
    @Override
    public void run() {
        if(Thread.currentThread().getName().equals("waker")) {
            for(wakeTimes = 0; wakeTimes <= maxWakeTimes; wakeTimes ++ ) {
                System.out.println("快起床!");
                try {
                    Thread.sleep(2 * 60 * 1000);                // 间隔两分钟
                }catch(InterruptedException ie) {}
            }
        }
        else if(Thread.currentThread().getName().equals("sleeper")) {
            while(true) {
                System.out.println(get_Name() + "在睡觉中…");
                try {
                    Thread.sleep(2 * 60 * 1000);                // 间隔两分钟
                }catch(InterruptedException ie) {}
                if(wakeTimes >=maxWakeTimes) {
                    System.out.println( get_Name() + "起来了…");
                    return;                                     // 中断睡觉
                }
            }
        }
    }
}
```

执行结果如下：

```
王舞在睡觉中…
快起床!
快起床!
王舞在睡觉中…
```

```
快起床!
王舞在睡觉中…
快起床!
王舞在睡觉中…
快起床!
王舞在睡觉中…
快起床!
王舞起来了…
```

14.1.4 线程调度与线程优先级

支持多线程是 Java 语言的一个特点。为了彰显多线程的优越性,多数 Java 应用程序都是由多个线程所组成的,并且在同一时刻往往会有多个线程满足了运行条件。但是,在单 CPU 的计算机中,每一时刻只有一个线程可以运行。在双 CPU 的计算机内,也只有两个 CPU,即使是在多 CPU 的计算机中,CPU 也是有限的。因此,线程并不会完全并行执行。为此,Java 会提供一个线程调度器监视启动后进入可运行状态的所有线程,并按照一定的规则对这些线程进行调度。

1. Java 线程的优先级标准

(1) 分为 10 个等级,分别用 1~10 的数字表示。数字越大,表明线程的级别越高。
(2) 默认的优先级为 5。在没有特别指出的情况下,主线程的优先级为 5。
(3) 对于子线程,其初始优先级与父线程相同。
(4) 一个线程的优先级可以由程序员设定或改变。

2. Java 线程的调度策略

Java 线程的调度策略是:优先级高的线程应该获得 CPU 资源执行的更大概率,优先级低的线程也并非总不能执行。通常采用下面两种调度策略。

(1) 强占式(preemptive)调度策略:通常,Java 运行时系统支持一种简单的固定优先级的调度算法。

高优先级的线程会在较低优先级线程之前得到执行,并且在当前线程执行过程中,若有更高优先级的线程就绪,则该优先级高的线程会被立即执行。

若具有相同优先级的多个线程都为最高优先级,将按照"先到先服务"的方式执行。

(2) 时间片轮转(round-robin)调度策略:这种调度策略是从所有处于就绪状态的线程中选择优先级最高的线程分配一定的 CPU 时间运行,该时间过后再选择其他线程运行。只有当前线程运行结束、放弃(yield)CPU 或由于某种原因进入阻塞状态,低优先级的线程才有机会执行;如果有两个优先级相同的线程都在等待 CPU,则调度程序以轮转的方式选择运行的线程。

具体采用哪种策略取决于 JVM,也依赖于操作系统。

14.1.5 知识链接:JVM 运行时数据区

任何一个程序的运行都离不开内存。内存与任何用于存放物品的空间一样,只有按照用途进行位置的合理划分才能提高存取效率。随着一个JVM被启动,系统首先创建了两个存储区,即Java堆(Java heap)区和方法区(methods area)。之后随着线程的创建,JVM便要为每个线程创建3个存储区,即程序计数器(program counter register,PC)、Java虚拟机栈(Java virtual machine stack,VM stack)和本地方法栈(native method stack),形成图14.2所示的基本存储结构。

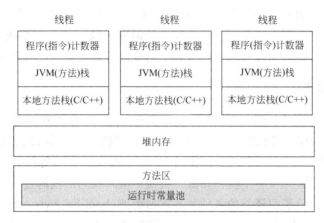

图14.2 JVM运行时数据区的基本结构

也就是说,JVM运行时数据区按照线程分为两大部分,即线程共享区和线程私有区。线程(thread)是程序可以独立运行的片段,或者说是程序执行流的最小单元。当系统允许一个程序的执行可以被划分为多个执行流时就称为多线程系统。JVM运行时数据区的划分是为了支持多线程处理的需要,并且也有利于内存的管理。

1. Java堆

Java堆是可供各条线程共享的运行时内存区域,用于存储所有类实例和数据对象。它在虚拟机启动的时候就被创建,是一个被自动管理内存系统(automatic storage management system),即垃圾回收器(garbage collector)所管理,所存储的对象无须、也无法显式被销毁;其容量可以是固定大小,也可以随着需求动态扩展并在不需要过多空间时自动收缩;它所使用的内存不需要保证是物理连续的,只要逻辑上是连续的即可;如果实际所需的堆超过了自动内存管理系统能提供的最大容量,则会抛出OutOfMemoryError异常。

2. 方法区

方法区是可供各条线程共享的运行时内存区域,也是类的所有实例共享的区域,用于存储已被虚拟机加载的类信息、常量、静态变量、即时编译器编译后的代码等数据。

方法区的大小不必是固定的,JVM可根据应用需要动态调整;同时,它是一个内存逻辑区域,也不一定连续,可以在一个堆(甚至是JVM自己的堆)中自由分配,也可被垃圾收集。当方法区的可用内存无法满足内存分配需求时,JVM会抛出OutOfMemoryError错误。

方法区中有一个特殊的区域称为运行时常量池(Runtime Constant Pool),它包含的是数值文字和字段常量,在类或接口加载类文件时由 JVM 创建。当创建类和接口时,如果构造运行时常量池所需的内存空间超过了方法区所能提供的最大内存空间就会抛出 OutOfMemoryError。

3. 程序计数器

程序计数器是一块较小的内存空间,可以看作是当前线程所执行的字节码行号指示器。字节码解释器工作时就是通过改变这个计数器的值来选取下一条需要执行的字节码指令,分支、循环、跳转、异常处理、线程恢复等基础功能都需要依赖这个计数器完成。

4. Java 虚拟机栈

与程序计数器一样,Java 虚拟机栈也是线程私有的,它的生命周期与线程相同。虚拟机栈描述的是 Java 方法执行的内存模型,每个方法被执行的时候都会同时创建一个栈帧(Stack Frame)用于存储局部变量表、操作栈、动态链接、方法出口等信息。每一个方法被调用直到执行完成的过程对应一个栈帧在虚拟机栈中从入栈到出栈的过程。

局部变量表中存放了编译器的各种基本数据类型(boolean、byte、char、short、int、float、long、double)、对象引用(object reference)和字节码指令地址(returnAddress 类型)。

Java 栈空间可以被动态扩展,也可以是固定的长度。Java 栈可能会出现两种异常:

- 若线程请求的栈深度大于 JVM 所允许的深度,将抛出 StackOverflowError 异常。
- 当 Java 栈空间扩展时无法得到足够的空间,将抛出 OutOfMemoryError 异常。

5. 本地方法栈

JVM 一般用传统栈实现,俗称"C 栈",用来支持本地方法(即不是用 Java 语言写的方法)。本地方法栈还可以被用于翻译 C/C++ 所编写的 JVM 指令集。那些不加载本地方法,不依赖于传统栈所实现的 JVM 不需要提供本地方法栈。

14.2 java.lang.Thread 类

Thread 类继承自 java.lang.Object,也是 Runnable 接口的一个实现类,其定义部分如下:

```
public class Thread extends Object implements Runnable
```

在 Thread 类中定义了各种用于创建和控制线程的方法和属性。

14.2.1 Thread 类的构造器

- public Thread():创建线程,系统设置默认线程名。
- public Thread(String name):创建线程,指定一个线程名。
- public Thread(Runnable target, String name):创建线程;指定一个线程名,线程启

动时,激发目标对象自动 target 调用接口中的 run()方法,执行业务逻辑。
- public Thread(Thread Group group,Runnable target,String name):创建线程;线程启动时,激发 target 中的 run()方法;指定一个线程名;将线程加入线程组 group。

14.2.2 Thread 类中的优先级别静态常量

Java 所有的线程在运行前都会保持就绪状态,排队等待 CPU 资源。但是也有例外,即优先级别高的线程会被优先执行。为了将线程对于操作系统和用户的重要性区分开,Java 定义了线程的优先级策略。相应地,在 Thread 类中定义了表示线程最低、最高和普通优先级的 3 个静态成员变量(见表 14.1)分别代表优先级的最低、中等和最高。当一个线程对象被创建时,其默认的线程优先级是中等(NORM_PRIORITY)。

表 14.1 Java 线程的优先级别

静态常量的定义	描　　述	表示常量
public static final TYPE MIN_PRIORITY	最低优先级	1
public static final TYPE NORM_PRIORITY	中等优先级(默认优先级)	5
public static final TYPE MAX_PRIORITY	最高优先级	10

可以使用 setPriority()方法设置一个线程的优先级别。

14.2.3 Thread 类中影响线程状态的方法

表 14.2 所示为 Thread 类中定义的会影响线程状态的几个方法。

表 14.2 影响线程状态的方法

方　法　名	状态变化	说　　明
public void start()	新建→就绪	启动线程
public void run()	就绪→运行 运行→死亡	线程入口点,被 start()自动调用,运行线程。 执行结束,线程正常死亡
public static void sleep(long millis[,int nanos])	运行→阻塞	当前线程休眠 millis 毫秒+nanos 纳秒,再进入就绪
public void wait([long millis])	运行→阻塞	等待或最多等待 millis 毫秒,只能在同步方法中被调用
public void notify()	阻塞→就绪	唤醒等待队列中优先级别最高的线程,用于同步控制
public void notifyAll()	阻塞→就绪	唤醒等待队列中的全部线程,用于同步控制
public final void join([long millis[,int nanos]])	运行→就绪	连接线程,暂停当前线程的执行
public static void yield()	运行→就绪	暂停正在执行的线程
public void destroy()	运行→死亡	撤销当前线程,但不进行任何善后工作

下面重点介绍几个可以暂停一个线程执行的方法。

1. 线程休眠:sleep()方法

一个线程执行 sleep()方法后就会进入阻塞状态休眠一段时间,休眠的时间由 sleep()的参数设定。按照指定休眠时间的精确性,sleep()的参数分为两种:精确时间的参数为(long millis,int nanos),指定休眠 millis 毫秒＋nanos 纳秒；较粗略的时间参数只指定 millis 毫秒。

Thread 类中定义了一个 interrupt()方法。一个处于睡眠中的线程若调用了 interrupt()方法，该线程会立即结束睡眠进入就绪状态。

2. 线程让步：yield()方法

yield()方法也可以暂停一个线程的执行，放弃当前分得的 CPU 时间，但是它不使线程阻塞，而是将该线程放入可执行池中。若这时可执行池中有一个同优先级的进程，就把 CPU 交给这个线程；若可执行池中没有同优先级的线程，则被中断的线程将继续执行。这样不会浪费 CPU 资源，而 sleep()在休眠时可能会浪费 CPU 时间。

3. 线程连接：join()方法

yield()和 sleep()是当前线程的方法，而 join()是另外一个线程的方法。一个线程调用另一个线程的 join()方法就是强制让那个线程运行，自己进入阻塞状态，等到那个线程死亡后恢复运行。

14.2.4　Thread 类中的一般方法

- public final String getName()：获取线程对象名字。
- public final void setName(String name)：设置线程对象名字。
- public final boolean isAlive()：测试线程是否在运行状态。
- public final ThreadGroup getThreadGroup()：获取线程组名。
- public String toString()：用字符串返回线程信息。
- public static boolean interrupted()：测试当前线程是否被中断。
- public Thread currentThread()：获取正在使用 CPU 资源的线程。
- public void interrupt()：中断线程，在阻塞状态会抛出异常，终止起阻塞作用的调用。

14.2.5　Thread 类从 Object 继承的方法

Thread 类还继承了类 java.lang.Object 的所有方法，其中的 clone()、equals()、getClass()、hashCode()已经在前面介绍。在线程管理中有重要作用的 notify()、notifyAll()和 wait()只能被同步方法调用，将在 14.3.1 节介绍。

14.3　多线程管理

14.3.1　多线程同步共享资源

1. 问题的提出

Java 可以创建多个线程。在多线程程序中必须关注多线程共享资源时的冲突问题。例如，在售票系统中可以为每一位旅客生成一个线程，假若他们在不同的计算机上访问系统，则有可能出现如下问题：系统中只剩余 1 张票，而同时有 3 位旅客订票。结果出现 3 位旅客订的是同一张票。再如,银行存/取款系统中,某个账号中只有1万元,而两个客户同时取款,并且各取1万元,就有可能两人都取走1万元。

资源冲突可能导致系统中的数据出现不完整性和不一致性,克服的办法是协调各线程对共享资源的使用——多线程同步。

2. 对象互斥锁

实现线程同步的基本思想是确保某一时刻只有一个线程对共享资源进行操作。Java 用关键字 synchronized 为共享的资源对象加锁,这个锁称为互斥锁或互斥量(mutex),也称信号锁。当对象被加以互斥锁后,表明该对象在任一时刻只能由一个线程访问,即共享这个资源的多个线程之间成为互斥关系,这个被锁定的对象成为同步对象。

synchronized 可以锁定一段代码。当一个对象成为同步对象后,只能由一个线程获得访问权,即拥有该对象的锁,只有该线程访问结束才会自动开锁。期间,若另外一个线程也要执行这段代码,只能等待。

3. java.lang.Object 类中提供的互斥锁配合方法

在 java.lang.Object 类中提供了3个方法配合互斥锁处理线程同步。这3个方法也只能在同步方法中被调用,只能出现在 synchronized 锁定的一段代码中。

(1) public final void wait():当一个线程使用的同步方法中要用到某个变量,而该变量又需要其他线程修改才能符合本线程的需要时,则可以在同步方法中将当前线程挂起,释放互斥锁,进行等待。注意,它与 sleep() 不同,sleep() 不会释放互斥锁。

(2) public final void notify() 和 public final void notifyAll():当有一些线程等待某个同步方法时,可以使用 public final void notify() 唤醒等待队列中优先级别最高的一个线程,用 public final void notifyAll() 唤醒等待队列中的所有线程。

4. 多线程互斥与同步示例

例 14.3 银行汇款程序。一个银行可以接受客户汇款,并且每收到一笔汇款就计算一次总额。现有两个客户,每人分5次,每次汇入该银行200元钱。考虑网络拥塞和延迟,银行每处理一笔交易后要"小歇"0~2s。

【代码 14-9】 例 14.3 的程序代码。

```
public class SynchroThread {
    public static void main(String[] args) {
        Ccustomer clianet1 = new Ccustomer();
        Ccustomer clianet2 = new Ccustomer();
        clianet1.start();
        clianet2.start();
    }
}
class Cbank {
    private static double sum = 0.0;
```

```java
    public synchronized static void add(double m) {        // 定义加锁方法
        double temp = sum;
        temp = temp + m;
        try {
            Thread.sleep((int)(2 * 1000 * Math.random()));  // 取 0~2s 中的随机数"小歇"
        }catch(InterruptedException ie) {}
        sum = temp;
        System.out.println("sum = " + sum);
    }
}

class Ccustomer extends Thread {
    @Override
    public void run() {
        for(int i = 1; i <= 5; i ++ ) {
            Cbank.add(200);
        }
    }
}
```

运行结果如下：

```
sum = 200.0
sum = 400.0
sum = 600.0
sum = 800.0
sum = 1000.0
sum = 1200.0
sum = 1400.0
sum = 1600.0
sum = 1800.0
sum = 2000.0
```

14.3.2 线程死锁问题

在有两个以上线程的系统中，当形成封闭的等待环时就会产生死锁现象。即一个线程 A 在等待线程 B 的资源，线程 B 在等待线程 C 的资源，……，又在等待线程 A 的资源，最后形成无限制的等待。

Java 还没有有效地解决死锁的机制，有效的办法是谨慎使用多线程，并注意以下几点：
(1) 真正需要时才采用多线程程序。
(2) 对共享资源的占有时间要尽量短。
(3) 使用多个锁时，确保所有线程都按照相同的顺序获得锁。

14.3.3 线程组

Java 允许使用线程组（Thread Group）对一组线程进行统一管理。例如调用 interrupt()

方法中断某个线程组中所有线程的运行等。

线程组管理的职责由 ThreadGroup 类担当。一般来说，线程组的操作有如下 3 类：

(1) 创建线程组。

(2) 将有关线程加入线程组。

(3) 对线程组中的线程进行统一操作。

1. 创建线程组

线程组由 ThreadGroup 的构造器创建，参数为线程组名。ThreadGroup 构造器的两种原型如下：

```
public ThreadGroup(String name);
public ThreadGroup(ThreadGroup parent, String name);
```

其中，name 指线程组名称，parent 用于指定父线程。

例如：

```
String groupname = "myThreadGroup";
ThreadGroup tg = new ThreadGroup(groupName);
```

2. 将有关线程加入线程组

可以在创建一个线程时将其添加到线程组中，例如：

```
Thread t = new Thread(tg, "aThread");
```

3. 对线程组中的线程进行统一操作

对线程组中的线程进行操作使用 ThreadGroup 的有关方法。例如要将线程组 tg 中的线程全部中断，可以调用 ThreadGroup 的方法 interrupt()，即

```
tg.interrupt();
```

若要检查线程组中的线程是否处于可运行状态，可以调用方法 activeCount()，即

```
tg.activeCount() == 0;
```

习 题 14

概念辨析

1. 选择题。

从备选答案中选择下列各题的答案，如有可能，设计一个程序验证自己的判断。

(1) 在下面关于线程的叙述中,正确的是(   )。
    A. 每个线程有独立的代码和数据空间
    B. 每个线程有独立的运行栈和程序计数器
    C. 多线程指操作系统同时运行多个程序(任务),也称多任务
    D. 多线程指同一应用程序中有多个顺序流同时执行
    E. 线程是轻量级进程,同一类线程可以共享代码和数据空间

(2) 在下列情况中,线程放弃 CPU,进入阻塞状态的是(   )。
    A. 系统死机
    B. 线程进行 I/O 访问、外存读/写、等待用户输入等
    C. 为等候一个条件,线程调用 wait()方法
    D. 在抢先式系统中,低优先级别线程参与调度

(3) 线程生命周期中正确的状态是(   )。
    A. 新建状态、运行状态和终止状态
    B. 新建状态、运行状态、阻塞状态和终止状态
    C. 新建状态、可运行状态、运行状态、阻塞状态和终止状态
    D. 新建状态、可运行状态、运行状态、恢复状态和终止状态

(4) 如果线程当前是新建状态,则它可到达的下一个状态是(   )。
    A. 运行状态   B. 阻塞状态   C. 可运行状态   D. 终止状态

(5) 在下列方法中,用于调度线程使其运行的是(   )。
    A. init()   B. run()   C. start()   D. sleep()

(6) 在下列方法中,可能使线程停止执行的是(   )。
    A. sleep()   B. wait()   C. notify()   D. yield()

(7) 调用线程的下列方法,不会改变该线程在生命周期中的状态的方法是(   )。
    A. yield()   B. wait()   C. sleep()   D. isAlive()

(8) 下列关于线程优先级的说法中,正确的是(   )。
    A. 线程的优先级是不能改变的   B. 线程的优先级是在创建线程时设置的
    C. 在创建线程后的任何时候都可以设置   D. B 和 C

(9) 下列各项操作中可以用来创建一个新线程的是(   )。
    A. 实现 java.lang.Runnable 接口并重写 start()方法
    B. 实现 java.lang.Runnable 接口并重写 run()方法
    C. 继承 java.lang.Thread 类并重写 run()方法
    D. 实现 java.lang.Thread 类并实现 start()方法

(10) 下列关于线程调度的叙述中,错误的是(   )。
    A. 调用线程的 sleep()方法,可以使比当前线程优先级低的线程获得运行机会
    B. 调用线程的 yield()方法,只会使与当前线程相同优先级的线程获得运行机会
    C. 当有比当前线程的优先级高的线程出现时,高优先级线程将抢占 CPU 并运行
    D. 具有相同优先级的多个线程的调度一定是分时的

(11) 在下列描述中,可用于定义新线程类的是(   )。
    A. implement the Runnable interface   B. add a run() method in the class
    C. create an instance of Thread   D. extend the Thread class

(12) 下列可以终止当前线程运行的是(   )。
    A. 当创建一个新线程时   B. 当一个优先级高的线程进入就绪状态时

C. 当其他线程调用 start()方法时　　　　D. 当抛出一个异常时
E. 当该线程调用 sleep()方法时

(13) 下列说法中错误的一项是(　　)。
A. 一个线程是一个 Thread 类的实例
B. 线程从传递给线程的 Runnable 实例的 run()方法开始执行
C. 线程操作的数据来自 Runnable 实例
D. 新建的线程调用 start()方法就能立即进入运行状态

(14) 下面会将一个正在执行的线程中断的方法是(　　)。
A. wait()　　　　B. notify()　　　　C. yield()　　　　D. suspend()

2. 判断题。
(1) 被同步的方法在同一时刻可以被不同的线程对象来调用。　　　　　　　　(　)
(2) 可以使用 run()方法启动一个新的线程。　　　　　　　　　　　　　　　(　)
(3) wait()、notify()、notifyAll()只能在同步方法中使用。　　　　　　　　(　)
(4) 多线程有两种实现方法,分别是继承 Thread 类与实现 Runnable 接口。　　(　)
(5) synchronized 会自动释放锁,而 Lock 则要求手工释放,并且必须在 finally 从句中释放。(　)
(6) sleep()方法使一个正在运行的线程处于休眠状态,是一个实例方法,调用此方法要捕捉 InterruptedException 异常。　　　　　　　　　　　　　　　　　　　　　　(　)
(7) 守护线程在生成它的线程结束时也将结束运行。　　　　　　　　　　　　(　)

代码分析

1. 阅读下面各题的代码,从备选答案中选择答案,并设计一个程序验证自己的判断。
(1) 对于代码

```
public class Test {
    public static void main(String[] args) {
        Thread t = new Thread(new RunHandler());
        t.start();
    }
}
```

RunHandler 类必须(　　)。
A. 实现 java.lang.Runnable 接口　　　　B. 继承 Thread 类
C. 提供一个声明为 public 并返回 void 的 run()　　D. 提供一个 init()方法

(2) 有下面一段代码

```
class RunTest implements Runnable {
    public static void main(String[] args) {
        RunTest rt = new RunTest();
        Thread t = new Thread(rt);
        // R
    }
    public void run() {
        System.out.println("running");
    }
    void go() {
        start(1);
```

```
        }
        void start(int i) {}
}
```

在下列语句中选择一个合适的填写在注释"// R"处,使程序能在屏幕上显示"running"。

A. System.out.println("running");   B. rt.start();
C. rt.go();   D. rt.start(1);

(3) 下面的代码在编译或运行时的情况为(　　)。

```
public class Exercise extends Thread {
    static String name = "Hello";
    public static void main(String[] args) {
        Exercise ex = new Exercise();
        ex.set(name);
        System.out.println(name);
    }
    public void set(String name) {
        name = name + "world";
        start();
    }
    public void run() {
        for(int i = 0; i < 4; i ++ )
            name = name + " " + i;
    }
}
```

A. 编译出错
B. 编译通过,输出"Hello world"
C. 编译通过,输出"Hello world 0 1 2 3"
D. 编译通过,输出"Hello world 0 1 2 3"或"Hello"

(4) 下面的代码在编译或运行时的情况为(　　)。

```
public class Exercise implements Runnable {
    int i = 0;
    public void run() {
        while (true) {
            i ++ ;
            System.out.println("i = " + i);
        }
        return 1;
    }
}
```

A. 编译时引发异常
B. 编译通过,调用 run()方法输出递增时的 i 值
C. 编译通过,调用 start()方法输出递增时的 i 值
D. 运行时引发异常

(5) 阅读下面的代码段

```
public class Threads4 {
    public static void main(String[] args) {
        new Threads4().go();
    }
    public void go() {
        Runnable r = new Runnable() {
            public void run() {
                System.out.print("foo");
            }
        };
        Thread t = new Thread(r);
        t.start();
        t.start();
    }
}
```

运行结果是(　　)。

A. 编译错误　　　　　　　　　　　　B. 抛出一个运行时异常
C. 代码执行正常并输出"foo"　　　　D. 代码执行正常但没有任何输出

2. 下列程序的功能是创建一个显示 5 个"Hello!"的线程并启动运行,请将程序补充完整。

```
public class ThreadTest extends Thread {
    public static void main(String args[]) {
        ThreadTest t = new _____;
        t.start();
    }
    public void run() {
        int i = 0;
        while(true) {
            System.out.println("Hello!");
            if(i ++ == 4) break;
        }
    }
}
```

开发实践

1. 两个小球,分别以不同的频率和高度跳动,请模拟它们的运动状况。
2. 用主线程中的两个线程模拟两个小球运动:一个做垂直上抛运动,一个做 45°斜抛运动。
3. 模拟一个电子时钟,它可以在任何时候被停止或启动,能独立运行,并且每隔 10s 显示一个时间。
4. 某汉堡店有两名厨师,一名营业员,两名厨师分别做一种类型的汉堡 A 和 B。该店的基本情况如下:

- A 类汉堡的初期产量:20 个;
- B 类汉堡的初期产量:30 个;
- A 类汉堡的制作时间:3s;

- B类汉堡的制作时间：4s；
- 购买A类汉堡的顾客频度：1s,1名；
- 购买B类汉堡的顾客频度：2s,1名。

请模拟这个汉堡店的营业情况。

5. 某售票窗口前买电影票的人正在排队，依次为张三、李四、王五3人。张三手中只有一张50元的钱，李四手中只有一张20元的钱，王五手中只有一张10元的钱。每张电影票10元，售票员只有3张10元的钱。请用一个多线程程序模拟这个买票过程。

6. 设计一个聊天类，用多个对象之间相互交换信息(输入－输出)模拟多人聊天。

7. 用多线程技术实现在上下分割的两个窗口中移动字符串。

思考探索

阅读下面的程序，指出其运行结果。

```
public class PingPong {
    public static synchronized void main(String [] args) {
        thread t = new Thread() {
            public void run() {pong();}
        };
        t.run();
        System.out.print("ping");
    }
    static synchronized void pong() {
        System.out.print("pong");
    }
}
```

上机验证自己的判断是否正确，并考虑程序每次运行的结果是否都相同。

第 15 单元　Java 数据结构和接口

随着计算机程序规模不断变大、需要处理的数据数量不断增加，如何组织、存储和处理一组简易非特定关系的数据引起人们极大的关注。经过多年的研究和实践建立起一整套包括了数据间各种关系的理论体系，形成一个相对独立的学科分支——数据结构（data structure）。在这个体系中把数据之间的每一种特定关系称为一种数据结构。这一单元介绍对这个体系的支持机制。

15.1　数据的逻辑结构与物理结构

15.1.1　数据的逻辑结构

数据的逻辑结构是数据结构的用户视图或应用视图，应用视图是从现实问题抽象出来的关于数据之间关系的描述。通常把数据的逻辑结构分为 3 种，即群结构（见图 15.1(a)）、表结构和映射结构。表结构包括线性表（见图 15.1(b)）和非线性表（包括树形结构与图形结构，见图 15.1(c)和图 15.1(d)）。

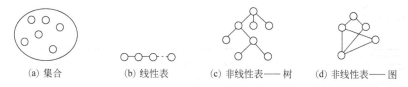

图 15.1　几种基本逻辑数据结构

1. 群结构

群结构（group structure）由同属于某个群集的元素组成，群中的元素除了仅属于同一群集之外，元素之间没有其他联系，甚至没有顺序关系。集合（set）就是一种群结构，它的基本特点是集合中的成员必须是互不相同的。

对于集合的操作包括如下一些：

- 加入（add）成员、删除（delete）成员。
- 对集合进行交（intersect）、并（union）、差（difference）运算。
- 判断一个数据是否为集合的成员，判断一个集合是否为另一个集合的子集，判断两个集合是否相等。
- 迭代：穷举查询等。

2. 表结构

1) 线性结构

线性结构（linear structure）也称线性表，其元素都按照某种顺序排列在一个序列中。

它的特点是除第一个元素外,其他每一个元素都有一个并且仅有一个直接前驱元素;除最后一个元素外,其他每一个元素都有一个并且仅有一个直接后继元素。

按照对结构(表)中的元素的存取方法,线性结构可以分为如下两种。

(1) 直接(随机)存取结构:可以直接存取结构中的某个元素而与前驱和后继元素无关。数组就是一种直接存取线性数据结构,可以用下标直接存取某个元素。

(2) 顺序存取结构:必须按照指定的规则、一定的顺序存取结构中的元素。堆栈(stack)和队列(queue)就是两种典型的顺序存取结构。

图 15.2 所示为一个堆栈的示意图。在堆栈中,元素的插入(压入)和删除(弹出)只能在一端进行插入,这一端称为栈顶(top),另一端称为栈底。就像一个只能让一个盘子进出的桶一样,盘子只能从桶口进出,并且只能采取"先进后出"(first-in last-out,FILO)或"后进先出"(last-in first-out,LIFO)的原则进行元素的压入(push)和弹出(pop)。现实中的许多问题可以抽象为堆栈结构,如多个方法嵌套调用,只能是先调用的后返回;在科层官僚体制中,上层一层一层地向下级下达指示,但只能一层一层地从下到上得到汇报;在仓库中堆放货物,后放进的要先拿出。

图 15.3 所示为一个队列的示意图。在队列中,元素的插入(inset、put、add 或 enque)和删除(remove、get、delete 或 deque)分别在一端进行:删除只能在队首(front)进行,插入只能在队尾(rear)进行。在现实中,凡是服务型业务都可以抽象为"先到先服务"(first in first out,FIFO)的队列模型。

图 15.2 堆栈示意图　　　　图 15.3 队列示意图

2) 非线性结构

在非线性结构中,一个元素可能会与多个元素有关系,形成一对多(树结构如图 15.1(c)所示)和多对多(图结构如图 15.1(d)所示)的关系。非线性结构中非常重要的操作是遍历,即按照一定的顺序访问结构中的所有结点(元素)。

3. 映射结构

映射结构是一种以二元偶对象为元素的集合结构,每个元素都以键-值(key-value,关键字-值)的形式存储在集合中。例如,前面例子中的系名-所在楼号就是一个键-值对数据。字典结构是一种典型的映射结构。对字典结构的操作有插入、删除、判断某元素是否为字典中的元素等。

15.1.2　数据的物理结构

数据的物理结构是数据结构的实现视图或计算机存储视图,是数据逻辑结构的物理存储方式或计算机解决方案。一般来说，数据的存储结构可以分为 4 种，即顺序存储（sequential storage）方式、链接存储（linked storage）方式、索引存储（indexed storage）方式和散列存储（hashing storage）方式。

1. 顺序存储

顺序存储是把逻辑上相邻的数据元素存储到物理相邻的存储空间中。数组就是用顺序存储方式实现的数据结构，并且常在高级语言程序中用一维数组来描述顺序存储。

2. 链接存储

链接存储不要求逻辑上邻接的数据元素在存储位置上也邻接，逻辑上的邻接关系要在数据元素上附加一个、两个表示邻接关系的引用（或指针）进行链接。堆栈、队列、树、图等可以用顺序存储实现，也可以用链接存储实现。图 15.4 所示为链表示意图。这个链表只用 next 指出了后继元素，称为单向链表。如果指出了后继元素，又用另一个引用（指针）previous 指出前向元素，从两个方面确定当前元素的位置，则称为双向链表。

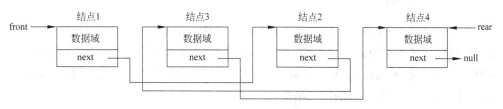

图 15.4　单向链表示意图

图 15.5 所示为从链表中删除一个结点的示意图。若要在单链表中删除结点 3，只要将结点 2 的 next 指针从指向结点 3 改为指向结点 4 就可以了。这样按照链接的顺序从结点 1 到结点 2 后就到了结点 4，结点 3 就不在链表之中了。

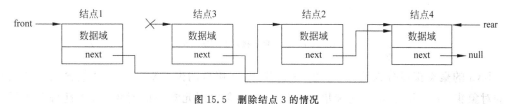

图 15.5　删除结点 3 的情况

如图 15.6 所示，若要在上述已经删除了结点 3 后的单链表中，在结点 2 和结点 4 之间插入结点 5，只需要将结点 2 原来链接到结点 4 的 next 指针改为指向结点 5，并且把结点 5 的 next 指针指向结点 4 即可。

显然，在链表结构中插入与删除结点比在顺序表中要方便得多。在顺序存储结构中，删除一个元素或插入一个元素必须移动许多元素。

3. 索引存储

索引存储是在数据元素上附加一个"关键字-地址"的索引项进行存储。关键字用于唯

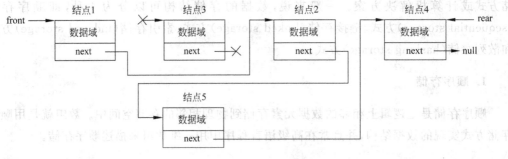

图 15.6 插入结点 5 的情况

一地标识一个数据元素,地址用于标识该元素的存储地址。

4. 散列存储

这个方式通过对数据元素关键字的函数(方法)计算得到该数据元素的存储地址。

15.1.3 Java 数据结构 API

为了方便应用,java.util 包中提供了若干有用的数据聚集(collections,也称容器),这些数据聚集封装了各种常用的数据结构,形成一些常用数据结构的框架,构成了 Java 数据结构 API。多数聚集在 Java.util 包中被定义成接口,目的是为应用提供更大的发挥空间。图 15.7 所示为核心聚集接口的层次结构。

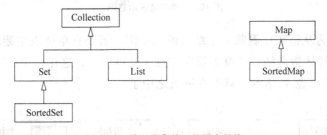

图 15.7 核心聚集接口的层次结构

Java 的聚类接口分为两大类:实现 Collection 接口的聚集对象是一个包含独立数据元素的对象集;实现 Map 接口的聚集对象是一个包含数据元素对的对象集,并且每个键最多可以映射到一个值。Collection 接口有两个子接口:Set 接口是不包含重复元素的 Collection,非常适合不包含重复元素且无排序要求的数据结构。List 接口是有序的 Collection 接口并且允许有相同的元素,非常适合有顺序要求的数据结构,例如堆栈和队列。

Collection 接口和 Map 接口可以分别派生出一些常用数据结构的接口、抽象类和类,构成 Java 的数据结构框架。图 15.8 所示为 Java 数据结构 API 中一些重要聚集实现间的继承关系。

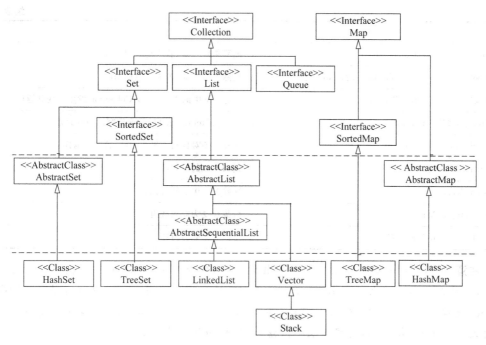

图 15.8 重要聚集实现间的继承结构

15.2 接口及其应用

15.2.1 Collection 接口及其方法

Collection 接口的定义如下：

```
public interface Collection <E> extends Iterable <E>
```

这是一个泛型接口定义。这个泛型定义可以保证一个聚集中全部元素的类型统一,避免造成 ClassCastException 异常。作为接口,Collection 定义了 15 个抽象方法,表 15.1 给出了这些方法的说明。

表 15.1 Collection 接口方法说明

方 法	说 明
int size()	返回容器中元素的数目
boolean isEmpty()	判定容器是否为空(为空返回 true)
boolean contains(Object o)	检查容器中是否包含指定对象 o
boolean containsAll(Collection<?> c)	检查容器中是否包含 c 中的所有对象
boolean add(Object o)	插入单个元素 o,若成功返回 true
boolean addAll(Collection<? Extends E> c)	插入 c 中的所有元素,若成功返回 true

· 373 ·

续表

方法	说明
boolean remove(Object o)	删除指定元素,若成功返回 true
boolean removeAll(Collection<?> c)	删除一组对象,若成功返回 true
boolean retainAll(Collection<?> c)	只保存 c 中的内容,只要 Collection 发生改变就返回 true
Iterator<E> iterator()	实例化 Iterator 接口,可遍历容器中的元素
boolean equals(Object o)	比较容器对象与 o 是否相同,若相同返回 true
int hashCode()	返回对象的哈希码
void clear()	移除容器中的所有元素
Object[] toArray()	将集合变为对象数组
<T> T[] toArray(T[] a)	返回 a 类型的内容

注意:Collection 提供了数据聚集的最大框架,但是它太抽象,用它装载数据意义不太明确,而且在具体细节上还有不足。所以,在一般情况下人们更偏向使用其子类,如 List 接口、Set 接口、SortedSet 接口、ArrayList 接口、LinkedList 接口、Queue 接口等。这些子类接口大大扩充了 Collection,使用起来不仅意义明确,而且更为便捷。

15.2.2 List 接口及其实现

1. List 接口的定义与扩展方法

List 是 Collection 的子接口,其定义如下:

```
public interface List <E> extends Collection <E>
```

在 List 接口中扩展了 Collection 接口的方法,这些方法见表 15.2。

表 15.2 List 接口中的扩展方法

方法	说明
E set(int index, E element)	用给定对象替换指定位置 index 处的元素
E get(int index)	返回给定位置 index 处的元素
E remove(int index)	删除指定位置的元素,后续元素依次前移
void add(int index, E element)	插入给定元素到指定位置 index,其后元素依次后(右)移
boolean addAll(int index, Collection<? extends E> c)	在指定位置插入一组元素,其后元素依次后(右)移
int indexOf(Object o)	返回指定元素的最先位置。若指定元素不存在,则返回 −1
int lastIndexOf(Object o)	从后向前查找指定元素的最先位置。若指定元素不存在,则返回 −1
List Iterator<E> listIterator()	为 ListIterator 接口实例化
List<E> subList(int fromIndex, int toIndex)	返回 fromIndex 到 toIndex 之间的子 List

2. List 的实现

List 的实现有通用实现和专用实现。通用实现有两个，即 ArrayList 和 LinkedList。专用实现有一个，即 CopyOnWriteArrayList。下面仅介绍两个通用实现。

（1）ArrayList：List 的数组实现。

（2）LinkedList：List 的链表实现。

3. 用 LinkedList 实现堆栈

【代码 15-1】 用 LinkedList 实现堆栈示例。

```java
import java.util.*;
public class StackDemo{
    private LinkedList list = new LinkedList();      // 创建一个链表
    public void push(Object v){                       // 压栈方法
        list.addFirst(v);
    }
    public Object getTop(){                           // 读栈顶元素
        return list.getFirst();
    }
    public Object pop(){                              // 弹出方法
        return list.removeFirst();
    }
    public static void main(String[] args){
        StackDemo stack = new StackDemo();
        int i;
        for( i = 0; i < 6; i += 2){
            stack.push(i);                            // 压栈
            System.out.print(stack.getTop()+ ",");    // 显示栈顶元素
        }
        System.out.println();                         // 空一行
        for(; i > 0; i -= 2){
            System.out.print(stack.pop()+ ",");       // 弹出并显示栈顶元素
        }
    }
}
```

程序的运行结果如下：

```
0,2,4,
4,2,0,
```

4. 用 LinkedList 实现队列

【代码 15-2】 用 LinkedList 实现队列示例。

```java
import java.util.*;
public class QueueDemo{
    private LinkedList list = new LinkedList();              // 创建一个链表
    public void enQue(Object v){                             // 入队方法
        list.addFirst(v);
    }
    public Object deQue(){                                   // 出队方法
        return list.removeLast();
    }
    public Object getHead(){                                 // 读队头元素
        return list.getLast();
    }
    public Object getTail(){                                 // 读队尾元素
        return list.getFirst();
    }
    public boolean isEmpty(){                                // 读队尾元素
        return list.isEmpty();
    }
    public static void main(String[] args){
        QueueDemo queue = new QueueDemo();
        for(int i = 0; i < 6; i+= 2)
            queue.enQue(Integer.toString(i));                // 入队
        while(!queue.isEmpty()){
            System.out.print("队首元素是: " + queue.getHead()+ ",");        // 显示队首元素
            System.out.print("队尾元素是: " + queue.getTail()+ ",");        // 显示队首元素
            System.out.println("出队元素是: " + queue.deQue());             // 显示队首元素并移除
        }
        System.out.println("这个队列空");
    }
}
```

程序的执行结果如下：

```
队首元素是: 0,队尾元素是: 4,出队元素是: 0
队首元素是: 2,队尾元素是: 4,出队元素是: 2
队首元素是: 4,队尾元素是: 4,出队元素是: 4
这个队列空
```

15.2.3 Set 接口及其实现

1. Set 及其实现

Set 是 Collection 的子接口，其定义如下：

```
public interface Set <E> extends Collection <E>
```

Set 接口继承了 Collection 接口，但它没有定义自己的方法。

Set 的实现有通用实现和专用实现，通用实现有下面 3 个。

(1) HashSet：采用散列存储非重复元素，是无序的。
(2) TreeSet：对输入数据进行有序排列。
(3) LinkedHashSet：具有可预知的迭代顺序，并且是用链表实现的。

专用实现有下面两个。

(1) EnumSet：用于枚举类型的高性能 Set 实现。
(2) CopyOnWriteArraySet：通过复制数组支持实现。

2. HashSet 应用举例

【代码 15-3】 HashSet 应用示例。

```java
import java.util.HashSet;
import java.util.Set;
public class HashSetDemo{
    public static void main(String[] args){
        Set<String> aSet = new HashSet<String> ();
        aSet.add("A");                           // 添加元素
        aSet.add("B");
        aSet.add("B");
        aSet.add("B");
        aSet.add("C");
        aSet.add("C");
        aSet.add("D");
        aSet.add("E");
        System.out.println(aSet);                // 输出对象集合,调用 toString()
    }
}
```

程序的执行结果如下：

```
[D, E, A, B, C]
```

说明：

(1) 重复元素只能添加一个。
(2) HashSet 是无顺序的：输出不是按照输入顺序，也不是按照大小顺序。

3. TreeSet 应用举例

【代码 15-4】 TreeSet 应用示例。

```java
import java.util.TreeSet;
import java.util.Set;
public class TreeSetDemo{
    public static void main(String[] args){
        Set<String> aSet = new TreeSet<String> ();
        aSet.add("E");                           // 添加元素
        aSet.add("A");
```

```
        aSet.add("B");
        aSet.add("B");
        aSet.add("C");
        aSet.add("C");
        aSet.add("D");
        aSet.add("F");
        System.out.println(aSet);              // 输出对象集合,调用 toString()
    }
}
```

程序的执行结果如下：

[A, B, C, D, E, F]

说明：

(1) 重复元素只能添加一个。
(2) TreeSet 是有顺序的：输出虽不是按照输入顺序,但是按照大小顺序。

15.3 聚集的标准输出

前面已经输出过一个聚集的元素。对于 List,可以直接调用 get()方法输出。实际上,对于聚集的标准输出方式是采用迭代器,此外还有在第 1 篇中介绍的 foreach。

15.3.1 Iterator 接口

Java 数据结构也可以看成是 Java 提供的一些数据容器(container)对象。为了能提供在各种容器对象中访问各个元素,且不暴露该对象的内部细节,Java 提供了迭代器(Iterator)接口。

在 Iterator 接口中定义了下面 3 个方法。

- hasNext()：是否还有下一个元素。
- next()：返回当前元素。
- remove()：删除当前元素。

【代码 15-5】 将代码 15-3 改用迭代器输出。

```
import java.util.HashSet;
import java.util.Set;
import java.util.Iterator;
public class IteratorDemo01{
    public static void main(String[] args){
        Set<String> aSet = new HashSet<String>();
        aSet.add("A");                          // 添加元素
        aSet.add("B");
        aSet.add("B");
        aSet.add("B");
```

```
        aSet.add("C");
        aSet.add("C");
        aSet.add("D");
        aSet.add("E");
        
        Iterator <String> iter = aSet.iterator();
        while(iter.hasNext()){
            System.out.print(iter.next() + ",");        // 用迭代器输出对象集合
        }
    }
}
```

程序的执行结果如下：

```
D,E,A,B,C,
```

说明：与代码 15-3 的输出相同。

15.3.2 foreach

foreach 在第 1 篇中已经使用过，它的一般格式如下：

```
for(类 元素名：聚集名){
    ...
}
```

【代码 15-6】 将代码 15-5 改用 foreach 输出。

```java
import java.util.HashSet;
import java.util.Set;
import java.util.Iterator;
public class IteratorDemo01{
    public static void main(String[] args){
        Set<String>  aSet = new HashSet<String>();
        aSet.add("A");                              // 添加元素
        aSet.add("B");
        aSet.add("B");
        aSet.add("B");
        aSet.add("C");
        aSet.add("C");
        aSet.add("D");
        aSet.add("E");
        for(String str:aSet){                       // 用 foreach 输出对象集合
            System.out.print(str + ",");
        }
    }
}
```

程序的执行结果如下：

```
D,E,A,B,C,
```

说明：与代码 15-3 的输出相同。

15.4 Map 接口类及其应用

15.4.1 Map 接口的定义与方法

Map 是一个具有双泛型定义的接口，所以在应用时必须同时设置 key 和 value 的类型。其定义如下：

```
public interface Map <K,V>
```

Map 接口定义了大量方法。这些方法将在表 15.3 中介绍。

表 15.3 Map 接口中的方法

方法	说明
boolean containsKey(Object key)	判断指定的 key 是否存在
boolean containsValue(Object value)	判断指定的 value 是否存在
boolean isEmpty()	判断聚集是否为空
boolean equals(Object o)	比较对象
Set<K>keySet()	取得所有 key
Set<Map.Entry<K,V>>entrySet()	将 Map 对象变为 Set 集合
V get(Object key)	根据 key 取得 value
V put(K key,V value)	向 Map 集中加入新键-值对元素
V remove(Object key)	根据 key 删除 value
int size()	取得 Map 集的大小
int hashCode()	返回 Hash 码
void clear()	清空 Map 集
void putAll(Map<? Extends K,? extends V>t)	将一个 Map 集中的元素加入到另一个 Map 集中
Collection<V>values()	取得全部 value

15.4.2 Map.Entry 接口

Map.Entry 是内部定义的一个专门用于保存 key-value 内容的接口。图 15.9 所示为 Map.Entry 职责的示意图。其定义如下：

```
public static interface Map.Entry <K,V>
```

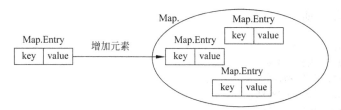

图 15.9 Map.Entry 职责示意图

由于这个接口是使用 static 声明为内部接口,所以可以通过"外部类.内部类"的形式直接调用。表 15.4 所示为它所定义的主要方法。

表 15.4 Map.Entry 接口中的主要方法

方法	说明	方法	说明
boolean equals(Object o)	比较对象	V setValueValue(V value)	设置 value 的值
int hashCode()	返回 Hash 码	K getKey()	取得 key
V getValue()	取得 value		

15.4.3 HashMap 类和 TreeMap 类

HashMap 类和 TreeMap 类是 Map 子类中最常用的两个,它们的区别在于在 HashMap 中存放的对象是无序的,在 TreeMap 中存放的对象是按 key 排序的。

【代码 15-7】 HashMap 类的应用。

```
import java.util.HashMap;
import java.util.Map;
import java.util.Set;
import java.util.Iterator;
public class HashMapDemo{
    public static void main(String[] args){
        Map<String,Float> studPoint = null;         // 类型参数是 key-value 对
        studPoint = new HashMap<String,Float>();

        studPoint.put("zhang3", 88.88f);
        studPoint.put("li4", 77.77f);
        studPoint.put("wang5", 99.99f);
        studPoint.put("chen6", 66.66f);
        studPoint.put("guo7", 87.65f);

        Set<String> keys = studPoint.keySet();      // 使用方法 Set<K> keySet()
        Iterator<String> iter = keys.iterator();
        System.out.println("输出所有学生姓名和成绩:");
        while(iter.hasNext()){
            String str = iter.next();
            System.out.println("学生姓名:" + str + ",成绩:" + studPoint.get(str));
        }
    }
}
```

程序的执行结果如下：

```
输出所有学生姓名和成绩：
学生姓名：chen6, 成绩：66.66
学生姓名：guo7, 成绩：87.65
学生姓名：zhang3, 成绩：88.88
学生姓名：wang5, 成绩：99.99
学生姓名：li4, 成绩：77.77
```

说明：从输出结果看，既没有按照输入顺序排列，也没有按照姓名的字母顺序排序。

【代码 15-8】 TreeMap 类的应用。

```java
import java.util.Map;
import java.util.Set;
import java.util.Iterator;
import java.util.TreeMap;
public class HashMapDemo{
    public static void main(String[] args){
        Map<String,Float> studPoint = null;          // 类型参数是 key-value 对
        studPoint = new TreeMap<String,Float>();

        studPoint.put("zhang3", 88.88f);
        studPoint.put("li4",77.77f);
        studPoint.put("wang5", 99.99f);
        studPoint.put("chen6", 66.66f);
        studPoint.put("guo7", 87.65f);

        Set<String> keys = studPoint.keySet();       // 使用方法 Set<K> keySet()
        Iterator<String> iter = keys.iterator();
        System.out.println("输出所有学生姓名和成绩：");
        while(iter.hasNext()){
            String str = iter.next();
            System.out.println("学生姓名：" + str + ", 成绩：" + studPoint.get(str));
        }
    }
}
```

程序的执行结果如下：

```
输出所有学生姓名和成绩：
学生姓名：chen6, 成绩：66.66
学生姓名：guo7, 成绩：87.65
学生姓名：li4, 成绩：77.77
学生姓名：wang5, 成绩：99.99
学生姓名：zhang3, 成绩：88.88
```

说明：从输出结果看，是按照姓名的字母顺序排序的。

习 题 15

概念辨析

1. Java 语言的聚集框架类定义在（   ）包中。
   A. java.util   B. java.lang   C. java.array   D. java.collections
2. 下列各项中,可以实现有序对象操作的是（   ）。
   A. HashMap   B. HashSet   C. TreeMap   D. LinkedList
3. 下列关于链表的陈述中,错误的是（   ）。
   A. 链表可以使查找对象最为有效   B. 链表可以动态增长
   C. 链表中的每一个元素都有前后元素的链接   D. 链表中的元素可以重复
4. 下列各项中,迭代器(Iterator)接口所定义的方法是（   ）。
   A. hasNext()   B. next()   C. remove()   D. nextElement()

代码分析

分析下面各程序的输出结果。

(1)

```java
import java.util.*;
public class SetOfNumber{
    public static void main(String[] args){
        Set s = new HashSet();
        s.add(new Byte((byte)1));
        s.add(new Short((short)2));
        s.add(new Integer(3));
        s.add(new Long(4));
        s.add(new Float(5.0F));
        s.add(new Double(6.0));
        System.out.println(set);
    }
}
```

(2)

```java
import java.util.*;
public class ListDemo{
    static final int N = 1000;
    static List values;
    static{
        Integer vals[] = new Integer[N];
        Random rdm = new Random();
        for(int i = 0, cuttval = 0; i <N; i ++ ){
            vals[i] = new Integer(currval);
            currval + = rdm.nextInt(100) + 1;
```

```
        }
        values = Arrays.asList(vals);
    }
    static long timeList(List lst){
        long start = System.currentTimeMillis();
        for(int i = 0; i < N; i ++ ){
            int index = Collctions.binarySearch(lst, values.get(i));
            if(index != i)
                System.out.println("***error***\n");
        }
        return System.currentTimeMillis() - start;
    }
    public static void main(String[] args){
        System.out.println("time for ArrayList = " + timeList(new ArrayList(values)));
        System.out.println("time for LinkedList = " + timeList(new LinkedList(values)));
    }
}
```

开发实践

1. 约瑟夫问题：n个人围成一个圈进行游戏。游戏的规则是首先约定一个数字 m, 然后用随机方法确定一个人，从这个人开始报数，这个人报 1, 下一个人报 2……让报 m 的人出列；接着从下一个人报 1 开始，继续游戏，并让报 m 的人出列……如此下去，直到最后游戏圈内只剩 1 人为止，这个剩下的人就是优胜者。用链表模拟约瑟夫问题。

2. 数的进制转换：用链式堆栈将一个非负十进制整数转换为一个二进制数。

思考探索

1. 在 java.util 包中定义了一个 Collections 类，提供了用于各种聚集类操作的方法，称为聚集工具。试分析它与 Collection 的区别与联系。

2. 分析 ArrayList 与 Vector 的区别。

附录A 符　　号

A.1　Java 主要操作符的优先级和结合性

Java 主要操作符的优先级和结合性如表 A.1 所示。

表 A.1　Java 主要操作符的优先级和结合性

优先级	操　作　符	操作符的结合顺序
1	()、[]	从左到右
2	!、+(正)、-(负)、~、++、--	从右到左
3	*、/、%	从左到右
4	+(加)、-(减)	从左到右
5	<<、>>、>>>	从左到右
6	<、<=、>、>=、instanceof	从左到右
7	==、!=	从左到右
8	&(按位与)	从左到右
9	^	从左到右
10	|	从左到右
11	&&	从左到右
12	||	从左到右
13	?:	从右到左
14	=、+=、-=、*=、/=、%=、&=、|=、^=、~=、<<=、>>=、>>>=	从右到左

说明：

(1) 除了 &&、\|\| 和 ?: 操作符外，其他操作符的操作数都在操作执行之前求值。同样，方法(包括构造方法)调用的自变量也在调用发生前计算。

(2) 如果二元操作符的左操作数的求值引起异常，则右操作数的计算将不执行。

A.2　Javadoc 标签

Javadoc 标签如表 A.2 所示。

表 A.2　Javadoc 标签

Javadoc 标签	说 明 位 置			标 明 内 容
	类	方法	域	
@see	√	√	√	转向另一个文档注释或 URL 的交叉引用
{@link}	√	√	√	内嵌到另一个文档注释或 URL 的交叉引用

续表

Javadoc 标签	说明位置			标明内容
	类	方法	域	
@author	✓			标明该类模块的开发作者
@version	✓			标明该类模块的版本
@since	✓			实体首次出现时的版本代码
@param P		✓		对方法中的某参数的说明
@return		✓		对方法返回值的说明
@exception		✓		对方法可能抛出的异常进行说明
@throws E		✓		可能抛出的异常，旧版本为 exception E
@serial			✓	使用默认序列机制的序列域
@serialField			✓	由 GetField 或 PutField 对象创建的域
@serialData			✓	在序列化过程中写的附加数据
@serialData	✓			（在 likes 中）到达文档根结点的相对路径

附录 B Java 运行时异常类和错误类

Java 程序运行时，系统主要抛出两种类型的异常，即运行时异常（RuntimeException 类的扩展）和错误（Error 类的扩展）。它们都是非检查型的异常。Error 异常表示非常严重的问题，通常不可恢复，并且不可能（很难）被捕捉。

大多数 RuntimeException 和 Error 类至少支持两个构造函数：一个无参；一个能够接受一个描述性的 String 对象。描述性字符串能够通过 getMessage 获得，或者通过 getLocalizedMessage 获得本地化的格式。

由于多数异常包含在 java.lang 包中，所以仅把不包含在 java.lang 包中的异常的包名描述在解释后面的圆括号里。对于 RuntimeException 派生的异常类，将其父类省略。

B.1 RuntimeException 类

ArithmeticException：算术异常。它产生了异常的数学条件，例如整除数为零。

ArrayIndexOutOfBoundsException extends IndexOutOfBoundsException：数组下标越界异常。当构造方法使用了非常量时抛出。

ArrayStoreException：数组存储异常。即在数组里面试图存入非声明类型的对象。

ClassCastException：强制类型转换异常。当试图进行非法的类型转换时抛出。

ClassNotFoundException：找不到类异常。当试图根据字符串形式的类名构造类，但遍历 CLASSPATH 之后找不到对应名称的.class 文件时抛出该异常。

CloneNotSupportedException：不支持克隆异常。当没有实现 Cloneable 接口或者不支持克隆方法时，调用其 clone() 方法抛出该异常。

ConcurrentModificationException：对象的修改与预先的约定有冲突（java.util）。

EmptyStackException：试图在空栈里进行出栈操作，这个异常只有一个无参构造方法（java.util）。

EnumConstantNotPresentException：枚举对常量不存在异常。当应用试图通过名称和枚举类型访问一个枚举对象，而该枚举对象并不包含常量时抛出该异常。

Exception：根异常。该异常用于描述应用程序希望捕获的情况。

IllegalAccessException：非法访问异常。当应用试图通过反射方式创建某个类的实例、访问该类的属性、调用该类的方法，而当时又无法访问类的、属性的、方法的或构造方法的定义时抛出该异常。

IllegalArgumentException：非法自变量被传递给了方法，如向需要正值的方法传递了一个负值。

IllegalMonitorStateException：非法监控状态异常。当一个线程试图等待自己并不拥有对象的监控器或者通知其他线程等待该对象的监控器时抛出该异常。

IllegalStateException：非法状态异常。当在 Java 环境和应用尚未处于某个方法的合法调用状态而调用了该方法时抛出该异常。

IllegalThreadsStateException extends IllegalAgumentException：非法线程状态异常。在某个操作中，线程并不处于合法的状态中。例如，在一个已经启动的线程里再次调用 start 方法。

IndexOutOfBoundsException：索引越界异常。当访问某个序列的索引值小于 0 或大于等于序列大小时抛出该异常。

InstantiationException：实例化异常。当试图通过 newInstance() 方法创建某个类的实例，而该类是一个抽象类或接口时抛出该异常。

InterruptendException：被中止异常。当某个线程处于长时间的等待、休眠或其他暂停状态，而此时其他的线程通过 Thread 的 interrupt 方法终止该线程时抛出该异常。

MissingResourceException：没有找到匹配的资源束或资源。这种异常仅有的构造非法带有 3 个字符串自变量，即一个描述性的信息、资源类的名字、缺少的资源的关键字。类和关键字能够分别用 getClassName 和 getKey 重新获得(java.util)。

NegativeArraySizeException：数组大小为负值异常。当使用负值创建数组时抛出该异常。

NoSuchElementException：在容器类对象里查找某一个元素失败。

NoSuchFieldException：属性不存在异常。当访问某个类的不存在的属性时抛出该异常。

NoSuchMethodException：方法不存在异常。当访问某个类的不存在的方法时抛出该异常。

NullPointerException：空指针异常。当应用试图在要求使用对象的地方使用了 null 时抛出该异常。

NumberFormatException extends IllegalArgumentException：数字格式化异常。当试图将一个 String 转换为指定的数字类型，而该字符串不满足数字类型要求的格式时抛出该异常。

SecurityException：安全异常。由安全管理器抛出，用于指示违反安全情况的异常。

StringIndexOutOfBoundsException extends IndexOutOfBoundsException：String 对象里的索引越界。它提供附加的构造非法，参数为不定的索引，报告描述性消息。

TypeNotPresentException：类型不存在异常。这是一种不被检查异常。

UnsupportedOperationException：不支持的操作异常。例如，试图修改一个标记为"只读"的对象。它在 java.util 里被容器类使用，以指示它们不支持可选的方法。

B.2 Error 类

AbstractMethodError extends IncompatibleClassChangeError：抽象方法错误。当试图调用抽象方法时发生。

ClassCircularityError extends LinkageError：类循环环境错误。初始一个类时，检测都有环的存在。

ClassFormatError extends LinkageError：类格式错误。正在装载的类或接口定义格式错误。

ExceptionInInitializerError extends LinkageError：初始化错误。抛出一个不可捕捉的异常。

IllegalAccessError extends IncompatibleClassChangeError：非法访问错误，不允许对一个域或方法进行访问。当运行时存在的类版本否定其对某一个成员的访问，而在初始编译时是允许的，这时会导致此错误。

IncompatibleClassChangeError extends LinkageError：不兼容的类变化错误。当装载一个类或接口时，检测到有与类或接口的先前信息不兼容的改变，一般在修改了应用中的某些类的声明定义而没有对整个应用重新编译就直接运行的情况下容易引发。

InstantiationError extends IncompatibleClassChangeError：实例化错误。当一个应用试图通过 Java 的 new 操作符构造一个抽象类或者接口时抛出该异常。

InternalError extends VirtualMachineError：内部错误。它用于指示 Java 虚拟机发生了内部错误，这应该是"从不会发生的"。

LinkageError extends Error：链接错误。该错误及其所有子类指示某个类依赖于另外一些类，在该类编译之后，被依赖的类改变了其类定义而没有重新编译所有的类，进而引发错误的情况。

NoClassDefFoundError extends LinkageError：未找到类定义错误。当 Java 虚拟机或者类装载器试图实例化某个而找不到该类的定义时抛出该错误。

NoSuchFieldError extends IncompatibleClassChangeError：域不存在错误，在类或接口里找不到特定域。

NoSuchMethodError extends IncompatibleClassChangeError：方法不存在错误，在类或接口里找不到特定方法。

OutOfMemoryError extends VirtualMachineError：内存不足错误,可通过内存不足让 Java 虚拟机分配给一个对象。

StackOverflowError extends VirtualMachineError：栈溢出,有可能由无限的递归导致。

ThreadDeath extends Error：当调用 thread.stop 时,在牺牲线程里抛出 ThreadDeath 对象。如果捕捉到 Thread-Death,它应该能被重新抛出,这样线程能够最终死亡。一个没有捕捉的 ThreadDeath 通常不被报告。这个错误只有一个无参构造非法,但是从不需要实例化。

UnknownError extends VirtualMachineError：未知错误,发生了一个未知但却严重的错误。

UnsatisfiedLinkError extends LinkageError：未满足链接错误,有一个本机代码方法不适合的链接。这通常意味着嵌入本机代码库没有找到,或者没有定义适合于其他已装载的类库的符号。

UnsupportedClassVersionError extends ClassFormatError：不支持的类版错误,正在装载的类有一个虚拟机不支持的版本。

VerifyError extends LinkageError：验证错误。当验证器检测到某个类文件中存在内部不兼容或者安全问题时抛出该错误。

VirtualMachineError extends Error：虚拟机错误。虚拟机损坏或者缺少资源。

附录 C Java 常用的工具包

Java 提供了丰富的标准类,这些标准类大多封装在特定的包里,每个包具有自己的功能,它们几乎覆盖了所有应用领域。或者说,有一个应用领域,便会有一个相应的工具包为之服务。因此,学习 Java 不仅要学习 Java 语言的基本语法,还要掌握有关工具包的用法。掌握的工具包越多,开发 Java 程序的能力就会越强。表 C.1 列出了 Java 中一些常用的包及其简要的功能,包名后面的". *"表示其中包括一些相关的包。

表 C.1 Java 提供的部分常用包

包 名	主 要 功 能
java.applet	提供创建 applet 需要的类,包括帮助 applet 访问其内容的通信类
java.awt.*	提供创建用户界面以及绘制和管理图形、图像的类
java.io	提供通过数据流、对象序列以及文件系统实现的系统输入、输出
java.lang.*	Java 编程语言的基本类库
java.math.*	提供一系列常用的数学计算方法
java.rmi	提供远程方法调用相关类
java.net	提供了用于实现网络通信应用的类
java.security.*	提供设计网络安全方案需要的类
javax.sound.*	提供了 MIDI 输入、输出以及合成需要的类和接口
java.sql	提供访问和处理来自 Java 标准数据源数据的类
javax.swing.*	提供了一系列轻量级的用户界面组件
java.text	提供一些类和接口用于处理文本、日期、数字以及语法独立于自然语言之外格式的消息
java.util.*	包括集合类、时间处理模式、日期时间工具等的实用工具包

注意:在使用 Java 时,除了 java.lang 外,其余类包都不是 Java 语言所必需的,在使用时需要用 import 语句引入之后才能使用。

参 考 文 献

[1] 张基温. 新概念 Java 程序设计大学教程[M]. 2 版. 北京：清华大学出版社,2016.
[2] 张基温. 新概念 Java 教程[M]. 北京：中国电力出版社,2010.
[3] 张基温,朱嘉钢,张景莉. Java 程序开发教程[M]. 北京：清华大学出版社,2002.
[4] 李兴华. Java 核心技术精讲[M]. 北京：清华大学出版社,2013.
[5] 张基温,陶利民. Java 程序开发例题与习题[M]. 北京：清华大学出版社,2003.
[6] 成富. 深入理解 Java 7：核心技术与最佳实践[M]. 北京：机械工业出版社,2012.
[7] 秦小波. 设计模式之禅[M]. 2 版. 北京：机械工业出版社,2014.
[8] Ken Amold, James Gosling, David Holmes. The Java Programming Language[M]. 3th ed. Addison-Wesley,2000.
[9] Ganna Erich, R Helm, R Johnson. Design Pattern：Elements of Reusable Object-Oriented Software [M]. Addison Wesley, 1995.
[10] 张基温. 计算机网络原理[M]. 2 版. 北京：高等教育出版社,2006.
[11] 周志明. 深入理解 Java 虚拟机[M]. 北京：机械工业出版社,2011.
[12] http://blog.csdn.net/Siobhan/archive/2009/07/16/4352600.aspx.

高等教育质量工程信息技术系列示范教材

系列主编：张基温

- 新概念 C 程序设计大学教程(第 4 版)　　　　张基温 编著
- 新概念 C++ 程序设计大学教程(第 3 版)　　　张基温 编著
- **新概念 Java 程序设计大学教程(第 3 版)　　　张基温 编著**
- 计算机组成原理教程(第 8 版)　　　　　　　张基温 编著
- 计算机组成原理解题参考(第 8 版)　　　　　张基温 编著
- 计算机网络教程(第 2 版)　　　　　　　　　张基温 编著
- 信息系统安全教程(第 3 版)　　　　　　　　张基温 编著
- 信息系统安全教程(第 3 版)习题详解　　　　栾英姿 编著
- 大学计算机——计算思维导论(第 2 版)　　　张基温 编著
- UI 设计教程　　　　　　　　　　　　　　　牛金巍 编著
- APP 开发教程——HTML5 应用　　　　　　尹志军 编著
- Python 大学教程　　　　　　　　　　　　　张基温 编著